U0397257

守望城市

南京市城市规划编制研究中心成立 20 周年优秀论文集

（2003—2023）

南京市城市规划编制研究中心　编

东南大学出版社
SOUTHEAST UNIVERSITY PRESS

·南京·

图书在版编目(CIP)数据

守望城市　南京市城市规划编制研究中心成立 20 周
年优秀论文集：2003—2023 / 南京市城市规划编制研究
中心编. —南京：东南大学出版社，2023.11

　　ISBN　978-7-5766-0854-0

　　Ⅰ．①守… 　Ⅱ．①南… 　Ⅲ．①城市规划—南京—文集
Ⅳ．①TU984.253.1-53

中国国家版本馆 CIP 数据核字(2023)第 161519 号

责任编辑：杨　凡　　责任校对：周　菊　　封面设计：王　玥　　责任印制：周荣虎

守望城市　南京市城市规划编制研究中心成立 20 周年优秀论文集(2003—2023)
Shouwang Chengshi　Nanjing Shi Chengshi Guihua Bianzhi Yanjiu Zhongxin Chengli
20 Zhounian Youxiu Lunwenji (2003—2023)

编　　　者	南京市城市规划编制研究中心
出版发行	东南大学出版社
社　　　址	南京市四牌楼 2 号(邮编：210096)
出 版 人	白云飞
网　　　址	http://www.seupress.com
经　　　销	全国各地新华书店
印　　　刷	苏州市古得堡数码印刷有限公司
开　　　本	787mm×1092mm　1/16
印　　　张	17.75
字　　　数	406 千字
版　　　次	2023 年 11 月第 1 版
印　　　次	2023 年 11 月第 1 次印刷
书　　　号	ISBN　978-7-5766-0854-0
定　　　价	99.00 元

本社图书若有印装质量问题，请直接与营销部联系，电话：025 - 83791830。

前　言

2003 年，为适应改革需要，市委、市政府统一部署开展事业单位改制。南京市城市规划编制研究中心（以下简称中心）应此次体制改革而生，成为承担政府指令性规划编制和城市战略研究的机构。

回顾中心二十年来的成长历程，与国家的发展、行业的进步、城市的变迁密不可分。中心成立之初即迎来南京首次城市规划工作会议，在规划提出的"一疏散三集中""一城三区"等重大空间战略指引下，中心在河西新城区开展了一系列规划服务，推动新城区迅速拉开框架，借十运会的窗口向全国人民展现了南京新城新区建设新貌。2006 年迈入第十一个五年规划，面对市委、市政府提出的"建设具有国际影响的人文绿都"发展目标和"跨江发展"战略重点，中心作为主编单位参与了城市总体规划修编、历史文化名城保护规划编撰等重点规划项目，全情投入城市的新一轮跨越发展和历史文化保护工作。2008 年，市委、市政府以南京南站建设和红花机场搬迁为契机，启动了南站地区建设，中心积极参与南站地区战略研究，推动了南部新城规划建设。

2010 年前后，南京进入转型发展的关键时期，以主城、副城、新城为空间载体的城市结构逐渐形成，各重点片区踊跃开展规划整合提升。中心先后承担了麒麟科技创新园总体规划、燕子矶新城区概念规划、南京经济技术开发区东区规划研究、东南科技创新带规划研究、铁北地区规划整合等工作，助力东南片区城市功能进一步提升。中心还完成了颐和路、南捕厅、三条营、下关滨江、江南水泥厂等多个历史地段的保护规划，为城市历史文化名城的保护和传承添砖加瓦。同期，河西新城作为亚青会、青奥会主场地，建设发展显著提速，中心主持了河西新城区南部地区、北部地区控制性详细规划等项目编制，以规划服务青奥，进一步推动河西成为南京主城功能拓展的重要承载空间。与此同时，"南京都市圈城市发展联盟"成立，中心开始持续服务都市圈城乡规划协同相关工作。2012—2013 年，市委、市政府着力谋划江北发展，中心全力以赴投入江北新区 2049 战略规划，助力江北成功申报成为全国第 13 个、全省唯一一个国家级新区。

党的十八大之后，规划改革逐渐被提上日程。中心从具体的规划编制项目逐渐转向更加强调规划融合、规划转型研究，先后承担了开发边界划定、全市多规合一等系列规划创新探索工作，为后续国土空间规划的开展奠定了扎实的基础。2019 年，中心顺应国土空间规划改革全面参与首轮国土空间规划编制，并承担了南京市级国土空间规划体系研究、详细规划编管体系研究。同时，中心积极开展东部地区规划提升工作，为市委、市政府提出的空间战略提供技术支撑。2020—2022年,持续的疫情给城市发展带来了新的考验,但规划师们为城市默默耕耘的脚步并未停滞,中心先后完成城镇开发边界划定指南、生态保护红线评估调整和细化校核、城区范围划定研究等,并成功获得城乡规划编制甲级资质,在改革进程中为规划行业提供了独具地方智慧的"南京样本"。党的二十大提出"以中国式现代化全面推进中华民族伟大复兴",规划也更加注重全面推动城市高质量发展。中心以秦淮区为样本开展城市更新研究,并积极投身社区规划师、乡村规划师工作,为建设更有温度的宜居社区和更有特色的美丽乡村提供规划实践。二十年来,中心还持续参与"规划援藏""规划援疆"系列工作,克服高原缺氧、水土不服等困难,坚持一线作业,先后十余次入藏、入疆,深入实地考察,编制墨竹工卡县多轮规划,以长期、系统的规划服务助力西部地区加快发展、提升品质、改善环境。

从2003年到2023年,以南京城为基石,中心完成了战略规划、总体规划、分区规划、详细规划以及专项规划等多类项目,也承担了课题研究、国际咨询、标准编制等多种任务,致力于搭建国土空间规划信息平台、开拓搭建智慧城市治理体系,服务城市空间发展各大领域。在此期间,中心始终坚持思考、勤于钻研、积极探索,产生了一大批高质量的学术论文,研究成果不断积累、研究能力不断提高。本书收录了近年来编研中心的规划师们基于专业工作,在国内核心期刊上发表、在各类论文竞赛中获奖以及在国内外重要学术会议上报告的优秀论文。他们探索了顺应时代发展的理念和方法,在国土空间规划体系、城市设计模式、创新空间研究、生态景观设计、历史资源保护、城市更新研究、数字体系构建等方面贡献了诸多实践经验总结和理性思考,希望为规划和自然资源事业的发展和创新贡献南京力量。

二十年孜孜以求,春华秋实;

二十年薪火相传,熠熠生辉;

二十年风华正茂,扬帆起航!

期待编研中心站在第二个百年的崭新历史起点上,砥砺前行、奋楫扬帆,在推动高质量发展的新使命中,始终保持昂扬向上的干劲和坚韧不拔的精神,奋力绘就中国式现代化的城市画卷!

二〇二三年十一月于南京

目 录

发展中的"城市规划第四支队伍"

——城市规划编制研究中心定位和职能探讨

何 流 沈 洁

摘 要：城市规划编制研究中心于近年来在全国多个城市得到了组建和发展，成为中国城市规划行业中的一个重要角色。笔者在回顾城市规划编制研究中心成立背景的基础上，认为城市规划编制研究中心未来的发展可以谋求定位上的提升，成为规划行业中继规划管理者、学术研究者以及市场化的规划师之后的"第四支队伍"，并进一步拓展其职能，包括承接传统规划院的职能，向规划局提供规划技术服务，以及专职的审图、追踪研究城市等新职能。

关键词：城市规划编制研究中心；第四支队伍；定位；职能

1 引言

城市规划编制研究中心作为中国规划界的新生事物，已迅速在全国多个城市相继得到了组建和发展，如南京、广州、深圳、昆明、苏州等。经过数年来的运作，各地的城市规划编制研究中心都积累了一定的工作经验并有了一些感触，也对自身的职能与定位有了更加深刻的理解和认识。此时适时地梳理、总结与展望，将帮助这一新兴机构更加持续、稳定地立足于国内规划界，并进一步推动中国城市规划行业的改革与发展。

2 城市规划编制研究中心成立的背景：夹缝中的需求

改革开放前，城市规划一直被作为一项从属于国民经济计划的空间技术工具在城市的发展建设中得到运用；改革开放后，城市规划工作得到了恢复，尤其是自 1985 年城市经济体制改革全面展开以来，到 20 世纪 90 年代末，城市规划已逐渐演化成为一项独立的政府职能，其制度、机构及技术等各项机制均得到了建立和完善；2000 年以来，伴随改革开放不断向纵深推进，我国在总体制度环境上进入了市场经济体制的完善阶段。第三个阶段包括三个方面的核心内容：(1) 健全市场机制，更大程度地发挥市场在资源配置中的基础性作用；(2) 切实转变政府职能，推进政府行政管理制度的改革；(3) 坚持和落实科学发展观，转变经济发展方式，构建和谐社会[1]。伴随城市规划 30 年来的发展变迁，目前中国规划界已形成以行政、学术以及市场为代表的三种主导力量，但就这三者的发展来看，仍各自存在相应的不足,也就意味着存在夹缝中的需求,而这将支撑城市规划编制研究中心的成长。

首先是行政管理人员的精力有限。在经济持续20多年高速增长的轨道上,中国城市的建设量持续高涨,规划的审批量也在逐年增加,但作为地方政府职能机构的规划局,其工作人员由于受到国家编制及政府财力的制约,无法与业务量保持同步增长。"量"增长的同时,对规划的"质"的要求也在变化。社会参政、议政的积极性越来越高,市民维权的意识也越来越强烈,保护公共利益、扩大公众参与,以及对上访、诉讼等事件的应对,都是规划职能机构所必须面对的问题。同时,伴随行政体制改革的深入,政府执政理念和方法更新,城市规划部门面临"建设服务型政府""提高公共服务质量"等新的要求。业务量的猛增和对质量越来越高的要求使得规划行政管理人员在日常工作的应对中花费了大量的精力,无暇顾及其他。

其次是纯学术界研究的不全面,主要表现在对规划的实践性、可操作性等的研究不充分。近年来,尽管以高校为代表的学术界始终高度关注城市规划向公共政策的属性转化,对市场经济条件下城市规划的重新认识和定义已经形成广泛共识,但需要指出的是,对于城市规划与公共政策的内涵关系以及规划如何成为一种有效的公共政策,仍处于探讨之中,缺少连接理论与实践、学术研究和具体操作的现实途径。

最后是市场中规划院服务的欠缺。城市规划作为市场体制下政府重要的宏观调控手段,其主要功能是在市场环境中对资源分配的调节和安排,包括对有关公众权益的资源,如开敞空间、社区配套用地等进行保护;约束土地使用者的建设行为,降低负面效应发生的可能;为公众参与、行使公民权利提供平台;关注社会公平等。因此,规划编制的进一步市场化和开放化,使得市场化之后的规划院发生了一些转变。一方面,多元化的社会中出现多元的利益群体,而相对强势的利益群体有着更多的话语权,对利润的诉求造成规划院在规划编制的过程中难免会存在一定的立场倾向;另一方面,规划院的服务对象由原先的所在城市扩大到全国,也在一定程度上影响了它对其属地提供规划设计服务的专心程度以及项目完成后的后续服务质量。

总的来说,是时代发展的需要造就了城市规划编制研究中心。快速城市化的宏观发展环境和规划编制的市场化等多重因素促成了规划设计人员的分化以及城市规划编制研究中心的成立。与传统的规划院相比,城市规划编制研究中心以"较少承接市场项目、更加纯粹地为政府服务"为宗旨,在一定程度上弥补了政府规划资源不足的问题。此外,城市规划编制研究中心从本质上说还是一个公益性的研究机构。作为政府部门的下属单位,它在政府政策方面有着先天的敏感;作为研究机构,又同时高度关注着理论界的发展。这为城市规划编制研究中心成为理论连接实践、学术研究通往具体操作的桥梁创造了条件。对于城市而言,城市规划编制研究中心作为一个长期跟踪、研究城市的机构,能够在前沿及时地为政府提供相关信息作为政策制定的依据,起到了对市场进行辅助性调控与引导的作用。所以,城市规划编制研究中心的成长有其现实的需求,且城市规划编制研究中心的队伍也在不断地壮大,并迅速在全国得到业界的认可。

3 对城市规划编制研究中心角色定位的深入探讨——成长中的"第四支队伍"

3.1 城市规划编制研究中心成立之初的职能与作用

城市规划编制研究中心在成立之初,其职能可以分为规划编制组织、规划设计与研究两个方面,即:分担规划编制组织的部分职能;承接规划设计项目,同时开展对城市的规划研究。

就城市规划编制研究中心的作用而言,结合石楠曾经做过的小结,即主要是起到了行政、技术与市场之间、规划设计与实施之间的桥梁作用[2],笔者将之归纳为三点:

(1)政府与市场之间的桥梁:公共产品的"技术"采购

这主要是指城市规划编制研究中心代表规划主管部门组织编制城市规划,包括各类方案竞赛、招投标等。城市规划作为一种技术性极强的公共产品,城市规划编制研究中心的这一作用是充分发挥其专业才能,为政府实现"技术"采购提供途径。

(2)行政与技术之间的桥梁:规划设计与规划管理的衔接

城市规划编制研究中心的另一项作用是充分衔接规划设计与规划管理,这在很大程度上促进了规划设计成果的法治化和政策化。按照管理的需要,城市规划编制研究中心把规划设计成果转化为规划局日常所需的规划管理文件,或对不同层面的规划成果进行梳理和整合,协调并解决不同规划之间的矛盾。此外,还对管理中的问题从技术的角度及时给予反馈,这有利于解决规划设计与规划管理相互脱节的问题。

(3)规划编制与实施之间的桥梁:规划实施效果的监控与分析

与传统的规划院以及现在市场上的各类规划设计公司不同的是,城市规划编制研究中心通过对一个地区长期的跟踪研究,可以形成如规划实施回顾、对比分析等类似的研究,改变以往只管编制不管实施的状况,在规划的预期与城市的实际运作中找寻规律,建立互动。

3.2 城市规划编制研究中心定位与职能发展的探讨

近年来,各地城市规划编制研究中心的成立和运作已充分表明其在上述三方面起到了重要作用,并在事实上强化了原已存在的"政府规划师"这样一群人的角色与职能,给中国规划界的原有格局带来了新的分化与发展,成为继规划管理者、学术研究者以及市场化的规划师这三类人之外的、成长中的"第四支队伍"。我们认为,城市规划编制研究中心的起源是中国社会发展的需要,其未来发展前景广阔,在定位与职能上可以谋求以下提升与拓展。

3.2.1 城市规划编制研究中心发展定位的提升

(1)从"填补空缺"到立稳规划界"一席之地"的价值实现

城市规划编制研究中心的诞生是为了弥补行政、学术与市场之间的空缺,但从近年来各地城市规划编制研究中心的发展情况来看,城市规划编制研究中心所承担的工作以及所取得的成绩已经超越了"填补空缺"的范畴,其不仅仅是作为一种可有可无的"替补"角色而存在。事实上,许多设立了城市规划编制研究中心的地方规划局已经将城市规划编制研究中心作为自身一个重要的部门,并且在很大程度上依赖于城市规划编制研究中心所提供的各种技术服务;同时,城市规划编制研究中心的工作成绩得到社会的广泛认同,积累了相当高的社会知名度并建立了良好的声誉。所以城市规划编制研究中心正在积累进一步发展的基础,有着立稳规划界"一席之地"的潜力,这也应该作为各地城市规划编制研究中心的行业奋斗目标。

（2）从附属服务单位向独立研究机构的进步

各地的城市规划编制研究中心都是作为规划局的下属单位而成立的,并且以向规划局提供技术服务为主要工作内容。但在完成规划局指派的各项日常工作之外,城市规划编制研究中心还积极、主动地追踪和研究城市发展,并形成相应的研究报告,就存在的问题提出一定的政策建议以供城市政府参考,这为其向独立研究机构的拓展创造了条件。

3.2.2　城市规划编制研究中心职能的拓展

笔者认为,相比于传统的规划院,城市规划编制研究中心的职能可以划分为两大部分:一是固有职能;二是新兴职能。因此,其职能的拓展也可从两方面入手:

（1）固有职能的强化

城市规划编制研究中心的固有职能主要是承接传统规划院的职能,包括规划设计类的技术服务,如:各类规划设计项目的编制——城市发展战略层面的规划,如城市战略规划、城市总体规划与近期规划等,以及各种专项规划、详细规划;规划项目的前期研究与咨询——项目选址研究、可行性分析、出让用地的规划设计条件划定等。

这些职能在未来的发展中仍可得到保留和强化,但更关键的是要强调"以对局服务为主、快速反应、不斤斤计较于报酬"的宗旨。

（2）新兴职能的发展

城市规划编制研究中心的成立主要源于规划院的市场化运作,但是城市规划编制研究中心在承担起传统规划院的固有职能以外,还逐渐发展出了一系列新兴的职能,这是传统规划院所不具有的,也是城市规划编制研究中心未来发展的主要倚重点。新兴职能主要包括:

① 规划项目编制的组织

主要是发挥专业优势,代表规划局组织和开展各类规划项目的编制。

② 规划法规、技术标准的制定

包括汇总、整理以及参与制定城市规划的相关法规、规范与技术标准,成为城市规划的法规中心。以南京为例,南京城市规划编制研究中心自 2003 年成立以来已经在开展类似的工作,并且在 2005 年南京市规划局研究制定控制性详细规划地方标准的过程中,也积极参与了相关的研究与讨论。如果能够进一步明确南京城市规划编制研究中心作为地方城市规划的法规中心,将更加有效地促进城市规划的法规化与规范化发展。

③ 专职的审图职能

1999 年由建设部成立的城乡规划管理中心,其主要职能之一就是负责配合部有关司局,承办由国务院审批的省域城镇体系规划、城市总体规划在上报国务院之前的有关审查工作。对地方规划主管部门而言,也确实需要有一个类似的专职审图机构来承担技术责任,同时实现各地区及各类规划项目的有机衔接与整合。

新的城乡规划法着重强调"技术责任",但就目前传统的专家评审制度而言,首先"专家"不具备成为责任追究主体的条件;其次他们在短暂的评审会期间所能关注的也只能是宏观的、战略性的、原则性的问题,没有办法对整个规划内容进行"细查"。所以,由城市规划编制研究中心来承担专职的审图职能以及承担相应的"技术责任"就成为一种必需。以控制性详细规划为例,如果能够明确由城市规划编制研究中心进行审图,城市规划编制研究中心将结合对地方发展情况的熟悉程度,发挥专业特长,减少不同地区规划相互矛盾与冲突产生的可能,极大地提高规划实施的效率。

④ 管理数据库的建库、维护与更新职能

从各地城市规划编制研究中心的实际运作来看,作为法定审批依据的管理数据库的建库及其维护更新也是城市规划编制研究中心的重要职能之一。仍以控制性详细规划(简称"控详")为例,作为规划审批的最直接依据,一方面需对已批的控制性详细规划成果进行标准化的入库,另一方面还需要根据城市发展建设的实际情况不断修正。城市规划编制研究中心可以承担这些量大且零碎的局部调整工作,解决经市场采购获得的规划成果的后续服务问题,并且及时更新入库,保证规划依据的合法性、时效性和准确性。

⑤ 长期追踪研究城市,对比与分析规划实施的职能

作为一个根植于地方的规划研究机构,基于对当地社会、经济环境的深厚了解,以及较为便利的数据获取途径,城市规划编制研究中心在针对整个城市以及各次区域的长期、跟踪研究中具有先天的优势,同时其分析的结果也将更加贴合发展实际,并有利于研究成果向实施政策和策略的转化。

以南京城市规划编制研究中心编写的城市规划年报为例,其即是建立在对城市综合分析的基础之上,以持续跟踪城市发展、进行长期动态研究为主要方法,收集、汇总各类数据,以形成目标明确、序列化的研究报告,为城市未来发展决策提供了重要的基础资料。类似的研究还包括对城市总体规划或次区域规划实施的检讨回顾、对某地区控制性详细规划与实施情况的对比等,主要集中于对规划实施效果的分析与监控。这也是城市规划编制研究中心在规划研究方面能够异于市场化的规划院和大学的突破点所在。

4 未来发展的动力与发展中主要存在的问题

4.1 发展动力

城市规划编制研究中心的未来发展动力主要来源于以下三个方面:

一是城市规划编制研究中心定位的明确、职能的强化、地位的巩固。如果上述关于城市规划编制研究中心职能、定位的论述能够得到实现,那么将从根本上改变其诞生之初"替补性"的

角色和身份,有效提升城市规划编制研究中心在中国规划界的地位,促进其加快发展。

二是"政府规划师"的价值实现。伴随着社会对城市规划编制研究中心认同感的增长,以及城市规划编制研究中心职能的进一步强化,城市规划编制研究中心作为规划界独立于官员、学者、市场化的规划师之外的"第四支队伍"的身份将得到明确和肯定,也是其作为"政府规划师"价值的完全体现。

三是规划职业道德、社会责任感的加强,这有赖于社会意识的进步,以及规划师个人素养的进一步提高。

4.2　发展中主要存在的问题

城市规划编制研究中心在未来发展中可能遇到的最大问题就是人才的流失,这主要源于三方面的原因:一是薪资、福利待遇;二是个人事业发展的空间;三是事业单位改制的可能。

首先,城市规划编制研究中心的薪资、福利虽然在社会上具有一定的吸引力,但在本行业中却不具优势,福利不如公务员,薪资、收入则远远不如规划院。其次,城市规划编制研究中心作为附属的事业单位,其人员编制受到限制,在岗位晋升上也缺少类似公务员的完善机制,对个人事业的发展缺少关注。最后,社会上关于事业单位改制的猜测也在一定程度上影响了城市规划编制研究中心的稳定。

5　结　语

城市规划编制研究中心作为中国城市规划行业的生力军,在成立与运作的数年来,引起了社会各界的关注,并以其实际成绩获得各界的肯定。在此基础上,城市规划编制研究中心也在审视过去的历程并展望未来,谋求更高、更广的发展。希望文中所述能引起国内所有城市规划编制研究中心以及关心城市规划编制研究中心的人们的关注,共同帮助城市规划编制研究中心这一年轻的机构在未来不断进步。

参考文献

[1] 何流.城市规划的公共政策属性解析[J].城市规划学刊,2007(6):36-41.

[2] 石楠.关于城市规划编研中心的若干思考[J].城市规划,2006,30(10):43-48.

(本文原载于《规划师》2009年第11期)

体制改革背景下编研中心发展的探索与思考
——写在南京市城市规划编制研究中心成立10周年之际

叶 斌 赵 蕾

摘 要：适应我国行政管理体制和市场经济体制改革的深化，城乡规划行业亟待在规划编制、研究和组织管理等方面加快提升和创新，以有效服务于规划实施管理和现实发展需要。特别是在政府职能转变和公共服务型政府建设背景下，更需要一个特定的公共性编研机构为政府提供优质高效、快捷适时、公益性的规划技术服务。对此，编研中心作为除行政、学术以及市场力量外的"第四支队伍"，大有可为。本文在回顾南京市城市规划编制研究中心发展历程并解析存在问题的基础上，明确未来发展定位和近期工作重点，并就未来全国编研中心行业的发展提出若干建议，以期对今后城乡规划行业的改革和创新有所参考。

关键词：体制改革；编研中心；探索；思考；南京

1 引言

传统意义上，我国城乡规划行业主要包括规划管理部门、规划设计单位以及科研院所研究机构等三支力量。其中，管理部门和设计单位侧重规划实践，而研究机构则偏重理论研究。然而，管理部门和设计单位之间关系相互交织，"政企不分、事企不分"。所以，自21世纪初以来，在城市建设体制改革的推动下，国内许多城市对规划设计单位的行政管理职能进行了剥离，对经营性机构实行了改制。从而，规范了政府管理，也增强了我国规划设计市场的活力，促进了国内规划市场的开放和扩大。这样，规划设计单位的角色逐渐从政府主导型向市场主导型转换，从单纯服务于政府向全方位服务于社会和市场转变。

与此同时，对于公益性、基础性、长期性和应急性的规划任务，一方面市场化规划设计单位因不可避免地追逐利益最大化而无暇承担，另一方面规划管理部门在人力资源有限、行政编制也不足的情况下也无力独自承担。为此，面对城市发展快速化和多元化，规划任务量日趋繁重化和复杂化，规划管理部门急需一个贴近其管理运作需求、开展基础性技术工作的机构。基于此，城市规划编制研究中心（以下简称"编研中心"）应运而生。

继21世纪初南京、广州、深圳、杭州、成都、昆明、苏州、无锡等一大批城市组建了编研中心或相近机构后，当前东莞、肇庆、惠州、湛江、梅州等一大批二、三线城市也成立了相应的机构，初步统计已经约数十个城市（区县）。从机构性质上看，包括依照公务员管理以及财政全额拨款、差额拨款、自收自支事业单位等类型,都是结合城市发展需求和规划管理需要而成立的专门负责组织规划编制与规划研究的公共性或准公共性机构。目前,编研中心已经发展成为规划行业内一支重要科研队伍,成为除行政、学术以及市场力量外的"第四支队伍"。南京市城市规划编制研究中心自2003年成立以来,经过10年的探索和运作,积累了一定的经验和业绩,初步厘清了自身的职能定位和发展方向,奠定了良好的发展基础,本文以此进行总结和展望,以期与全国同行交流和分享,希望对未来编研中心事业的发展壮大有所启迪。

2 发展历程回顾与评估

南京市城市规划编制研究中心(以下简称"中心")成立于2003年9月,是隶属于南京市规划局的差额拨款事业单位,是南京适应城市发展和规划管理新形势的需要,组建的以城市规划、信息集成、城市测绘等多专业融合的新型城市规划研究机构。在组织构架上,中心现设"四所一室",包括战略规划所、地区规划所、信息系统所、数据服务所和办公室。总体而言,南京是国内成立编研中心较早的城市之一,成立之初由于缺乏经验和基础,面临诸多困难,基本上是"摸着石头过河",边探索、边总结、边提高。

2.1 发展特征分析

经过10年的不懈努力,中心发展至今已初步形成了一定的规模和优势,总体呈现出以下四个方面的特征。

2.1.1 业务职能以基础性、长期性和应急性为主导

结合城市宏观发展战略实施和规划管理需要,中心在职能定位上突出基础性、长远性和应急性相结合的特征,积极构建规划研究中心、数据中心和全市空间规划综合技术平台,即"两个中心、一个平台",主动服务政府、服务规划、服务管理,致力于做好城市规划的基础性和应急性工作。例如,在规划研究方面开展《南京城市规划年度报告》《南京市区规划用地管理年度报告》的编制;在数据管理方面进行规划和测绘成果数据一套图建库及动态维护,开展各年用地现状图绘制和更新、各年"政务版电子地图"制作等工作;在信息化方面,组织规划管理信息化工作年度评估,负责市规划局电子政务软硬件维护,从而建立起长期地、系统地跟踪城市发展的基本制度,为政府科学决策提供了充足的依据。

2.1.2 业务范围以辅助于规划管理的技术服务为主导

充分发挥出中心相对市场化规划设计单位和科研院所更贴近规划管理的优势,全过程、多方位地服务于规划编制与政府采购工作。一是在规划项目编制前,做好规划前期研究和设计任务书编制工作,如开展了城市发展战略研究,紫金科创特区和"一谷两园"、"十大功能版块"、南京红花—机场地区等一批全市重大规划项目前期研究工作,为局规

划编制工作和领导决策做好参谋。二是在规划编制过程中,从服务规划管理出发,从发展的实际需求出发,从规划的空间落实出发,做好规划落地服务工作。中心成立10年来,先后完成或参与规划设计和科研任务300余项,特别是在城市总体规划修编、历史文化名城保护规划、控制性详细规划全覆盖、南京市"数字规划"信息平台研发等重点项目中发挥重要作用。三是在规划编制完成后,积极开展成果建库及数据动态维护与更新,开展相关数据分析研究与宣传展览等规划后续跟踪服务工作。总体上,中心已经成为规划管理部门的必要补充,成为政府与市场、行政与技术、政策与设计之间的重要桥梁。

2.1.3 建立了规范化、流程化的日常管理制度体系

经过10年的建设,中心已基本建立起一套行之有效、良性互动的日常管理制度体系,形成了以制度实施管理的工作局面。一是在行政管理方面,制定并开展了编研中心工作制度和绩效考核制度,建立起规范有序的工作流程,加大了对业务工作以及人员绩效状态的监督力度,进一步提高了工作效率和工作质量。二是在项目管理方面,建立了规划项目管理和中心技术委员会制度,包括项目编制、跟踪管理、进度控制、质量审核、成果归档等环节方面的内容,以此完善项目运行管理,并将项目质量管理的执行力纳入年度考核范围,将成果质量与员工绩效和薪酬挂钩,切实保障规划成果的完成水平。三是在民主建设方面,建立了中心集体决策机制。对于中心重大规划项目,明确了由中心领导统筹指导,由部门领导和项目负责人组织协调,项目组集体推进的工作机制。

2.1.4 拥有一支专业多元化和年轻化的人才队伍

目前中心人员数量已从成立之初的30人上升至66人,由规划、建筑、交通、园林、测绘、GIS、计算机等多个专业的人员组成。中心团队平均年龄仅34岁,整体知识层次和学历水平较高,拥有硕士以上学历的员工占总人数的1/3以上,专业技术人员占总人数的90%,其中高级以上职称占技术人员的1/4。中心在人才培养方面,建立了多层次、多途径的人才储备与培养机制。分别与南京大学、澳大利亚西悉尼大学等国内外知名高校建立了人才合作培养计划,并且与规划局建立人才互动机制,以此不断提升中心人员素质,使中心成为规划人才的储备库和孵化器。当前,中心的人才队伍正不断发展壮大,人员素质伴随工作阅历的丰富和经验的积累,正逐步提高。

2.2 面临的困惑与存在的问题

新时代的发展造就了编研中心,但是在当前国家体制改革渐进推进的阶段,发展过程中的一些不确定性因素不可避免地会对编研中心的发展产生影响。就南京编研中心而言,主要有三个方面的问题有待进一步认清和解决。

2.2.1 人才发展问题

从本质上来讲,中心是一个公共性的研究机构,是政府部门的下属单位。因此,受到

体制的约束,一方面个人薪资待遇有所限制,不像市场化的规划设计单位那样实行效益优先的分配机制;另一方面,个人发展空间有所限制,不像政府公务员那样有较多的岗位晋升机会,而且当前面临事业单位改革的压力,造成了中心发展的波动。从近年来中心发展的现实来看,人员流动性较大,不利于形成一支团结稳定、素质过硬的专业技术队伍,不利于中心的可持续发展。

2.2.2 专业融合问题

尽管中心具有多学科、多专业并存的优势,而且通过专业融合在促进规划技术水平的提升方面也取得了一定成绩,但是从长远发展来看,专业间的整合仍存在较大难度。一是专业面广,有限的人员编制导致单个专业的人员配备不多,特别是市政、建筑等相关专业人才缺乏,难以形成专业聚合优势;二是各专业人员之间利益难以统一,处理不好则会对中心健康发展产生负面影响。

2.2.3 职能模糊问题

在现行行政管理框架下,中心作为局下属单位,在日常业务工作中常常处于一种被支配的从属地位,难以发挥主动性和灵活性,在一定程度上导致了中心职能定位模糊,发展目标难以落实,发展层次难以提升,技术水平难以提高,进而影响中心的长远发展。故而,当前亟待对中心的职能进行优化调整并明确加以界定。

3 发展定位与近期工作重点

3.1 发展定位和方向

针对上述问题,分析比较国内编研中心及相近机构设置情况,紧密围绕规划管理需要,依托于自身条件,合理定位职能,明确中心发展方向,概括为"深化目标、差别定位、明晰地位、搭建桥梁、技术扎口"等五个方面。

3.1.1 深化目标定位,建设"全国一流"的编研中心

自2003年中心成立伊始,南京市规划局就明确了中心要建设"全国一流"编研中心的发展目标。在市局领导下,经过10年的不懈努力,中心在规划编制、规划研究、新技术应用、测绘研发、数据建库等方面的工作已初具成效。然而,要达到"全国一流"编研中心的目标,未来中心还将在巩固和壮大"两个中心、一个平台"地位的基础上,进一步突破创新、深化落实,以组织机构建设、人才吸引凝聚、服务桥梁搭建和技术管理扎口为抓手,不断提升中心的核心竞争力。

3.1.2 差别化职能定位,打造南京城乡规划的"法定机构"

作为规划行业的第四支队伍,强化中心作为南京城乡规划的"法定机构"的地位和作

用。作为市规划局重要职能部门之一,中心要与局相关处室在职能分工上进行明确划分,具体体现在:局内处室主要负责规划的管理和组织工作,而中心则要承担起相应的技术服务与支撑工作。编研中心作为地方规划管理部门重要的技术服务实体,更要承担起技术管理与研究的职能,做好规划局与其他规划设计单位或研究机构之间的衔接,以此进一步强化规划管理部门业务指导作用。

3.1.3 明晰人员身份,树立"政府规划师"形象与地位

中心也要与市场化设计单位、科研院所在职能分工上进行明确划分,改变定位模糊、身份不明的现状,建立起一支既专业分工又紧密合作的素质高、稳定性强的"政府规划师"团队,全面统筹城市规划专业技术服务和从事法定规划编制工作,保障规划编研工作水平达到国内领先水平,并积极为城市发展和政府决策做好参谋。

3.1.4 搭建服务桥梁,实现政府与市场的双重驱动

顺应我国行政管理体制改革和政府职能转变的发展要求,凭借贴近规划管理、理论与实践并重、公共政策敏感性强等比较优势,进一步发挥公益性的政府研究机构作用,重点在政府采购过程中,辅助规划管理部门规范程序、健全政策,以便取得良好的成效。这样,努力搭建好理论研究与实践操作、政府与市场、行政管理与技术支持、规划编制与规划实施之间的桥梁,推动编研中心快速成长,承担起更大的责任和使命。

3.1.5 扎口技术管理,发挥强有力的技术服务作用

在当前市场化发展潮流下,规划管理部门应对规划行业发展、技术升级和变革进行扎口管理和总体引导,以此通过多样化的地方规划探索和创新,推动国家规划制度的推陈出新。具体来讲,体现在七个方面:第一,承担城市发展战略和公共政策研究以及城市总体规划、控制性详细规划等法定规划的编制,开展城乡规划实施评估以及基础性研究工作;第二,承担控制性详细规划的编制、调整以及建库、更新等动态维护工作,服务于规划管理部门的实际需要;第三,承担信息化的扎口管理工作,组织开展新技术的应用研究;第四,承担城乡规划、基础测绘的技术核查;第五,承担各类城乡规划及测绘等数据的汇总、整理、加工、建库、更新及维护;第六,承担规划、测绘、信息化管理法规、规范、标准的收集、整理以及研究和制定工作;第七,提供其他有利于加强和完善规划管理的技术性服务工作,如规划研究、规划宣传、数据提供、日常审核等。

3.2 近期工作重点

在上述发展定位和发展方向指引下,中心要充分发挥自身"快速反应、高效服务"的特点,服务规划管理部门,找准三大近期工作重心,实现重点突破、全面带动、有序推进中心职能的建设与完善。

3.2.1 全力推动"后总规"规划深化

当前在南京市城市总体规划修编工作完成后,中心作为主编单位之一,要强力推进总体规划实施的各项服务工作。一是迅速开展相关规划研究,包括总体规划实施评估的预研究、各年度全市建设用地状况追踪等;二是贯彻苏南现代化建设示范区规划以及江苏省委省政府"全省苏中发展工作会议"精神,根据新型城镇化和美丽南京建设要求,全力跟进南京江北总体规划、南部新二区总体规划等重点项目建设的规划引领;三是围绕生态低碳、民生保障、新兴产业等政府工作重点,积极承担医疗卫生、绿地系统、社区服务、战略性新兴产业、紫金特区、中小学教育设施等一批重要专业专项规划的编制工作,力求落实总体规划要求;四是加强"数字规划"的深化落实工作,包括相关规划的整合和建库准备等,以期为其他下位规划编制和规划管理提供有效的依据和引导。

3.2.2 全面开展控规的编制、调整及建库工作

在总体规划修编结束后,将其战略安排按照规划单元进行自上而下的分解落实将成为中心今后的核心工作。其中,新一轮控规的认证和修编工作是重中之重。对此,中心要加快开展有关控规的相关工作,包括次区域规划的研究、调整制度的研究、控规"一张图"整合、规划单元的调整、规划项目的编制以及控规"审批库"的建库准备等,进而承担起局控规编制、调整、建库及后期的动态维护等一系列工作,主动服务全局规划管理工作。

3.2.3 加快信息化管理水平提升和"数字城市"建设

一是牵头局信息化工作,负责全局信息化项目的计划制订、项目实施和后期维护;编制完成了《局信息化2010—2015年规划》,开展信息化日常管理工作;二是开展信息化基础设施建设,建设和维护办公城域网,加强网络信息安全建设,改善日常办公网络环境;三是进行局数据中心建设,建成涉及大比例尺地形图、影像图、规划编制成果、规划实施、城市专题等数据库,并依据数据特点实施数据更新和流转;四是各类信息系统的建设,建设以"数字规划"为核心的第三代规划管理信息系统,实现了全局管理业务的全覆盖,为全局提供了一个便捷、高效、实用的信息化工作平台;五是紧紧围绕"数字城市",开展了南京地理空间框架项目建设,编制南京市政务版电子地图,建成"天地图·南京"、南京市地理信息公共服务平台,为各政府部门提供基础地理信息数据。

4 对全国编研中心行业发展的若干思考

目前我国城市发展正处于一个黄金发展期,伴随规划的市场化改革,全国编研中心都面临一个莫大的发展机遇。同时,作为新生事物,编研中心的建设与发展并无成熟的经验可循。因此,面对机遇与挑战并存的形势,各城市编研中心有必要明晰定位、认清方向、加强合作,共同探讨和研究发展中出现的问题,合力寻求一条合理的发展之路,促进

编研中心行业不断做大做强。当前,急需构建一个长效的行业健康发展机制与合作平台,不断聚焦核心业务、拓展合作领域与空间。

4.1 围绕规划编制质量提高,贴近政府服务管理

明晰编研中心定位,重点是要立足"两头"开展技术服务工作。一方面,贴近规划管理需求,协助规划管理部门组织开展影响全市的、全局的重大规划编制项目的前期研究工作。同时,通过持续地、逐年开展规划年报、现状图等基础性研究工作,动态跟踪城市规划、建设与发展,并且围绕城市热点和难点问题,重视数据积累和深度分析,做好规划基础性研究工作,做好研究储备,为领导决策发挥好参谋作用。另一方面,做好规划后续跟踪服务工作,有序推进规划动态维护与更新,为规划管理部门各项规划编制和实施管理工作的有序展开提供技术支持。同时,编研中心还应充分利用其数据集成优势,积极研究和构建以城乡规划为基础,规划、建设、国土、发改、环保等多部门联动,市区(县)联动的空间规划技术信息化服务综合平台,以此加强技术协调、完善信息服务,实现多部门规划、上下位规划的有机融合,真正发挥出城乡规划的综合性空间政策效应。

4.2 聚焦地方现实需求,协同开展技术研发

传统的城市规划组织方式、技术方法、标准规范等已经与当前快速转型的城市发展实际需求相脱节,进而导致"规划跟不上发展、规划不如变化快"等问题,在一定程度上影响了规划的权威性和严肃性。因此,在新的时代背景下,城乡规划无论是在理论体系上还是在技术方法上都应该尽快转型。编研中心作为规划管理部门的技术服务部门,对此责无旁贷。诚然,由于各地发展条件不一,各地规划体制和技术标准也各有不同。未来,各地编研中心应该积极瞄准地方现实需求,积极推动规划新技术方法的应用和创新,并对既有与发展不相适应的规划标准和规范进行深入研究、修正、修改和完善,适时建立具有各地特色的地方性城乡规划标准体系。基于各地方标准,求同存异,各地编研中心可强化相互之间的协调与合作,进一步归纳、总结并升华为普适的、全面的国家标准与规范,从而提升编研中心在全国规划业界的技术服务角色,发挥其引领规划技术前沿的作用,全方位服务政府,充分凸显出城乡规划的公共政策属性。编研中心应该发展成为政府城乡规划的技术保障基地、人才储备基地和科技研发基地。

4.3 深化交流合作形式,全面推进项目合作

经过多年来的发展,各地编研中心已经初步建立起一套具有自身地方特色、行之有效的管理与制度体系。由于各地发展条件的差异性,因而各地编研中心的发展模式也有所不同,主要体现在机构运作、项目管理、技术方法等方面。今后,应充分借鉴彼此的发展经验,相互取长补短,对编研中心的事业发展和壮大大有裨益。当前中心联谊年会制度提供了一个很好的交流平台。为了实现更为全面的、深层次的沟通与交流,未来建议采取学术讨论、资源共享、专家咨询、项目合作等多样化形式,进一步扩大兄弟单位之间合作

的深度与广度。尤其是各中心之间应依托于大型的规划项目,尝试与兄弟单位合作研究与编制,促进中心之间在规划理念、技术方法等深层次环节的交流与合作,实现多方共赢。

4.4 优化完善有利于编研中心发展的机制体制,为中心发展谋划空间

结合当前事业单位改革的要求,编研中心必须加快机制体制创新,重点围绕绩效考核、收入分配、人才流动等方面,健全和完善有利于编研中心发展的制度环境。完善的制度平台是编研中心稳步发展的关键,而高素质人才更是编研中心可持续发展的基础。必须要加快建立中心与规划管理部门、中心与社会之间合理的人才流动机制,以此稳定队伍、吸引人才,促进高端的、核心业务人才队伍的培养和集聚,以此为中心的发展创造条件、为中心人的发展创造空间,不断壮大全国编研中心队伍。

5 结论

城乡规划工作具有专业性、技术性以及政策性强的特点,面对当前多变、快速的城市发展形势,城乡规划也在转型。适应政府职能转变和公共服务型政府建设要求,充分发挥城乡规划龙头作用,客观上需要有特定的公共性规划编制机构为政府和规划管理部门提供优质高效、快捷适时、公益性的技术服务。相比市场化的规划设计单位,编研中心的优势在于更加贴近管理一线,可实现规划动态更新和维护;相比高校学术科研机构,编研中心更能了解管理需求,将理论成果付诸实践;相比行政管理部门,编研中心更适合承担起各类规划技术协调、咨询、研究和服务工作,将公共政策转化为技术方案。未来编研中心的发展大有可为,本文以此为出发点,在回顾南京市城市规划编制研究中心发展历程并解析存在问题的基础上,明确未来发展定位和近期工作重点,并就未来全国编研中心行业的发展提出建议,供全国同仁探讨和研究。

参考文献

[1] 石楠.试论城市规划中的公共利益[J].城市规划,2004,28(6):20-31.

[2] 唐凯.在 2010 年全国城市规划编制研究中心年会上的讲话[EB/OL]. 2010-11-19, http://www.doc88.com/p-74687597165.html.

[3] 石楠.关于城市规划编研中心的若干思考[J].城市规划,2006,30(10):43-48.

[4] 杜辉.机构改革与编研中心创建[J].规划师,2007,23(1):51.

(本文原载于《城市规划》2013 年第 9 期)

优化乡村公共设施配套体系
推进城乡基本公共服务均等化

何 流 赵 勇 官卫华 皇甫玥 吕 倩
于 艳 杨梦丽 朱 霞 刘 莉

党的十九大报告指出,农业农村问题是关系国计民生的根本性问题,要按照"产业兴旺、生态宜居、乡风文明、治理有效、生活富裕"的总要求,实施乡村振兴战略。2018 年,国家发布《乡村振兴战略规划(2018—2022 年)》,要求分类推进乡村发展,确保 2020 年乡村振兴制度框架和政策体系基本形成、2022 年乡村振兴制度框架和政策体系初步健全。为落实乡村振兴战略,加快推进南京城乡基本公共服务均等化,课题组对我市现行乡村公共设施配置存在的问题进行调查分析,并提出优化建议。

1 基本情况

2010 年,我市发布《关于加快推进全域统筹建设城乡一体化发展的新南京行动纲要》,明确城乡统筹"五个一体化"目标(城乡规划一体化、产业发展一体化、基础设施一体化、要素配置一体化、公共服务一体化),全面推进城乡统筹规划工作。2011 年,我市制定《农村地区基本公共服务设施配置标准规划指引(试行)》(以下简称《指引》),构建两级三档[新市镇—新社区(一级新社区、二级新社区)]基本公共服务设施配置体系,明确八大类(行政管理、教育、医疗卫生、文化体育、社会福利与保障、市政通信、公共绿地、商业金融)基本公共服务设施类别的配置要求,配合推进城乡统筹规划全覆盖工作。

"十三五"期间,城乡关系进入全面重塑阶段,加之乡村人群结构、生产生活方式、消费方式不断变化,乡村居民对公共设施的需求产生变化,对社会服务、科技服务、信息化服务、金融服务等方面需求日渐旺盛,《指引》的适用性明显不足,亟待优化完善。

2 存在问题

2.1 基本公共服务均等化要求下乡村公共设施短板有待补齐

一是现行《指引》配置项目与"十三五"时期基本公共服务清单相比有一些缺项。"十三五"期间,国务院印发包括基本公共教育、基本劳动就业创业、基本社会保险、基本医疗卫生、基本社会服务、基本住房保障、基本公共文化体育、残疾人基本公共服务八大类81项的基本公共服务清单;江苏省在此基础上增加基本公共交通、环境保护基本公共服务两类,形成十大类87项基本公共服务清单;我市又在江苏省基本公共服务清单基础上增加人口与家庭服务大类,形成十一大类107项基本公共服务清单。现行《指引》配置项目的缺项,主要是残疾人基本公共服务和基本公共交通等。

二是现行配置标准与城市地区相比存在一定差距。现行《指引》在部分同级同类公共设施配置的标准上与《南京市公共设施配套规划标准(2015年)》存在差距,主要包括:镇街行政管理中心、教育设施(幼儿园、小学、初中)、医疗卫生设施、体育设施、商业金融服务设施等(图1、图2)。

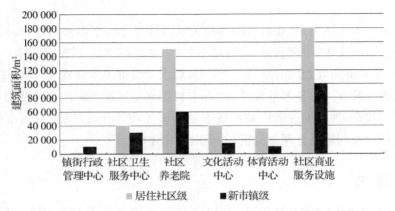

图1　居住社区级(城市)公共设施与新市镇级(乡村)公共设施建筑面积对比

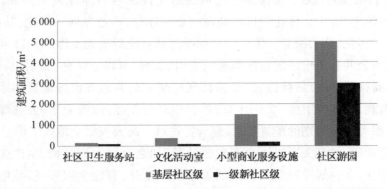

图2　基层社区级(城市)公共设施与一级新社区级(乡村)公共设施建筑面积对比

三是乡村基本公共服务尚未实现全覆盖。据统计,我市现有行政村572个,平均村域面积8.2 km²,村域半径一般不超过2 km。按照现行《指引》,公共设施布点村(一级新社区)一般对应行政村,以2 km服务半径测算,覆盖率仅为76%,未能满足基本公共服务全覆盖的要求(图3)。

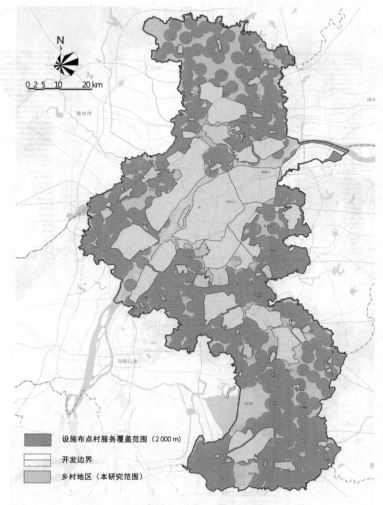

图3　公共设施布点村覆盖范围示意图

2.2 "强富美高"新南京建设要求下乡村公共设施范畴有待扩充

一是更好地适应全面推进乡村振兴战略的高要求。2018年5月，市委、市政府发布《关于推进乡村振兴战略的实施意见》(简称《意见》)，要求修订现行《指引》，加快推动优质公共资源向乡村延伸。《意见》不仅对落实"十三五"基本公共服务清单提出要求，而且结合南京乡村实际情况，对垃圾分类、公厕、"四好"农村路、自来水供应、信息基础设施建设、4G网络覆盖等多项公共服务提出要求，需要进一步落实。

二是更好地适应乡村居民追求美好生活的新需求。乡村居民日益增长的美好生活需要在乡村公共设施上有明显体现。为深入了解乡村居民对公共设施的需求，课题组发放4 576份调查问卷，回收有效问卷4 204份，有效率91.9%。调查结果显示，菜市场、公园和小游园、卫生院和卫生室等基本公共服务设施的需求仍然较大，居家养老服务站等新需求凸显。此外,随着乡村旅游业的发展,餐饮、旅游服务中心、超市等旅游配套设施的需求也明显增加(图4、图5)。

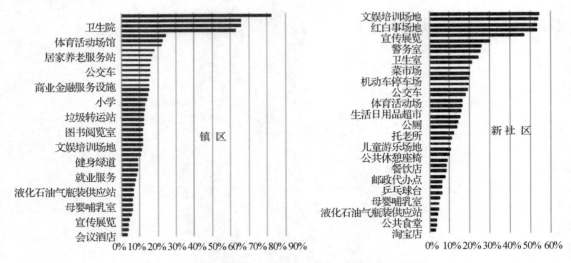

图4 乡村地区居民对公共服务设施的需求分析

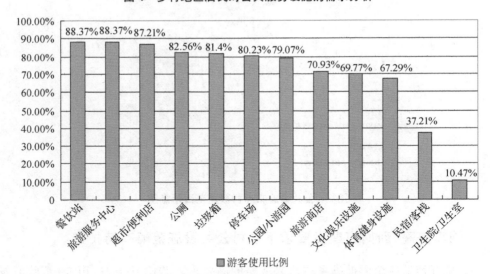

图5 乡村旅游配套设施现状使用情况

三是更好地适应乡村社会结构深刻变革带来的新挑战。调查显示,目前乡村约54%的人离开家乡长期在外地打工,"空心化"现象明显。乡村农林牧渔业特别是种植业从业人数呈现持续下降趋势,住宿和餐饮业、批发和零售业、信息传输、计算机服务和软件从业人口稳步增加,生产服务型业态发展势头良好。对此,2019年江苏省发布的《江苏省镇村布局规划优化完善技术指南(试行)》对村庄9类、27项设施公共设施的配置提出了相应要求,其中生活污水处理、垃圾分类收集、农村电商服务等设施,现行《指引》没有涉及,需要进一步做好落实。

2.3　城市精细化管理要求下乡村公共设施运营机制有待完善

一是公共设施规划与公共财政投入机制不匹配。规划公共设施布点村（一级新社区）数量 160 个，远远小于规划行政村的数量（420 个），既不能满足乡村公共设施全覆盖的要求，也与以行政村为单位的乡村公共财政投入机制不匹配。

二是公共设施建设缺乏统筹协调机制。乡村公共设施的配置涉及多层级、多部门，实施过程中各部门之间缺乏协同，各自为政、"九龙治水"，导致公共设施布局分散、缺乏整合和重复建设等现象。而投融资体制的不完善导致社会资本投入积极性不高，也难以支撑乡村公共设施建设。

三是公共设施运营缺乏评估监督机制。现行《指引》在实施过程中缺乏相应的评估监督机制，而且城乡建设用地指标分配偏向城市，乡村公共设施落地难以保障，占用农田建设社区公园和停车场地等现象客观存在。

3　优化建议

作为东部沿海发达省份省会城市以及国家新型城镇化综合试点地区的代表城市，南京应积极推动城乡基础设施一体化和公共服务均等化，通过完善现行乡村公共设施配套，提高乡村规划编制与实施管理的标准化、规范化，补齐乡村公共服务短板，助力乡村高质量发展和乡村振兴。

3.1　推动乡村社区生活圈建设，优化配套体系

一是优化设施分级。在全市"中心城区（江南主城、江北新主城）—副城—新城—新市镇—乡村社区"五级城乡空间体系中，新市镇是涉农街道（建制镇）的集中建设地区，承担服务和带动广大乡村地区发展的重要作用，而乡村社区是实施乡村振兴战略、传承乡村文化特色和发展现代农业产业体系的农村居民点。对应城乡空间体系，建立"新市镇—乡村社区"两级公共设施配套体系（图 6），并将新市镇分为"新市镇级、基层社区级"两档，乡村社区分为"一级乡村社区、二级乡村社区"两档。新市镇级公共设施服务整个

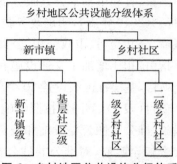

图 6　乡村地区公共设施分级体系

街镇全域(约3万~5万人),基层社区级公共设施服务镇区基层社区(约0.5万~1万人),一级乡村社区公共设施服务整个行政村(约1 000~5 000人),二级乡村社区公共设施作为对较大行政村一级乡村社区公共设施覆盖不到区域的补充(约300~1 000人)。一级乡村社区、二级乡村社区结合集聚提升类、城郊融合类、特色保护类三类村庄设置。此外,将已撤销乡镇行政建制的集镇区作为城镇型新社区(约0.5万~1.5万人),参照基层社区设置公共设施。

二是构建乡村社区生活圈。以乡村社区生活圈合理组织乡村公共服务供给,确保居民通过镇村公交15 min可达街镇全域,通过非机动车15 min可达村域,而基层社区、一级和二级乡村社区等本地基本公共服务则步行5 min可达,城镇型新社区内步行出行10 min内可达(图7)。由此实现具有基本功能、小规模的公共设施尽量在基层社区(乡村社区)全面覆盖,具有区域服务功能、大规模的公共设施集中在新市镇镇区设置,提高服务质量与运营效率。

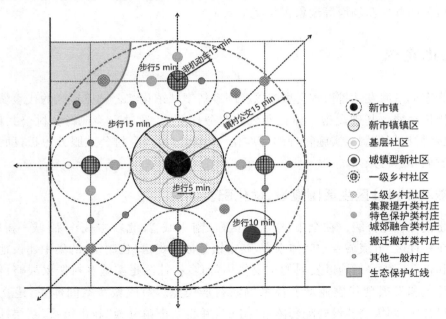

图例:
- 新市镇
- 新市镇镇区
- 基层社区
- 城镇型新社区
- 一级乡村社区
- 二级乡村社区
- 集聚提升类村庄
- 特色保护类村庄
- 城郊融合类村庄
- 搬迁撤并类村庄
- 其他一般村庄
- 生态保护红线

图7 乡村社区生活圈空间组织示意图

三是完善设施分类。按照国家、省和市基本公共服务清单要求,对照《江苏省镇村布局规划优化完善技术指南(试行)》(2019年版),明确政务服务、公共教育、公共医疗卫生、公共文化、体育、社会福利与保障、公共交通、市政公用、公共安全、生活服务、公园绿地等十一类乡村公共设施,与现行《指引》相比增加了交通设施和公共安全设施两大类。在十一大类下,新市镇级设置25个项目,基层社区级设置20个项目,一级乡村社区设置26个项目,二级乡村社区设置19个项目(表1)。并且,按照设施公益属性和控制要求,将乡村公共设施分为纯公共性公益设施、准公共性公益设施和经营性公共设施三类。对纯公共性公益设施应严格保障并移交产权至政府,对准公共性公益设施应予以保障,可不必移交产权,而经营性公共设施建设则主要由市场推动。

表1　乡村公共服务设施配置项目参考表

类别	设置项目	新市镇	基层社区	一级乡村社区	二级乡村社区
政务服务设施	街镇管理中心	★	—	—	—
	社区服务中心	★	—	—	—
	党群服务中心	—	★	★	—
公共教育设施	幼儿园	—	★	★ （人口需达到5 000人）	—
	小学	★	—	—	—
	初中	★	—	—	—
公共医疗卫生设施	卫生院	★	—	—	—
	社区卫生服务站	—	★	—	—
	卫生室	—	—	★	★
公共文化设施	综合文化站 （文化活动中心）	☆	—	—	—
	综合文化服务中心 （文化活动室）	—	☆	☆	☆
体育设施	体育活动中心	☆	—	—	—
	体育活动站/场	—	☆	☆	☆
社会福利与保障设施	一站式居家养老服务中心	★	—	—	—
	居家养老服务站	—	★	★	★
	老年人日间照料中心（日托所）	★	—	—	—
	养老院（敬老院）	★	—	—	—
	婴幼儿照护服务机构	☆	—	—	—
	残疾人之家	★	—	—	—
	残疾人活动中心	—	★	★	—
公共交通设施	公交首末站	★	—	—	—
	公共自行车服务点	☆	—	—	—
	公共停车场	☆	☆	☆	☆
	镇村公交	—	☆	☆	☆
	主要道路路灯	—	★	★	★

续表

类别	设置项目	新市镇	基层社区	一级乡村社区	二级乡村社区
市政公用设施	垃圾转运站	★	—	—	—
	垃圾收集点	—	★	★	★
	垃圾收集站	—	★	★	—
	环卫作息场		★	★	
	环卫车辆停放场		★	★	
	有机垃圾资源化处理站			★	★
	污水处理设施	★		★	★
	公共厕所	—	★	★	★
	邮政所(电信所)	★	—	—	—
	邮政代办点(电信代办点、快递服务站)		★	★	★
	公共移动通信基站	—	☆	☆	☆
	自来水供应	★	—	★	★
	换气站	☆		☆	☆
公共安全设施	派出所	★			
	警务室	—	★	★	★
	消防站	★		—	
生活服务设施	菜市场	☆	—	☆	☆
	新市镇商业服务设施	○			
	小型商业服务设施	—	○	○	○
	农村电商服务站	—		☆	
公园绿地	社区公园	★	—	—	—
	社区游园	—	★	★	★

注:设置项目后带"★"号的为纯公共性公益设施项目;带"☆"号的为准公共性公益设施项目,应刚性配置;带"○"号的为经营性公共设施项目,可弹性配置。

3.2 倡导集约复合利用理念,优化空间布局

坚持土地集约使用与设施复合利用理念,同一级别、功能和服务方式类似的公共设施可集中布局,形成各级公共活动中心。

对于新市镇级公共设施,考虑设施功能特点,对卫生院、一站式居家养老服务中心、老年人日间照料中心(日托所)、养老院和残疾人之家等采用院落组合形式,集中布置形

成医养结合服务中心；其他设施如街镇管理中心、社区服务中心等，可与文化体育、生活服务、公交首末站、公共停车场等以综合体形式复合开发，也可以围绕社区公园集中布局，形成新市镇中心（图8）。

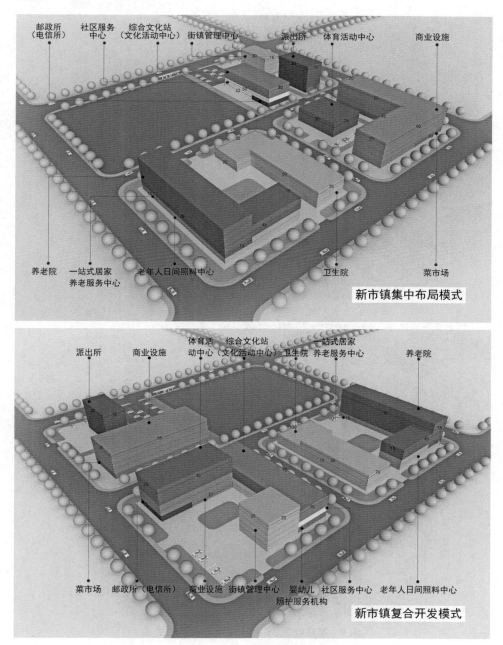

图 8　新市镇中心布局模式图

对于基层社区级和乡村社区级公共设施，可以将党群服务中心与卫生室、居家养老服务站、残疾人活动中心、邮政代办点（电信代办点、快递服务站）、警务室、公共停车场等设施,结合社区游园集中设置,可采取独立建设方式,也可与商业服务设施配套建设,鼓励空间复合利用,形成基层社区中心和乡村社区中心(图9)。

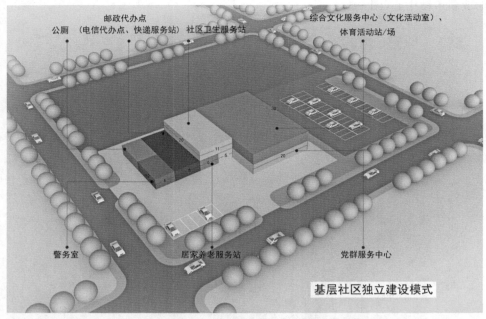

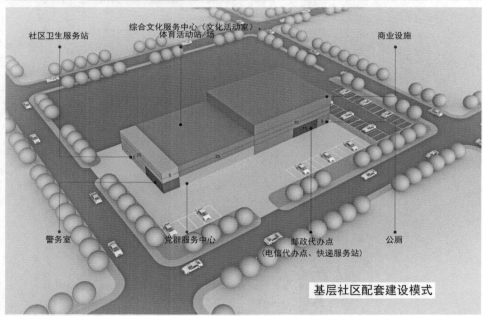

图9　基层社区、乡村社区中心布局模式图

3.3　保障基本公共服务均等化,完善管控标准

一是拉平新市镇公共设施与城市居住社区公共设施的配置差距。全面落实基本公

共服务均等化要求,新市镇公共设施配置对标城市公共设施,确保公益性公共设施配置标准不低于城市。

二是全面优化乡村公共设施配置标准。参照城市公共设施配置标准以及行业规范,结合我市乡村发展现实需求,优化各类公共设施配置,合理提升配置底线,适当控制配置上线,既满足乡村发展需要,又避免浪费。其中,新市镇级、基层社区级、一级乡村社区、二级乡村社区分别配置建筑面积不少于 1.7 万 m^2、1 340 m^2、1 540 m^2、410 m^2 的纯公共性公益设施(不包括教育设施)。

三是通过两个"双规模"控制方式实现刚弹结合。坚持基础保障与品质提升并重原则,乡村公共设施配置采取"一般规模＋千人指标""建筑规模＋用地规模"两个"双规模"控制方式。其中,"一般规模"为底线标准,是实现城乡基本公共服务均等化的基本保障和刚性要求;"千人指标"是在"一般规模"基础上引导品质提升的弹性要求,可在具体规划编制工作中结合乡村人口规模灵活增加配建规模。对于需要独立占地的公共设施,采用"建筑规模＋用地规模"的控制方式,保障其功能空间落地。对于可兼容配置的公共设施则只控制"建筑规模",体现功能整合效益与空间复合利用。

3.4　创新政策机制,加强实施运营保障

一是树立规划先行意识。坚持规划先行,发挥规划的统筹引领作用,通过科学确定乡村公共设施配套规划标准,优化空间布局方式,提升建设运营水平,实现城乡基本公共服务均等化。

二是完善土地管理机制。通过优化建设用地布局,为乡村各级公共活动中心建设预留空间,应优先将建设用地指标用于公共设施建设。同时,加快盘活闲置农房和宅基地,支持农村集体经济组织以出租、合作等方式利用存量用地配置乡村公共设施。

三是建立多元化投融资机制。统筹公共设施的规划、建设、交付和使用,保障乡村公共设施的财政投入。一方面,确保纯公共性公益设施的建设和使用,将其纳入各级政府基础建设投资范畴,制订年度实施计划,实行专项资金专项使用。另一方面,引入社会资本投入准公共性公益设施和经营性公共设施建设,通过建立和完善金融服务机制,并充分利用财税政策激励,吸引社会资本投入公共设施建设,比如政府在建设初期可注入资金,以此为支点撬动市场投资;对于经营性公共设施,政府可以实行减税或轻税政策,也可采取投资补贴和贷款贴息的方式吸引社会投资。

四是完善部门协作机制。建设、规划、房产、教育、民政、文化、卫生、体育等公共设施主管部门应建立多部门协作机制,凝聚共识、明确职责、联管联审、评估考核,共同推进乡村基本公共服务均等化,助力乡村振兴。

(本文原载于《南京调研》2020 年第 26 期)

加快推动南京高水平应用型
学科研究院集群发展

刘青昊　苏　玲　郑晓华　皇甫玥
郑文雅　　李　琦　　　周国莉

南京名校名所众多,科教资源优势突出。近年来,南京深入践行新发展理念,围绕创新名城发展愿景,推动创新发展不断走向深入,取得了一系列突破性成果,形成了不少成熟的经验做法,但是科教资源优势还没有完全释放,竞争优势还没有凸显。建议市委、市政府加快建设"高水平应用型学科研究院集群",打造引领区域发展的创新主阵地和高端产业集聚发展的新载体,进一步提升南京的中心城市首位度和省会城市影响力。

1 "高水平应用型学科研究院集群"的概念

"高水平应用型学科研究院集群"类似于国内城市的综合性国家科学中心、科技城,如中国西部科技创新港、合肥综合性国家科学中心、深圳天安云谷、深圳万科云城等,具有空间紧凑、功能复合、环境创新的特征。具体表现在以下三个方面:

一是布局上体现"集群性"。在空间形态上,采取组团街区模式或综合体模式发展。组团街区模式以多个街区布置产业及配套功能,一般占地面积 $2\sim3$ km²,在平面上形成资源要素的紧密联系,典型代表有中国西部科技创新港、纬壹科技城、合肥综合性国家科学中心大科学装置集中区等。综合体模式表现为高度集聚的楼宇(群),强调用地集约,占地面积一般为 $0.5\sim1$ km²,典型代表有深圳天安云谷、深圳万科云城等。

二是功能上体现"应用型"。中国西部科技创新港核心区设置科研、教育、转孵化、综合服务四大功能板块,打造技术与服务的结合体、科技与产业的融合体。深圳天安云谷重点打造功能复合、配套齐全、以人为核心的产城社区。杭州海创园、苏州国际科技园、上海科技绿洲、合肥综合性国家科学中心大科学装置集中区等作为大型产业集群先行建设的核心功能区,注重产业关键核心技术的研发攻关。

三是层次上体现"高水平"。中国西部科技创新港由西安交通大学与西咸新区联合建设,瞄准能源革命、中国制造2025、互联网+,将现代田园城市理念与国际前沿"学镇"理念相结合,建设"校区、镇区、园区、社区"四位一体的街区型创新空间。深圳天安云谷则以华为为龙头,引进 2 500 家科技企业、研发机构及金融、科技中介等专业配套机构,实现上下游关联产业聚集,促进产业向价值链中高端攀升。

2 南京建设高水平应用型学科研究院集群的必要性

南京建设高水平应用型学科研究院集群的必要性体现在以下三个方面:

一是提升创新集群的总体层次。2019 年,南京共有省级以上工程技术研究中心 403 家,而同期苏州达 732 家;据第四次经济普查统计数据显示,2018 年南京工业企业研发机构建有率为 47.3%,而同期苏州这一比例超过 90%;在江苏省工信厅发布的"江苏自主工业品牌五十强"中,南京有 7 家,苏州、无锡均为 10 家。无论是从高等级的研发载体数量看,还是从自主创新能力看,南京都有提升的空间。

二是提高科技和创新成果的转化率。据统计,2018 年南京市专利授权量 44 089 件,不到苏州(75 837 件)的 60%,其中实用新型专利授权量 26 742 件,不到苏州(58 262 件)的一半;2017 年,南京市研发机构中硕士以上学历人员占 20.9%,比全省平均水平高出 10.2 个百分点,但工业企业创新费用支出与新产品销售收入之比(1:10.4)与全省平均水平(1:10.3)基本持平。无论是从科技产出看,还是从创新效益看,南京都需要进一步提高,尤其应用型研发成果产业化需要加强。

三是提高创新空间的集聚度和发展绩效。南京科技创新资源优势虽然明显,但创新空间集约发展不足。一方面,土地利用强度较低。据江苏省自然资源厅下发的 2019 年度全省开发区土地集约利用评价情况通报显示,南京市工业主导型开发区综合容积率为 0.86(全省平均 0.86)、建筑密度为 41.3%(全省平均 44.24%),产城融合型开发区综合容积率为 1.22(全省平均 1.25)、建筑密度为 32.79%(全省平均 41.91%),土地利用强度接近或低于全省平均水平,降低了工业发展效率。另一方面,土地利用效益不高。该通报显示,南京市产城融合型开发区综合地均税收为 371.95 万元/hm^2,位列全省第七,低于全省平均水平(506.53 万元/hm^2),反映出创新空间资源利用尚不合理,创新要素集聚能力有所欠缺。

3 南京建设高水平应用型学科研究院集群的思考和建议

3.1 总体思路

3.1.1 总体布局

顺应城市创新格局,契合最新发展战略,支持紫东地区、江北新区等重点地区发展,在"一圈、双核、三城、多园"的创新战略空间中布局高水平应用型学科研究院集群。优先选择周边具有科研和产业载体的区域,依托既有产业基础进行提档升级,贯通创新要素,使创新资源与周边产业及配套设施深度融合,反哺高水平应用型学科研究院集群。同时,区域周边应具有一定的山水资源,适宜营造宜人的生活环境,形成高水平应用型学科研究院集群与周边校区、景区、居住生活配套区相辅相成、共享互动的特色优势,彰显"美丽古都"的神韵与魅力。

3.1.2 形态规模

通过研究国内外案例,借鉴成功经验,合理选取建设发展模式。在空间形态上,可采用"高度集聚的产业综合体"或"高度混合的组团街区"两种形式。基于区位平均地租空间分布规律以及拟建设地区现状用地条件,建议中心城区以高度集聚的产业综合体形式布局,占地面积以 $0.5\sim1~km^2$ 为宜,用地更加集约;郊区可采用高度混合的组团街区形式布局,占地面积以 $2\sim3~km^2$ 为宜。

3.1.3 交通条件

选址区域应具有便捷的区域交通和公共交通,有利于强化创新要素互通与区域创新协同,扩大高水平应用型学科研究院的辐射范围和能力,避免本地化的产业互动或扩张。选址区域应具有便捷的对外交通联系,包括快速路或城市干路,距离主要交通枢纽不宜超过 60 min 车程,还应具有相对便捷的公共交通特别是轨道交通。

3.1.4 选址建议

可在以下四处选址建设(见下图):一是紫东地区核心区,选址点处于南京面向长三角的东部门户枢纽位置,是沪宁科技创新走廊和环江南高新技术产业开发带上的重要节点,可采用综合体模式布局;二是麒麟高新区,选址点位于创新名城"一带、双核、三城、多园"空间结构中"双核"之一的麒麟科技城,是南京建设具有全球影响力创新名城的发展核心,可采用组团街区模式布局;三是江苏省产业研究院,选址点位于江北新区浦口组团南部,紧邻长江滨江带,可采用组团街区模式布局;四是紫金山实验室,选址点地处南京城市金轴,位于南京市未来科技城北部、国家级江宁经济技术开发区范围内,可采用组团街区模式布局。

3.2 推进措施

3.2.1 强化校地融合,打造高水平研究集群

结合南京优质高校资源,依托优势学科,立足科技前沿,围绕南京产业发展,补短板强基础促提升,布置前沿性、战略级"大科学装置",加强"卡脖子"技术研发,打造技术与服务的结合体、科技与产业的融合体,培养创新人才,开展顶级科学研究,建设产业创新基地。提高科教资源转化为生产力的能力,加强高水平应用型学科研究院集群与名校名

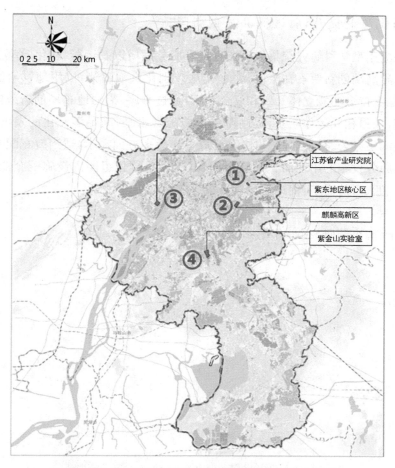

江苏省产业研究院

紫东地区核心区

麒麟高新区

紫金山实验室

南京市高水平应用型学科研究院集群拟选址点分布图

所双向融通，各大高校围绕高水平应用型学科研究院集群确定的主导产业设置和发展应用型专业，设立产业协同创新学院，加强人才培养。

3.2.2 强化特色塑造，打造多样化创智高地

高水平应用型学科研究院集群应避免与南京高新区"一区十五园"同质化、趋同化发展，以更高的标准打造以创新孵化为主的具有区域竞争力的创智高地。结合区域基础，在源头上找准重点发展的产业方向，紧扣集成电路、生物医药、人工智能、新能源汽车、软件和信息服务五大地标性产业，围绕人工智能、大数据、生命科学等前沿领域和民生科技进行产业定位，提升创新链与产业链匹配度，强化特色塑造。高质量搭建创新平台，着力引入重大科技项目，建立重大项目专项资金，加速集聚一批规模体量大、带动能力强、科技含量高的龙头型、旗舰型项目。

3.2.3 强化质效提升,打造高品质创新阵地

高水平应用型学科研究院集群应注重提升服务品质以及运行、转化效率。一是通过集约用地引导高端创新要素在空间聚集,实施差别化供地政策,以用地供给驱动产业结构优化;二是支持多功能立体开发和复合利用,通过有序、集约地布局创新载体及科技服务配套设施,加强相互运作联系,提高基础设施配套水平,满足多元化的发展需求;三是功能配置上满足办公、社交、休憩、休闲、开放合作等多方面需求,适当放宽配套建设行政办公及生活服务设施的用地面积和建筑面积,保证集群化组团内设施配套能级、数量满足园区人才和人口的需求,促进多元有序集约发展。

(本文原载于《南京调研》2020年第46期)

建设紫金山碳中和公园 助力实现"双碳"目标

郑晓华 沈 洁 杨洁莹 宋晶晶

实现"双碳"目标,是贯彻新发展理念、构建新发展格局、推动高质量发展的内在要求,是一场广泛而深刻的社会变革。它不仅需要调整城市的产业、能源、交通运输、用地结构,而且需要改进城市的空间形态、生活环境和生活方式。碳中和公园建设是目前国内碳中和主题与公园绿地建设相结合的热点,对促进城市低碳发展具有重要意义。

1 国内城市建设碳中和公园的经验借鉴

目前国内已有一批城市率先开展碳中和公园建设,如广州越秀碳中和公园、北京城市绿心森林公园、北京温榆河低碳公园、金华赤山低碳公园,以及上海普陀、成都未来科技城、深圳零碳公园等。从目前碳中和公园建设实践来看,相关做法和经验主要体现在"三个突出":

1.1 突出低碳理念全周期落地

碳中和公园建设坚持高起点规划,并将通过生态碳汇和可再生能源实现碳中和的理念贯穿始终。金华赤山低碳公园在初期建设—园区建成—管养维护的全过程中,贯穿低碳、循环等生态环保理念。项目最大限度地保留原址丘陵地貌特征及原生植物群落,以原有山水骨架为基础联通水塘水系,削减建设过程中的碳排放;构建亚热带生态植物群落,修复破损生态系统,达到多层次高效率的固碳效果;水岸修复尊重自然,以植物、原木、碎石和石块等低碳天然材料,进行拟自然的驳岸修复;园路以透水材料铺装贯彻海绵城市理念。

1.2 突出低碳技术全领域应用

碳中和公园建设注重大规模科技投入,推动新技术运用和实践,同时促进公园管理实现全面数字化和智慧化。北京温榆河低碳公园内所有建筑均综合运用光伏发电、地源热泵、储能、智慧能源管理等绿色低碳能源技术,可再生能源利用比例达41.2%,每年减少二氧化碳排放11 556 t,相当于约20 km² 森林的年碳汇量,预计40年内新增碳汇量8 614 t。上海普陀零碳公园内建筑屋顶、停车场上方都设置了光伏发电板,电量基本能满足日常运营需求,余量还供给园内的路灯和智能化设施。

1.3 突出低碳科普全方位展示

碳中和公园建设特别强调低碳宣传教育,有效推动了全社会更好地理解、关注碳中和事业。广州越秀碳中和公园集科学普及、公众教育、沙龙活动、社会实践于一体,充分依托存量房屋改造、城市园林和绿地资源,创新展示形式为市民游客提供低碳知识科普。北京温榆河低碳公园开发了"碳积分"智慧游园系统,游客可以在互动设施上开展绿色出行、低碳环保、科普学习等,获取"碳积分"。

2 紫金山具有建设碳中和公园的良好基础

城市是二氧化碳等温室气体的主要排放来源,森林是陆地生态系统中最大的碳库和最重要的绿色生态系统,依托城市森林公园打造碳中和公园具有先天优势。作为主城内最大的森林公园,紫金山是南京的生态宝地,也是城市的文化高地,具有打造碳中和公园的良好基础。

2.1 自然环境优越、资源条件丰富、生态系统稳固,有利于提供系统化的城市碳汇功能

紫金山国家级森林公园地形起伏多变、水系发达、动植物资源丰富。现有森林3万余亩(1亩=666.67 m²),森林覆盖率超过70%,面积占全市森林面积的15.6%。湖泊、河溪、池、井等水体密布,与富贵山、九华山和北极阁构成生态绿廊,并与青龙山共同形成城市绿楔和通风廊道。完整的山水林湖结构为城市提供了固碳冷岛,在市区滞尘吸收、气候调节、环境美化、生物多样性保护等方面发挥着重要作用,为建设碳中和公园提供了良好的自然资源本底。

2.2 区位优势明显、要素吸引力大、示范带动性强,有利于打造多元化的低碳技术应用场景

紫金山位于主城区内,距市中心新街口仅5 km,坐落有丰富的历史文化遗存,是享誉国内外的旅游胜地,也是市民活动频繁的城市公共空间。独特的区位优势和文化影响力为公园连接人与城市、人与自然,打造新业态、培育新场景、创造新消费,构建多元化的低碳技术应用场景提供了重要基础。公园在满足参观游览和休闲娱乐需求的同时,通过低碳技术的应用,打造生态场景、实施生态项目、承载低碳交通、开展低碳宣传,将推动城市在生态、经济、美学、人文、生活、社会等多元价值方面的综合实现,促进公众形成低碳旅游、低碳消费等意识,培养低碳生活习惯。

3　建设紫金山碳中和公园面临的问题

依托紫金山建设碳中和公园,对于保护紫金山绿色生态环境、打造城市低碳品牌具有重要意义,但紫金山的现状与碳中和公园的建设目标尚存在一些差距。

3.1　部分环境指标需要提升

国际上对景区低碳生态性能以及碳汇能力的评价标准,除植被覆盖率外,还比较关注大气、水质、噪声、土壤等资源及环境质量指标。目前,紫金山尚没有正式开展大气监测,缺乏详细的监测数据,并且部分水体如内部湖泊,只达到Ⅲ类甚至Ⅳ类水质,距离国家Ⅱ类标准仍存在一定差距。

3.2　人为扰动痕迹比较明显

近年来,紫金山主体部分人为扰动痕迹较明显,自然斑块出现破碎趋势。南麓自然生态系统敏感性增强,在水土保持、降温散热、增加碳汇等方面未能发挥更大的生态效益。山北水系多为冲沟或季节性溪流,存在季节性缺水和局部水土流失。北麓林间登山野道纵横,部分地表植物遭到踩踏,土壤板结硬化,径流不能充分发挥雨水下渗作用,在持续强降水期间极易形成山体泄洪。

3.3　低碳旅游资源挖掘不足

紫金山虽然位于主城,且自然和人文资源丰富独特,但目前景区对这些资源的生态价值和文化内涵的解读、挖掘、彰显仍不够深入,资源利用仅仅停留在旅游观光层面。景区总体低碳化、生态化理念不强,对于资源的生态价值、社会价值认知不全面、宣传不充分,缺乏统合资源打造低碳旅游品牌的创新意识和有效举措。

4　建设紫金山碳中和公园的建议

要突出低碳价值导向,把生态放在紫金山碳中和公园建设的首要位置,构建生态稳定和生物多样性丰富的景区结构,探索一条"不靠门票靠碳票"的绿色发展道路,引领低碳生活旅游新风尚,为城市景区低碳转型提供样板。

4.1　定量评估,建立科学准确的碳汇计量核算标准

4.1.1　开展碳汇调查,科学评估紫金山固碳潜力

设立生态碳汇野外科学观察站,调查碳汇资源本底,全面分析碳汇资源种类,建立统一规范的景区碳汇监测核算体系。开展森林、湿地、土壤等碳储量评估,强化生态系统碳

汇功能基础研究,全面提升观测能力,确保碳汇资源监测核算的准确性。

4.1.2 探索碳汇计量核算标准,推动景区开展碳票经济

支持相关部门开展林草全口径碳汇研究,创立一套业内普遍认可的森林公园碳汇计量指标、方法和模型。建设完善碳排放权交易市场,将碳票作为碳汇资源商品化。推动紫金山从门票经济向碳票经济转变,开创旅游景区全新盈利模式,生动诠释"绿水青山就是金山银山"的发展理念。

4.2 固碳增汇,打造林郁水绿的城市碳汇中心

4.2.1 分区分片制定生态环境保护策略

强化国土空间规划和用途管控,加快制订景区可持续发展总体规划,包括低碳景区发展规划和管理机制,将重要生态功能区域纳入国家级生态保护红线实施严格管控,其余区域采取禁止建设、限制建设、控制建设三种措施实施分级保护。强化紫金山—富贵山—九华山—北极阁生态廊道建设,与青龙山共同形成城市绿楔和通风廊道,放大生态绿核的辐射效应。

4.2.2 全方位开展森林生态修复

加强对现有森林的抚育、经营和管理,实施森林质量精准提升工程,保护现有针叶林、针叶混交林、野生动物保护区,并顺应自然更替实施补种和提质,提高林地总面积和单位面积森林蓄积量。采用原生态乡土植物组合种植,降低种植及维护成本,进而降低植物生长过程中人工参与维持的碳排放消耗,建立生态稳定和生物多样性丰富的森林结构,提升森林公园碳汇能力。

4.2.3 针对性加强水土流失管制及水环境整治

陆地土壤是地球表面最大的碳库,其小幅度的变化就可能影响全球碳平衡,导致全球气候变化。发挥土壤碳库在削减碳排放上的重要作用,建立多层植被系统,以树群组合提高树木健康程度,增强土壤凝聚力,提升土壤碳储率。在地面的设计与处理上强化水土保持,如结合透水铺装、下凹绿地、雨水花园、植草明沟等,加强对初雨径流的自然入渗、蓄滞和净化。

4.3 减碳节能,建设绿色低碳的智慧管理系统

4.3.1 加强景区智慧交通引领

引入智能交通技术,建立绿色智慧交通网络体系。以公共交通拓展景区服务范围,景区外缘构建"轨道+尽端"式公共交通,实现"出站即景区"的景站一体化出行体验。减

少景区内机动车出行,实现公共交通工具运营状态和游客交通需求分布可视化,提高公共交通工具的运行效率。

4.3.2 推动绿色建筑改造

根据当前建筑绿色节能指标要求,对既有建筑进行绿色化改造。推进公共建筑能耗监测和统计分析,逐步实施能耗限额管理。鼓励建设零碳建筑和近零能耗建筑,实现新建建筑节能、节水、节材。推动建设景区照明数字化系统,加强照明规划、设计、建设运营全过程管理,控制过度亮化和光污染。

4.3.3 提高运营管理效率

以数字孪生景区为目标,运用 AI 人工智能、大数据分析、云计算等新技术推进景区数字化改造,实现实时动态管理。推广紫金山旅游一卡通,搭建景区全网一体化营销平台,通过 B2B 分销、OTA 对接实现线上线下无缝衔接,提供便捷服务。

4.4 制度保障,推动碳中和公园建设

4.4.1 加强组织领导

成立紫金山碳中和公园领导小组,由市政府分管领导牵头,市发改委、规划资源局、生态环境局、建委、中山陵园管理局、交通局等共同参与,完善议事规则,打通保护、规划、建设、组织等多个环节。建立严格的制度,减少开发建设对碳汇能力的破坏。

4.4.2 强化规划引领

加快组织编制《紫金山碳中和公园发展规划》,引入最新低碳发展理念和减碳增汇技术方法,完善大气、水、固废等专项治理方案,强化生态保护。申报低碳旅游示范景区,将紫金山打造成落实"双碳"工作的范例。

4.4.3 强化"双碳"宣传

加强"双碳"基本知识科普,倡导低碳旅游,激发公众对生态的认知、保护、审美与创造,培养公众低碳理念和低碳行为,形成全社会爱护生态、崇尚低碳的良好氛围。

(本文原载于《南京调研》2022 年第 43 期)

改革开放 40 年以来南京城乡规划发展的演进

——兼谈新时代国土空间规划的融合创新

官卫华 叶 斌 何 流

摘 要: 当前国土空间规划体系的重构要求改革传统城乡规划模式和方法,实现融合与创新。借助南京城乡规划工作视角,回顾40年来我国改革开放总体历程以及南京城乡建设成效和问题,以此折射出规划思路和方法演进的逻辑。伴随改革开放逐步深入,城乡规划持续变革并形成成熟的工作范式,但短板也显然存在,如过于注重地方发展需求而忽视整体统筹和资源约束。然而,当前国家空间规划体系建设尚待深化,应对城乡规划特别是市县及以下层面、详细层次规划模式加以融合,并适应自然资源全域全要素管控、市场经济体制改革深化、空间治理现代化等新要求加以创新。

关键词: 改革开放;城乡规划;南京;国土空间规划;融合;创新

2018 年 9 月中共中央、国务院发布《关于统一规划体系更好发挥国家发展规划战略导向作用的意见》,明确建立以国家发展规划为统领,以空间规划为支撑,由国家、省、市县各级规划共同组成,定位准确、边界清晰、功能互补、统一衔接的国家规划体系。同时,党中央组建自然资源部,加强对自然资源工作的集中统一领导,统一行使全民所有自然资源资产所有者职责,统一行使所有国土空间用途管制和生态保护修复职责,发挥国土空间规划的管控作用,为保护和合理开发利用自然资源提供科学指引。《土地管理法》(修正案草案)规定"经依法批准的国土空间规划是各类开发建设活动的基本依据,已经编制国土空间规划的,不再编制土地利用总体规划和城市总体规划"。2019 年 5 月,中共中央、国务院发布《关于建立国土空间规划体系并监督实施的若干意见》,要求将主体功能区规划、土地利用规划、城乡规划等空间规划融合为统一的国土空间规划,实现"多规合一",强化国土空间规划对各专项规划的指导约束作用。随后,自然资源部又发布了《关于全面开展国土空间规划工作的通知》《关于加强村庄规划促进乡村振兴的通知》等。这不仅是国家对以往贯彻中央城镇化工作会议和中央城市工作会议等精神而开展省级和市县"多规合一"、总体规划修编等试点工作经验的全面总结,更是解决长期以来规划林立、事权不清、职能交叉、重编制轻实施等问题的重大举措,成为新时代贯彻党中央重大决策部署的空间规划改革顶层设计和纲领性文件。然而,国土空间规划并非各类空间规划的简单组合,亟待适应新形势新要求,加强继承、发扬、融合和创新。改革开放以来,适应市场经济发展和政府职能转变,我国城乡规划工作水平和服务效能实现了历史性跨越,规划编制由相对滞后迈向适度超前,规划管理由机构初创迈向规范高效,规划体系日臻完善,形成了完整成熟的工作范式[1]。40年来,南京城乡规划工作顺应改革开放大势,开创了诸多创新,也忠实记录了城乡发展的沧桑巨变。通过梳理和回顾改革开放以来国家宏观发展和南京城乡变迁的整体历程、成效及阶段性问题,进一步厘清城乡规划思路和工作方法演进的总体逻辑,全面总结城乡规划变革创新的特点及经验,可对今后国土空间规划改革工作有所裨益。

1 改革开放40年我国城乡规划演进历程及南京规划实践

对照国家改革开放脉络(图1),以规划引领作用的发挥为切入点,以城市大事件为重要节点,系统梳理南京城乡规划、建设和发展历程,划分为四个阶段,并总结分析分阶段城乡规划工作重点及存在问题。

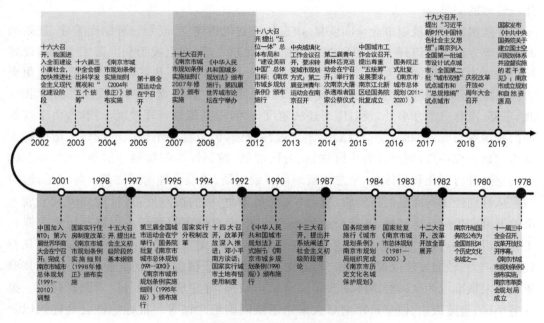

图1 国家改革开放及南京城乡规划历程

(资料来源:作者自绘)

1.1 恢复重建阶段(1978—1989年)

改革开放前,我国发展处于短缺型计划经济时期,尤其是中华人民共和国成立初期效仿苏联体制,初创总体规划和详细规划两阶段的城市规划体系,作为对经济计划的空间落实[2],先是由国家计划经济委员会负责,后又划入国家基本建设委员会。1956年国家建委颁布新中国第一部城市规划法规——《城市规划编制暂行办法》。进入"大跃进"和"文化大革命"后,城市规划工作相继进入波动和停滞期[3]。1978年12月,党的十一届三中全会开启了我国全面进行拨乱反正、改革开放的大幕,标志着我国进入以经济建设为中心的社会主义现代化建设时期。同年,国务院召开了第三次全国城市工作会议,做出"认真搞好城市规划工作"的重大决定,拉开了我国城市规划事业全面恢复的序幕。而后,党的十二大胜利召开标志着我国改革开放全面展开,逐步由农村向城市以及国企、价格、流通、外贸等整个经济领域拓展。1984年党的十二届三中全会召开,由此我国全面启动了有计划的商品经济建设,以城市为重点的经济体制改革全面展开。同年,国务院发布实施《城市规划条例》,将城市规划工作纳入政府依法行政的职能范围,由国家建设部负责,继承了改革开放前"两阶段"城市规划体系。而后,党的十三大确定党在社会主义初级阶段的基本路线,提出我国社会主义现代化建设"三步走"发展战略。其间,城市规划受到高度重视,规划部门的管理职能得到加强,规划编制成果成为管理依据,基本建立了规划报建审批制度,但是因为国家计划经济痕迹仍较明显,城市建设投资尚未多元化,规划管理手段较为单一,而城市规划已不完全是经济计划的空间落实,成为引领发展和建设管理的工具。

伴随国家城市规划事业全面恢复,南京从规划机构建立、规划管理制度重建、规划编制开展等方面迅速迈开了恢复重建的步伐。继北京之后,南京成为全国第二个专门设置城市规划管理机构的特大城市,加强全市集中统一规划管理,并且为使规划管理触角更为接近城市建设一线,加强区一级规划管理,先后成立鼓楼、秦淮两区规划办公室和江北、东郊、南郊三个办事处,及时应对违法建设行为,提高规划管理效能。同时,由于规划部门直接参与规划编制,使得规划方案实施性较强,但也存在不规范的问题。适应特大城市规划管理特点,创新开展小区规划、分区规划、控制性详细规划等试点探索,将总体规划意图进行深化和具体化,使总体规划与详细规划、建设管理衔接协调。特别是,适应国家从计划经济向商品经济转轨,应对"文化大革命"后的拨乱反正,针对知青和下放人员等返城产生的住房短缺、基础设施短板等问题,南京城市规划任务以补足历史欠账和工业建设为重点,以旧城改造为主导。在规划引导下,南京建成了一批当时在国内具有较强影响力、较大发展规模的钢铁、石油化工、机械、电子仪表和轻纺工业基地,并于1984年经国家批准成为全国经济体制改革综合试点城市,并建成瑞金新村、南湖新村等一批住宅小区,金陵饭店、侵华日军南京大屠杀遇难同胞纪念馆等一批标志性公共建筑以及江心洲污水处理厂、城西干道、城东干道等一批基础设施,区域中心城市地位有所显现①。

1.2 改革探索阶段(1990—1999年)

至20世纪90年代,以邓小平同志南方谈话和党的十四大召开为标志,确立了全面建设社会主义市场经济体制的总体部署,形成经济特区—沿海经济开放城市(开发区)—高新技术开发区—沿边沿江内陆开放的整体格局,城市国有土地有偿使用、分税制、住房货币化等改革相继展开,我国改革开放不断向纵深推进[4]。由此,掀起我国新一波发展

---

① 1986年由南京市发起,江苏、安徽和江西三省20个成员城市共同成立"南京区域经济协调会"。

高潮,形成我国社会主义市场经济和外向型经济良好发展的局面,为城市规划搭建了全新平台[5]。国家相继颁布实施了《中华人民共和国城市规划法》(1990)、《城市规划编制办法》(1991)、《村庄和集镇规划建设管理条例》(1993)等多项法律法规和标准规范,初步建立了法定城市规划体系,确立城市规划编制与管理的基本工作框架,城市规划走上法治化和规范化发展轨道。这一时期,城市规划编制和管理开始分离,"一书两证"制度成为城市规划实施管理的基本制度,城市规划法定地位得到强化。

适应市场经济转型,考虑到土地出让、投资多元化等多重因素,南京着重在国家立法框架下优化完善规划程序,开展了一大批针对性强的规划编制以及审批管理、批后管理工作,有效缓解了规划管理依据不足的问题。例如,1990 年颁布了《南京市城市规划条例》,成为全国最早颁布的城市规划地方性法规,同时针对控规中出现的不足,优化调整思路,先行对土地分类方法、法定指标内容及赋值、土地利用相容性、地块划分等进行试点研究,保证规划成果的科学性和可操作性[6]。这一时期,南京城市规划任务以缓解基础设施滞后为重点,强调新区建设与旧城改造并举。在规划引导下,以承办第三届全国城市运动会(1995)和第六届世界华商大会(2000)为契机,通过实施两个"三年面貌大变"城建计划,老城"退二进三",以及河西、苜蓿园、黑墨营等新区住宅建设成效显著,南京高新技术开发区、江宁、新港、六合、大厂等国家级和省级开发区相继涌现,外向型经济发展步伐加速,依托开发区的东山、新尧、浦口等外围城镇快速发展,城乡空间布局得到优化。先后建成禄口国际机场、长江二桥、南京火车站扩建等一批重大工程,基础设施保障能力和交通条件显著提高,城市功能逐渐由工业生产城市向综合性区域中心城市跃迁。以南京为核心的"1 h 都市圈"发展获得广泛区域共识,省级层面也自上而下提出了相应的规划设想。然而,对空间效益和特色塑造重视还不够,老城过度开发和高层化发展导致老城人口密度增加、多元功能叠加和环境品质下降,"山水城林"城市特色受到威胁,历史文化资源和古都保护压力不断增大[7]。

1.3 全面发展阶段(2000—2011 年)

2001 年加入世贸组织和 2002 年党的十六大胜利召开,标志着我国进入了全面建设小康社会、完善社会主义市场经济体制和扩大对外开放的关键阶段。2000 年我国城镇化水平超过 30%,进入城镇化加速发展期。随后,党的十六届三中全会提出了科学发展观和"五个统筹"战略,即统筹城乡发展、统筹区域发展、统筹经济社会发展、统筹人与自然和谐发展、统筹国内发展和对外开放,引领我国走上社会经济全面协调可持续发展的道路。伴随改革开放深化推进,城市规划进入全面繁荣发展期,国家日益重视城市规划工作,《国务院关于加强城乡规划监督管理的通知》《关于加强城市总体规划工作意见的通知》《城市规划强制性内容暂行规定》等陆续发布实施。特别地,2008 年 1 月 1 日颁布实施的《中华人民共和国城乡规划法》,标志着我国城乡二元分割的规划体系转变为完整的城乡规划体系,并且更为突出了规划的公共政策属性和公共服务职能,建立了严格的规划制定程序,完善了与投资体制、土地管理相协调的建设项目规划审批制度,健全了对行政权力的监督制约机制和公众参与机制,加强了对违法建设的查处和制止力度。可见,随着社会主导价值导向由经济建设转向人本主义,城市规划不再仅仅作为促进发展、营造投资环境的手段,而更加体现出社会公正的职责,呈现出向公共政策回归的发展态势,步入科学化、规范化和公开化轨道[5]。

伴随国家发展要求的深刻变化,南京一方面按照提高行政效能、贴近管理对象、积极服务地方的原则,建立完善分局制,针对南京城市发展近中远地区,采取略有差异的分局模式:对已建区,强调专业化分工合作,着重做精做实;对近郊区,强调以块为主,着重提高效率;对远郊区,按简政强区(园区)改革要求,实现"决策、执法、监督相对分离",深化行政审批制度改革,加强市对区(园区)的指导、协调和监督,最大限度地向区(园区)放权分权,形成市区合力,推动地方发展。另一方面,深化完善以战略性规划、专项规划、控制性规划、城市设计等四类规划构成的特色规划编制体系。特别是,以举办2005年第十届全国运动会为契机,规划更加注重内涵增长和特色发展,提出"新区做加法""老城做减法"空间发展策略,确立了"多中心、开敞式、轴向、组团"的城市空间布局结构,被城市政府采纳并确定为"一疏散、三集中""一城三区"城市发展战略①。可以说,这一时期南京城乡规划任务重在拉开城市发展框架,合理组织都市区现代化功能,有效彰显"山水城林"城市特色。在规划引导下,南京城市建设水平迈上更高的台阶,城市结构进一步优化,城市功能进一步完善,城市品质进一步提升,由"山水城林有机组织的小南京"逐步迈向"山水城林有机融合的大南京"②。然而,规划体系仍较为封闭,开放性和弹性不足,且过于强调地方建设需求,而整体统筹不足,城市综合发展效益有待提高。例如,城市生态建设不足,局部存在外围生态开敞空间被侵占和蚕食的现象,而且古都保护压力重重,城市基础承载能力不足[7]。

1.4 转型创新阶段(2012年至今)

2012年,党的十八大围绕坚持和发展中国特色社会主义,明确"五位一体"总体布局和"建设美丽中国"的总体目标。2013年、2015年相继召开中央城镇化工作会议和中央城市工作会议,提出"城市规划要由扩张性规划逐步转向限定城市边界、优化空间结构的规划,让城市融入自然,让居民'望得见山、看得见水、记得住乡愁'"。2017年,党的十九大召开,以习近平新时代中国特色社会主义思想为指导,树立了"两个一百年"奋斗目标,坚定了国家改革开放和转型创新的总体方向和基本方略,开启了全面深化改革开放的新征程,并由此启动了空间规划体制改革和机构调整。2018年3月国家成立自然资源部,城乡规划管理职能由建设主管部门调整至自然资源主管部门。

---

① "一疏散、三集中"即疏散老城人口和功能,建设向新区集中、工业向园区集中、大学向大学城集中,"一城三区"即河西新城区、仙林新市区、江宁新市区、江北新市区。
② 以十运会场馆和保障性住房为代表的城市公共设施得以完善,以民国建筑、历史文化街区、古都山水格局保护为核心的名城风貌得以彰显,以"显山露水、见城滨江"为重点的老城环境整治成效显著,南京明城墙风光带和秦淮河整治分别获得"中国人居环境范例奖"和"联合国人居特别荣誉奖"。

南京适应城市发展由投资驱动向创新驱动转型的趋势,确立了"创新名城、美丽古都"的城市发展新目标,启动了"两落地一融合"工程①,着力构建"4+4+1"主导产业体系②,促进全域创新,增强创新活力,加快提档升级。其间,城乡规划工作重在完善特大城市治理模式,以规划条件改革为抓手,纵深推进"放管服""互联网+政务服务"等一系列改革措施,深化规划管理机制改革,提升规划工作精细化水平和服务效能。同时,建立起以城市发展战略为导向、城市总体规划为核心、近期建设规划为重点、控制性详细规划为基础、城市设计为引导、美丽乡村规划为特色的多层次递进、脉络清晰、相互衔接、统筹协调的城乡规划编制体系。在规划引导下,南京城市建设成绩斐然,一个现代文明与古都风貌交相辉映、山水城林特色相得益彰、人民幸福感强的宜居宜业新南京正展现在世人面前,"多心开敞、轴向组团、拥江发展"的现代化大都市空间格局初步形成③。总体上,面向新时代,城乡规划的战略引领和刚性管控效用逐渐加强,但应对国家战略实施以及城乡建设精细化管理的短板仍较突出,亟待适应空间规划体制改革,革新理念、更新方法和完善机制。

2 改革开放 40 年南京城乡规划变革的总体特征

从 1978 年到 2018 年,在改革开放的伟大实践中,南京城市发展从改革发轫到全面深化,日新月异、硕果累累,城市规划从无到有、从相对滞后到超前引领,科学引导城市空间布局更为优化、城市功能更为完善、城市环境更为优美、城市活力更为彰显、城市文化更为自信,规划水平走在全国前列。

2.1 从"短缺型"物质形态规划转向"综合性"公共政策

改革开放以来,南京先后组织完成了 4 版城市总体规划,从改革开放初期带有浓重的计划经济痕迹的"补课型""空间落实型"的规划,逐渐转向适度超前、成为党委政府落实国家和区域发展战略的重要行动纲领,规划关注点从老城向市域、从物质空间向人文和制度不断拓展。2001 版总体规划提出的把南京建设成为充满经济活力、富有文化特色、人居环境优良的城市发展目标,被写入南京市第 11 次党代会报告,"多心、开敞、轴向、组团"城市空间布局结构和"老城做减法、新区做加法"发展策略被市委、市政府采纳,

---

① "两落地一融合"为科技成果项目落地、新型研发机构落地、校地融合发展。
② "4+4+1"主导产业体系即打造新型电子信息、绿色智能汽车、高端智能装备、生物医药与节能环保新材料等先进制造业四大主导产业,打造软件和信息服务、金融和科技服务、文旅健康、现代物流与高端商务商贸等现代服务业四大主导产业,加快培育一批未来产业。
③ 河西新城区初步建设成为南京现代化国际性城市中心,国家级江北新区、东山、仙林等地区功能日趋完善,一批高新园区建设全面提速,古都风貌和公共空间环境品质显著提升,六朝博物馆、江宁织造府博物馆、中国科举博物馆等一批反映南京特色的博物馆开放使用,优质公共服务资源逐步向副城新城均衡布局,美丽乡村特色有所彰显,城乡基本公共服务均等化全面推进,市域生态网架基本形成。在"中国最具幸福感城市"的评选活动中,南京已连续 11 年入选中国十大幸福城市。

形成"一疏散三集中、一城三区"的城市发展战略[8];2011版总体规划继承性地增加了"拥江发展"布局指引,为江北国家级新区的批准和设立奠定了坚实基础,并优化建立起"圈层、组团"的产业空间布局模式,城市规划从传统物质空间规划向引领保障经济产业和社会发展的综合性规划转变(见图2)。法定的城市规划一经批复,即成为社会契约和公共政策,如经批复的控制性详细规划作为国有土地出让的依据,充分凸显了规划的公共政策属性。

南京市城市总体规划　南京市城市总体规划(1991—2010年)　南京市城市总体规划(1991—　南京市城市总体规划(2011—
(1981—2000年)　　获建设部"优秀规划设计一等奖"　2010年)(2001年调整)获　2020年)获住建部"优秀规划
　　　　　　　　　　　　　　　　　　"中国城市规划学会创新奖"　设计二等奖"

图2　南京城市空间规划布局的演变

(资料来源:南京历版城市总体规划)

2.2　从"重城轻乡"转向"城乡统筹、区域协同"的空间规划

坚持城乡统筹的发展观和开放协同的区域观,积极参与"一带一路"、长江经济带、长三角一体化和南京都市圈等不同区域层面的规划建设,打破过去"重城轻乡"的规划思维定式,从城乡二元管理转向城乡一体化管理。21世纪初,作为全国县域规划编制试点城市,南京完成了江宁县县域规划和江宁区城乡统筹规划,对乡村地区规划方法进行了有益探索和创新。《城乡规划法》颁布实施以来,特别是党的十八大以后,与城市规划体系相衔接,南京补充完善了具有地方特色的乡村规划体系,先后完成了统筹城乡发展试点镇街、农村特色资源普查、镇村布局、新市镇城市设计、特色田园乡村和田园综合体等一批规划工作,建立健全了"规划师乡村行"活动、基本公共服务设施配套标准、规划制图标准、农民住房设计导则等一批标准规范,实现乡村规划全覆盖,美丽乡村规划建设在国内获得较好声誉。同时,20世纪80年代苏皖赣三省20个城市共同成立"南京区域经济协调会",进入90年代后南京基于大都市空间拓展趋势首次提出了"都市圈"的概念,强调南京城市与沪宁发展轴线的区域对接。进入21世纪后,江苏省自上而下确定了南京都市圈的发展设想,2013年南京联合都市圈其他七个城市,遵循"平等协商、优势互补、互惠互利、务实合作、共赢发展"的基本原则,共同成立"南京都市圈城市发展联盟",并且八市城乡规划主管部门先行成立"城乡规划专业协调委员会",开展城乡规划协同工作,着力实现都市圈环境共保、交通共网、设施共建、产业共兴、市场公用、创新共赢、人才共通、功能共享、边界共融和机制共创,成为国内都市圈协同合作的典范。而且,南京不断增强与

长三角其他中心城市的协作联动,加快宁杭宁淮生态经济带、宁宣黄成长带等发展,助力长三角世界级城市群建设。

2.3 从简单被动保护转向更为积极主动的历史文化名城保护

以"找出来、保下来、亮出来、用起来、串起来"为工作路径,南京不断加大历史文化资源保护力度,塑造古都特色风貌,促进历史文化保护传承与当代城市发展互动并进。改革开放之初,南京历史文化保护仍停留在文物点保护层次。南京在国内率先开展文物紫线划定工作,为文物保护单位日常管理提供直接依据。2005年开展覆盖全域的历史文化资源普查工作,突破"文物"范畴,共普查到古建筑、近现代重要史迹、历史地段等文化资源点2 067处。通过地方法规、专项行动、创新投入等多种手段,全方位保护历史文化资源,不断扩大保护对象和范围,以此充实和完善保护体系,从仅针对文物的被动保护拓展至如今涵盖环境风貌、城市格局、建筑风格、文物古迹、工业遗产、传统村落和非物质文化遗产等多层次的主动保护(见图3)。南京至今已公布309处重要近现代建筑、12片重要近现代建筑风貌区、279处未公布为文物保护的历史建筑保护名录,完成第一批68栋历史建筑挂牌。并且,陆续颁布实施了《南京市历史文化名城保护条例》《重要近现代建筑和风貌区保护条例》等地方法规及政策文件,成立"历史文化名城保护委员会"和"历史文化名城保护专家委员会",建立了相应的工作制度和运行规则,以法治促保护。

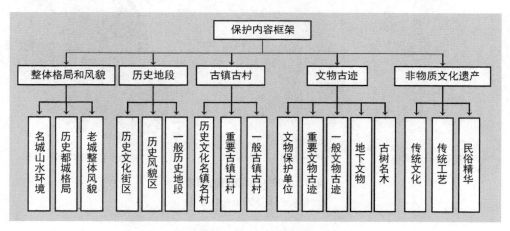

图3 南京历史文化名城保护体系框架(2010)

(资料来源:作者自绘)

2.4 从单纯的平面用地布置转向三维整体空间塑造

改革开放之初,规划重点是对地面建筑实施管理。1981年版南京总体规划第一次提出了轨道交通规划,要求结合轨道交通站点和地下管线,加强地下空间开发利用。为有效应对城市建设量骤增和城市高速发展,强化总体规划与详细规划、规划管理的衔接,南京采用"规划+法规+计算机管理"模式,先后开展了以土地细分为主要内容的三轮分区规划工作,以规划单元和行政单元双重导向,有效分解落实总体规划,具有实施性规划特征和指导管理的重要价值(见图4)。并且,南京控制性详细规划从小范围的试点探索发展到控制性详细规划制度规则建立、成果法定化全覆盖和实施制度创新,形成了一套具有南京特色的控制性详细规划编制与实施体系,先后完成两轮控制性详细规划全覆盖,建立起全市统一的控制性详细规划"一张图"成果库,特别是所提出的以"6211"强制性内容为核心的控制性详细规划技术控制体系①,在国内业界产生了积极影响[9]。同时,南京在国内创新开展了特色意图区规划,将能体现城市空间特色或对城市景观特色塑造有重大影响的地区进行空间落实和分级保护,并作为控制性详细规划强制性内容之一。面向特大城市规划实施管理需要,仅用二维平面的规划管理手段尚不能充分塑造城市风貌特色,还需通过三维立体的规划管控方法,以城市设计贯穿规划全过程,建立覆盖地上、地面和地下的南京城市设计综合管理平台,有效支撑精细化管理和规划审批,高质量引领城市空间品质提升。党的十八大以来,南京以提高人的宜居体验为核心,形成了"54321"的城市设计工作体系和工作制度②(见图5),在全国具有领先和示范意义。

1986年版南京主城分区规划　　　　1995年版南京主城分区规划　　　　2000年版南京主城分区规划(调整)

图4　南京分区规划的探索

(资料来源:南京历版分区规划)

---

① "6"是指路红线、绿地绿线、文物保护紫线、河道保护蓝线、高压走廊黑线等六线;"2"是公共设施和基础设施两项设施用地;"11"分别是建筑高度和特色意图区。

② "5"是建立"五位一体"城市设计工作体系,指城市设计成果内容包含功能发展策划、土地利用规划、空间形态设计、综合交通设计和环境景观设计五个方面;"4"是关注"四个层次"规划编制,分为总体城市设计、片区城市设计、地段城市设计以及地块城市设计,分别与城市总体规划、片区规划、控制性详细规划及修建性详细规划相对应;"3"是把控"三个阶段",从编制管理阶段、规划条件阶段、方案审查阶段三个阶段落实城市设计要求;"2"是运用"两种方式"管控,对于工业区、居住区等一般地段和地块要形成一系列通则式的城市设计控制引导要求并纳入控制性详细规划管理单元图则;对于城市中心区、历史文化街区和历史风貌区、风景(名胜)区、主城内主干道和快速路沿线及重要广场周边地区等重点地区则按修建性详细规划深度开展城市设计,形成城市设计图则;"1"是形成"一套技术标准",规范城市设计编制成果的内容构成、表达形式和归档要求等。

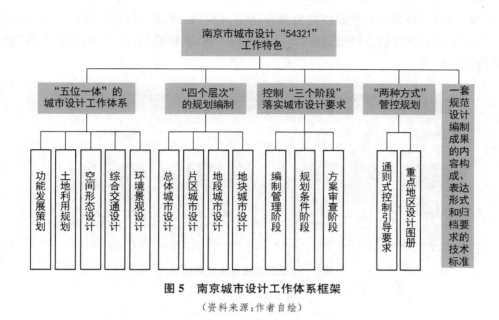

图5　南京城市设计工作体系框架

（资料来源：作者自绘）

2.5　从单一的技术管理转向依法行政

历经40年，南京市城乡规划实施管理从在地形图上手绘建设工程规划红线、手写简单的规划要求，到如今出具建筑市政全要素、图文一体的规划条件，实现了规划实施管理向科学化、规范化的华丽蜕变。改革开放初期，城市规划主要是作为落实国民经济和社会发展计划的手段，管理内容以技术沟通为主，管理方式依靠个人经验，实行"建筑执照"管理制度，缺乏相应的法律法规和标准规范，规划管理随意性较大[6]。随着1990年《城市规划法》《村庄和集镇规划建设管理条例》的颁布实施，规划管理确立了"一书两证"管理制度，逐步走向法治化、制度化。1990年6月，在国内较早颁布了《南京市城市规划条例》，成为南京城市规划领域第一部地方性法规。可以说，南京城乡规划法规和标准从无到有，逐步建立起一套以《城乡规划法》为主干，以各种法规、规范、技术标准为辅助的涵盖规划编制、规划实施、规划监督全过程的城乡规划制度体系。例如，相继出台《南京市城市规划条例实施细则》《南京市市区中心小学幼儿园用地规划和保护规定》《南京市地下空间管理条例》等地方立法，以及《南京市公共设施配套规划标准》《南京市农村地区公共设施规划配套指引》《建筑物配建停车设施设置标准与准则》《街道设计导则》《建筑设计导则》等标准，实现规划管理有法可依。尤其是十八大以来，南京作为全国工程建设领域行政审批制度改革试点城市，结合"互联网＋政务服务"要求，积极推进"不见面审批"，实行精简审批环节、压缩审批周期等，在行业内获得了较高的美誉度。

此外，城乡规划决策从封闭、保密转向法治化、民主化，构建起完善的南京城乡规划委员会制度和分层审议机制，充分发挥专家、公众等多方参与作用。同时，规划管理技术也从传统手工作业转向更为现代化（见图6），规划信息平台实现了从CAD到GIS的飞跃,从单纯的 CAD 辅助规划制图向集规划制图、数据管理、展示应用、统计分析、辅助决策于一体的规划管理信息系统的转变,实现图档一体、图属联动、图图融合的"多规"协同集成管理和应用。

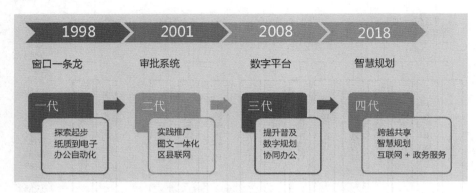

图 6 南京规划信息化发展历程

(资料来源:作者自绘)

3 新时代国土空间规划框架下城乡规划的融合与创新

新时代国土空间规划体系要加强对城乡规划的融合(见图 7),突出公共政策设计创新,强调规划目标从侧重地方需求迈向国家战略实施,规划对象从土地利用迈向自然资源

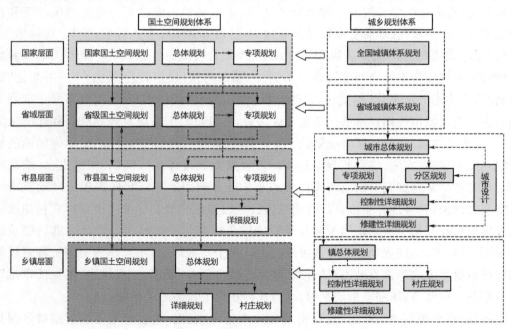

图 7 城乡规划全面融入国土空间规划体系

(资料来源:作者自绘)

全要素管控,规划范围从城乡建设迈向国土全域,规划过程从重编制迈向编制实施监管一体化,管制方式从单一平面布局迈向三维空间塑造,运行模式从粗放的资源利用迈向精细化的资产和资本管理。

3.1 空间规划运作:强化整合创新,从土地用途管制向自然资源全域全要素管控拓展

贯彻落实生态文明建设要求,以解决发展不平衡不充分的问题为导向,以助力实现"两个一百年"为目标,以实现高质量发展和高品质生活为核心,建立国土空间开发保护制度,涵盖规划编制审批、实施监督、法规政策和技术标准等四个子系统,既各自闭环,又相互交圈。其一,从编制组织来看,国土空间规划要自上而下、上下结合编制,且下级规划要服从上级规划,不得随意修改和违规变更,若确需修改和调整,则要有严格的限制条件和程序要求。同时,与中央—地方事权相匹配,既注重宏观管控,也注重微观引导,上级国土空间规划重在控制性审查和约束性规划,保障国家和区域重大战略落实,指导下位实施性规划编制,将技术审查重心下移[10]。其二,从实施层面来看,坚持先规划后实施,严格规划实施监督,完善规划定期评估机制,并着力形成全国国土空间规划"一张图",建立国土空间基础信息平台,体现"多规合一"改革效果。并且,服务"放管服"改革,推进用地预审和规划选址、用地审批和规划许可等审批事项合并,实现"多审合一""多证合一",提高行政管理效率,优化营商环境。其三,从运行支撑来看,建立统一的国土空间规划技术标准和操作规范,不断完善国土空间规划相关法律法规和政策体系,如资源承载力和国土空间开发适宜性"双评价"、用地分类、各级规划编制办法、数据标准、动态监测、实施评估等[11]。值得注意的是,各类自然资源的空间属性和产权关系是规划的基础,规划也是各类自然资源调查、核实、登记和确权的重要工具。然而,目前自然资源和资产管理理论储备不足、部门协同不够、监管体制不健全等问题客观存在[12]。为此,国土空间规划专业知识体系亟待更新和整合,亟待集中多专业多领域成熟理论方法破解技术瓶颈和政策约束,加强新技术应用,规划教育也要由过去功能主义导向下工程主体转向人本主义导向下工程设计、资源管理、社会科学、信息数据等多维专业知识融合、应用实践教育模式[13]。

3.2 空间规划体系:理顺事权关系,突出战略引领、底线管控和刚弹结合

按照"以管定编""以编促管"原则,以不同尺度空间界定各级政府和部门的事权范围,开展分层分类规划(见图7):一是与行政管理体系相匹配的纵向五级规划(国家级—省级—市级—县级—乡镇级),实现自上而下的规划层层落实和刚性传导,既充分体现对国家意志的落实,又充分对人民权益诉求和地方治理需要进行响应。全国国土空间规划强调战略性,体现保护优先和公共政策导向,突出集成型空间制度设计和法治建设,侧重总体目标、结构调控、跨省统筹和政策指引;省级国土空间规划则承上启下,强调协调性,结合省情深化设计空间政策,侧重全域管控、整体格局、要素协调和跨市统筹;市级国土

空间规划,强调实施性,体现保护与发展并重,细化落实上位国土空间规划要求,侧重地方战略制定、空间结构引导、底线管控、要素配置和跨区统筹;县(县级市)级的侧重点则与市级层面大致相同,不具备直接指导规划实施管理的精度条件,还需细化编制下位实施性规划;乡镇级国土空间规划,作为国土空间规划管理的基本单元,以实施管理为导向,是对行政辖区空间保护和开发利用进行具体安排的实施性规划。二是横向三类规划即总体规划、详细规划和专项规划。首先,总体规划上承国家和区域战略实施,下接各类空间要素管制,强调综合性,加强相应行政区全域统筹,重在定底线、定总量和定规则,确定发展目标、功能定位和"多规合一"空间布局,统筹布局城镇、农业和生态三类空间,科学划定和明确城镇开发边界、永久基本农田保护线、生态保护红线及管控要求,实现多要素"激励相容"和优化配置,减少发展的不确定性影响。但是,由于工作精度条件限制,可弹性明确优化调整的政策路径和程序要求,做好"战略留白"。例如,乡镇级空间总体规划可基于指导实施管理的精度要求,依据上位规划对城镇开发边界等强制性要求进行校核和自下而上反馈。其次,详细规划在市县及以下层面编制,是国土空间规划管理的法定依据,对各类空间要素落地布局、用途管制和开发建设强度做出实施性安排。其中,城市化地区在城镇开发边界内编制多层次的详细规划(分区—单元—地块),乡村地区在农村居民点编制"多规合一"的实用性村庄规划,实行"详细规划+规划许可"的管制方式。其间,要延续控制性详细规划工作方法,但适应空间治理要求,更为强调上位总体规划的刚性传导,加强与专项规划的融合,并且更加重视保障多元产权利益、空间复合利用和精细化管控,营造城市发展活力和统筹三维空间秩序,而村庄规划实际上也是整合了村域自然资源综合规划、村庄建设规划等内容的法定规划,两者成为核发城乡建设规划许可的重要依据;其他非建设地区则采取"约束指标+分区准入"的管制方式,对自然保护地等实施特殊保护制度,如正负面清单管理、特许经营许可、特定保护名录等。此外,针对具体建设地块的建筑布局、交通组织、管线布置等建设性安排,编制修建性详细规划。再次,对于特大城市和设区市可延续分区规划方法,编制分区国土空间规划,分区落实总体规划战略和发展指标,强化总体规划与详细规划的衔接。最后,专项规划是对特定区域(流域)、特定领域,为体现特定功能,对空间开发保护利用做出的专门性安排,强调纵向跨区域、横向跨专业的各类空间要素统筹配置。市县以上层级空间规划可结合实际编制公共设施、基础设施等专项规划,并实现与总体规划、详细规划的融合。

3.3　空间规划治理:加强综合治理,实现空间治理体系和治理能力现代化

国土空间规划改革的根本目标是要有效应对社会、经济和环境问题,实现空间治理现代化。国土空间规划兼具技术性和政策性,涵盖实体空间、资源资产、数据信息、政策配套、协商机制等方方面面。改革开放 40 年来我国形成了城乡规划、土地利用规划、主体功能区规划等多种形式的空间规划,其中只有城乡规划单独立法,其在空间规划和城乡治理中占据重要地位。目前,还是以《城乡规划法》为主体,《土地管理法》等一般行政法以及涉及空间规划编制、实施、处罚、复议等相关行政法规所组成的空间规划法规体

系。伴随国家空间规划改革,亟待完善以《国土空间开发保护法》为主体的空间规划法规体系,管制对象不仅包括各类城乡建设行为,而且涵盖各类自然资源要素,实现全域、全要素、全周期的规划管控,使国土空间规划"有法可依"[14]。围绕"山水林田湖草城"生命共同体建设,兼顾公平和效率,强调人与自然和谐共生,完善国土空间用途管制制度,实现国土空间统一规划、整体保护、系统修复、科学利用、综合治理。为保证规划的科学性,要传承和发扬既有城乡规划公众参与机制,充分体现规划的人民性,适应供给侧结构性调整,坚持以社会调查为基础,尊重产权制度,推动多元主体共同参与规划,通过政府、企业、社会的协作,达成规划共识,建立健全社会契约约束机制。特别是,实施性规划要强化居民和基层组织的主体作用,充分调动社会力量,协调和平衡利益分配,合理管控空间秩序,实现社会协同治理和科学决策。

4 结 语

回顾国家改革开放和城乡规划工作历程,城乡规划各阶段的工作任务和重点都紧密围绕着国家改革开放深化逻辑和社会主义市场经济发展轨迹而逐步优化调整,围绕着解决城乡发展面临的实际问题而予以破解,围绕着国家发展目标转型而不断变革。以南京为实证,城乡规划工作顺应40年来改革开放大势,实现从"短缺型"物质形态规划转向"综合性"公共政策,从"重城轻乡"转向"城乡统筹、区域协同"的空间规划,从简单被动保护转向更为积极主动的历史文化名城保护,从单纯的平面用地布置转向三维整体空间塑造,从单一的技术管理转向依法行政,从封闭、保密转向法治化、民主化的城乡规划决策,从传统手工作业转向更为现代化的规划管理技术,形成成熟的工作范式和高效的运行机制,引领城乡科学发展,但也客观存在诸多问题,可供国土空间规划体系重构加以引鉴。

2018年12月,习近平总书记在庆祝改革开放40周年大会上指出:"在新时代起点上继续把全面深化改革推向前进,要增强战略思维、辩证思维、创新思维、法治思维、底线思维,加强宏观思考和顶层设计,确保各项重大改革举措落到实处。"贯彻十九大精神,落实生态文明建设要求,以助力实现"两个一百年"为目标,以解决发展不平衡不充分的问题为导向,坚持以人民为中心,国家正紧锣密鼓地建立全国统一、责权清晰、科学高效的国土空间规划体系,实现"多规合一",为国家发展规划落地实施提供空间保障。目前,尽管国土空间规划"四梁八柱"顶层设计和"五级三类"总体框架已然明确,但是分级分类规划内容、规划实施监督机制、法规政策和技术标准等方面均尚待深化,特别是市县空间规划体系、详细规划体系等方面的要求尚为薄弱。改革开放40年来对服务地方发展作用和贡献甚大的城乡规划体系所形成的工作机制可供移植、嫁接,并适应新要求加以融合、创新。一是适应自然资源全要素全域管控,加强多学科协同推进规划知识体系的重构,同时深化明确刚性传导和实施监督机制;二是适应市场经济体制改革深化,理顺纵向府际事权关系,通过"以管定编""以编促管",重构分层分类规划编制体系,突出战略引领、底线管控和刚弹结合;三是适应空间治理体系和治理能力现代化,注重自上而下与自下而上相结合,强化契约精神和产权意识,重视政府职能转变和充分发挥市场在资源配置中的决定性作用,不断健全横向的政府—市场—社会治理体系。

  本文是在《南京城乡规划 40 年》专题研究基础上整理提炼而成,课题参加人员有叶斌、何流、官卫华、黄宏亮、马晓玲、陈阳、朱霞、包文渊、李娜、潘臻、杨梦丽、封留敏等,感谢同事们的辛勤努力! 感谢南京大学张京祥教授、南京工业大学蒋伶教授等在研究过程中的悉心指导!

参考文献

[1] 张庭伟. 中国城市规划:重构? 重建? 改革? [J]. 城市规划学刊,2019(3):20 - 23.

[2] 邹德慈. 刍议改革开放以来中国城市规划的变化[J]. 北京规划建设,2008(5):16 - 17.

[3] 王凯,徐泽. 重大规划项目视角的新中国城市规划史演进[J]. 城市规划学刊,2019(2):12 - 23.

[4] 中共中央党史研究室. 中国共产党的九十年[M]. 北京:中共党史出版社,2016.

[5] 石楠,李百浩,李彩,等. 新中国城市规划科学研究及重要论著的发展历程(1949—2009 年)[J]. 城市规划学刊,2019(2):24 - 29.

[6] 南京市地方志编纂委员会. 南京城市规划志[M]. 南京:江苏人民出版社,2008.

[7] 苏则民. 南京城市规划史[M]. 2 版. 北京:中国建筑工业出版社,2016.

[8] 中共南京市委办公厅,南京市人民政府办公厅,等. 乘风破浪:南京改革开放三十年(1978—2008)[M]. 北京:中共党史出版社,2008.

[9] 周岚,叶斌,徐明尧. 探索面向管理的控制性详细规划制度架构:以南京为例[J]. 城市规划,2007,31(3):14 - 19.

[10] 张兵,林永新,刘宛,等. 城镇开发边界与国家空间治理:划定城镇开发边界的思想基础[J]. 城市规划学刊,2018(4):16 - 23.

[11] 林坚,柳巧云,李婧怡. 探索建立面向新型城镇化的国土空间分类体系[J]. 城市发展研究,2016,23(4):51 - 60.

[12] 严金明,王晓莉,夏方舟. 重塑自然资源管理新格局:目标定位、价值导向与战略选择[J]. 中国土地科学,2018,32(4):1 - 7.

[13] 王兴平,陈骁,赵四东. 改革开放以来中国城乡规划的国际化发展研究[J]. 规划师,2018,34(10):5 - 12.

[14] 何明俊. 改革开放 40 年空间型规划法制的演进与展望[J]. 规划师,2018,34(10):13 - 18.

(本文原载于《城市规划学刊》2019 年第 5 期)

论近代中国城市规划法律制度的转型

何 流 文超祥

摘 要：通过对近代中国城市规划法律制度的深入分析，提出了抗战后期和战后恢复时期为城市规划法律制度转型时期的重要观点。文章对该时期的城市规划法律体系和内容进行了全面的介绍和总结，并在此基础上，探讨了近代规划法律制度转型对当代的有益启示。

关键词：近代中国；城市规划；文化法律制度；转型

尽管实质意义上的法律变迁是一个伴随着文化冲突的漫长时期，但制度层面上的转型却是一个较为容易把握的短暂过程。近代中国接受西方规划法律思想以至逐渐突破中华法系的框架，是鸦片战争后列强入侵的伴生之物，并最终在抗战后期特定历史条件下促成了城市规划法律制度的转型。笔者试图通过全面的典籍研究，向学界展示一幅真实的图景。

1 近代中国城市规划法律制度的发展回顾

中国古代长期占据主导地位的儒家思想及所影响下的中华法系，在城市规划法律制度方面，同样体现了"礼法结合"的鲜明特征，而且以农为本的封建制度下，城市和乡村的土地利用和建设管理区别不大。直到清末，这种状况并没有得到本质的改变。随着西方列强的入侵，其政治法律制度深刻地影响着中国。1902 年 2 月，清政府发布变法修律的上谕，任命沈家本和伍廷芳二人为修订法律大臣，从而拉开了清末修律的序幕。1904 年，作为法律起草机关的修订法律馆开始运作，翻译了大量外国法律，并聘请日本法律专家为顾问，在清朝灭亡的最后几年修订了一系列法律规范。但当时修律的重点在于宪法、民法、刑法、诉讼法等基本法律方面。加之当时西方的现代城市规划思想也处于萌芽阶段，并没有形成很大的社会影响力，自然也不会引起国内立法者的重视。对后来城市规划真正有影响的是城市自治思想以及相应的法律规范。1908 年清政府公布《城镇乡自治章程》，规定自治范围为教育、卫生、道路、实业、慈善、公用事业等。后北洋政府于 1914 年发布了《地方自治试行条例》，规定凡是不属于国家行政事务的，均可实行自治。孙中山先生在《建国大纲》中明确提出"人民自治原则为民主基石"，但是国民政府于 1928 年 9 月公布的《县自治法》，却规定县政府由省政府指挥，县民选举的参议会只有建议咨询权。后来于 1934 年完成的《县自治法》及其施行法，也长期没有公布实施[1]。

现代城市规划思想以及相关的法律制度,是一种"外生型"的事物,而且这种移植是以租界为生长点逐步扩散的。鸦片战争以来,中国遭受西方列强的欺凌,西方政治法律制度和城市规划思想逐渐为中国人所了解和接受。但其经历的本土化过程是非常漫长的,同时也伴随着尖锐的文化冲突。1845年建立租界时,上海道和英国领事馆共同商定公布了《上海土地章程》,这一章程并不局限于土地和租界的界线划定,内容还涉及其他方面,特别是经过多次修改后,从原先的以界域划定、租地办法等为重点转向以市政组织和市政管理为重点,也即所谓的"土地"章程已经变成了一部公共租界的"市政组织法"。法租界1868年修改的《公董局组织章程》(原章程于1866年制定)也反映了这一特点。1854年,英、美、法等国订立了《英、美、法租地章程》,规定在租界内设立"工部局",主管租界内的城市建设事业及土地管理,其中包括租界内新建筑计划和改扩建计划,核发执照等,逐步形成了具有特殊职能的租界营造管理机构[2],这也促进了国内城市在城市规划和建设方面的立法尝试。

上海很早就制定了《上海特别市暂行条例》,后又公布了《特别市组织法》,时任上海特别市第二任市长张定璠曾说:"本府成立首重法令编制,特设法令审查委员会,使专其职。凡市税之征收,市产之管理,会计、审计办法之厘定,社会公益事业之振兴,以及一切市政之整理与设施、市机关之组织与权限,一一绳之法规,俾使行政人员有所遵循,市政得以发展焉。"[2]从上海特别市市政府处、局章程和工作细则制定表(1927年7月至1928年6月)[2]中,就有了制定《土地局章程》和《工务局办事细则》等与城市规划相关规定的计划,在《上海特别市市政府各局社会性专项法规制定表》中,明确了工务局必须制定《建筑师、工程师等级章程》《营造厂登记章程》《暂行建筑规则》等相关规定,此外,还要求土地局制定《清查市有土地暂行条例》。1928年9月,市工务局增设第五科,专门负责都市计划。其后,上海市政府于1936年公布了《土地重划办法》,1937年公布了《上海市建筑规则》。

尽管上海等城市的地方立法实践为国家层面的立法工作积累了一些经验,但总的来看,自土地革命以来,国民党政府的重点是对中国共产党及其领导下的人民武装发动全面或局部的"清剿",国家和地方的立法活动都不可能有大的进展。直到抗日战争后期,情况发生了变化,当时,在西方城市规划学界出现的很多新理论,如理性主义、快速干道、功能分区、卫星城、生态主义、有机疏散,乃至区域规划理念等,都通过各种方式传入中国。加上国民党政府与英美等国的关系较为密切,相互交流的机会较多。而抗战后期和战后恢复时期①,整个局势对国民党是有利的,遭受战争严重破坏的城市也急需迅速恢复正常的运转,这样就对城市规划提出了迫切要求,规范城市规划和建设活动的法律制定也提上了议事日程。于是,一大批城市规划法律规范在这一时期得以制定,可以说,中国

---

① 本文说指的抗战后期和战后恢复时期,基本上可以认为是从1943年初开始,这一年世界反法西斯战争形势发生了重大转折,中国抗日战争转为进攻阶段;到1947年7月为止,此时人民解放军由战略防御转入战略进攻。这一时期国民党政权相对处于优势。

现代城市规划从制度层面的转型,是始于这一时期的。其转型的突出表现是,由以礼法制度为核心转向服务于社会经济的发展。当然,随着之后国民党在军事上的节节败退,这些法律制度的实施基本停滞,但研究战后台湾城市规划法律制度的发展,不难发现,这一转型在台湾得到了延续。由于政治原因,中国大陆的这种转型活动中止了相当一段时间。

2 转型时期的城市规划法律体系

抗战后期以来,在借鉴英美国家经验的基础上,初步形成了城市规划法律体系,为行文方便,本文采用国内通用的划分办法,从主干法、配套法和相关法等三个方面加以介绍(表1,图1)。

表 1 转型时期的城市规划法律规范一览

类别			法规名称	颁布时间及部门	主要内容及意义
城市规划和村镇规划类	主干法		都市计划法	1939 年 6 月 8 日国民政府颁布	中国首部城市规划主干法律,共32 条
			都市营建计划纲要	1940 年 9 月军委会核定,军委会办公厅送重庆市政府查照	适应战时需要而制定,特别注重城市防空
			收复区城镇营建规则	1945 年 11 月 1 日行政院公布	适应战后重建需要而制定,起到了临时主干法作用,共 67 条,分为七章:总则、土地收用与整理、城镇规划、道路系统、公有建筑及住宅工程、公用工程、附则
			县乡镇营建实施纲要	1943 年 4 月内政部公布	共 36 条,分为六部分,是村镇规划方面的基本法规
	配套法	规划编制	城镇重建规划须知	1945 年 9 月 6 日内政部电各省政府	共 7 条,分为甲、乙两部分,按六个级别城市,提出了规划编制要求
			土地重划办法	1946 年 1 月 31 日行政院公布	共 30 条,部分条款涉及控制性规划的内容
		组织规程	都市计划委员会组织规程	1946 年 3 月行政院核准备案,内政部同年 4 月公布	共 8 条,明确都市计划委员会组成办法,委员由指派、聘任和委任三种形式,且聘任人员不得少于指派人员
			乡镇营建委员会组织规程	1944 年 11 月内政部公布	共 20 条,明确乡镇营建委员会的性质、任务、人员组成和议事规则
			营建技术标准审查委员会组织规程	1944 年 11 月内政部公布	共 7 条,规定技术规范审查的组织规程

续表

类别			法规名称	颁布时间及部门	主要内容及意义
城市规划和村镇规划类	配套法	实施办法	省公共工程队设置办法	1945 年 9 月 29 日内政部电发各省政府	共 5 条,省政府组织流动型专业队伍,负责指导各地战后重建计划的制定和实施
			市公共工程委员会组织章程	1945 年 11 月 29 日行政院公布	共 10 条,审议与公共工程相关事宜的组织规程
			协助建设示范城市办法	1947 年 3 月 15 日行政院公布	共 8 条,对建设示范城市进行了规定,并暂定南昌、长沙两市为示范城市区域
相关法	建筑法类	主干法	建筑法	1938 年 12 月 26 日国民政府公布,1944 年 9 月 21 日修正后公布	共 50 条,分为总则、建筑许可、建筑界线、建筑管理、附则等五章
		施工资质	管理营造业规则	1939 年 2 月 27 日行政院公布	共 29 条,根据营造单位的实力划分为四个等级,并规定了相应的业务范围
		执业纪律	建筑师管理规则	1944 年 12 月 27 日内政部公布	共 42 条,分为总则、开业及领证、执业与收费、责任与义务惩戒、附则等五章
		技术规范	建筑技术规则	1945 年 2 月 26 日内政部公布	共 274 条,分为总则、建筑物高度及面积、设计通则、结构准则、附则等五编
	土地法类		土地征收法	1928 年 7 月 28 日国民政府公布	为制定土地法拉开了序幕
		主干法	土地法	1930 年 6 月 30 日国民政府公布,1946 年 4 月 29 日修正后公布	共 247 条,分为总则、地籍、土地使用、土地税、土地征收等五编
		配套法规	土地施行法	1935 年国民政府公布,1946 年 4 月 29 日修正后公布	共 61 条,分为总则、地籍、土地使用、土地税、土地征收等五编

2.1 主干法

抗战初期由国民政府颁布的《都市计划法》,是我国首部国家意义上的规划主干法律,该法的适用范围是"都市",未对县乡镇层次的规划做出规定。直到 1943 年,才由内政部公布的《县乡镇营建实施纲要》予以规范。1940 年公布的《都市营建计划纲要》是适应战争需要而制定的,可以视为《都市计划法》在战时实施办法的补充。抗战结束后,为尽快恢复城市生活,行政院颁布了《收复区城镇营建规则》,当时国民政府曾计划全面修订《都市计划法》,但由于后来内战的爆发而停止。可以说,《收复区城镇营建规则》起到了战后恢复期间城市规划主干法的作用,也可以理解为是《都市计划法》的修改草案。

2.1.1 《都市计划法》

《都市计划法》于 1939 年 6 月 8 日由国民政府公布实施，共 32 条，不分章节。该法明确都市计划由地方政府依据地方实际情况及其需要拟定，并对优先编制都市计划的城市做出了规定，主要包括：市、已经开辟的商埠、省会、聚居人口在 10 万以上的城市和其他经国民政府认为应依本法拟定都市计划的地方。该法还对都市计划的审批、实施情况的核查以及都市计划的编制内容和规划的基本原则进行了界定。这是我国第一部国家意义上的城市规划法，值得注意的是，该法第三十一条规定："本法施行细则得由各省政府依当地情形订定，送内政部核转备案。"[3] 这表明当时是准备由各省根据《都市计划法》的原则制定施行细则，但由于随后战局的变化，这项工作并没有得到推进。

此外，《都市计划法》的适用范围是当时界定的"都市"范畴，至于县、乡、镇的规划编制和实施，则适用 1943 年 4 月内政部公布的《县乡镇营建实施纲要》，该纲要对道路交通设备、建筑、公共卫生等进行了规范。其适用范围是："凡县城及乡镇公所所在地，其营建事业应依本纲要之规定为实施之准则，县城人口在 10 万以上者适用建筑法及都市计划法之规定。"此外还规定，"居住人口满 5 千以上或居住人口未满 5 千而将成为重要定期集市之乡村地方，经县政府之指定，得适用本纲要之规定"。内政部在按语中特别指出："本纲要将县城、集镇、乡村最低限度之营建准则予以规定，俾基层工程建设时有所遵循，且得为有计划之发展，国家整个营建方针亦得以贯彻。"[4] 这也意味着村镇规划和建设工作开始受到当局的重视。

2.1.2 《都市营建计划纲要》

《都市营建计划纲要》于 1940 年 9 月由军委会核定，军委会办公厅送重庆市政府查照，该纲要主要考虑适应战时要求而拟定，实际上是战局变化对城市规划提出了新要求后的应变措施[3]。如道路设计要求顺主导风向以防毒气弹，供水设施方面要求大水厂与各单位小水厂形成系统，保障供水的安全性。为适应防空的要求，规定建筑物营造时必须留出七分空地。

2.1.3 《收复区城镇营建规则》

由于战后城市规划学科的发展，出现了许多新理论，国民党政府曾经计划重新修订《都市计划法》并颁布实施。鉴于战后政治局面混乱，行政院于 1945 年 11 月 1 日公布了《收复区城镇营建规则》，作为临时性的规划主干法。从该规则的内容来看，其调整的范围比《都市计划法》有所扩大，包括院辖市、省辖市、省会、县城及居住人口 2 万以上之集镇（第三条）。该规则第四条还规定："因国防、经济、交通之共同关系之城镇间得联合拟定一定区域内之共同营建计划，称为区域营建计划。"可以说，这是区域规划首次在法律规范上出现，其后的第十六条更明确规定："城镇规划应消除城乡界限，城镇营建计划应为区域营建计划之一部，区域营建计划应为省营建计划之一部"[4]，这体现了"二战"后区域规划思想的影响。

此外,《收复区城镇营建规则》对都市计划的审核批准备案、土地强制征收与提前保留征收、道路系统、公有建筑、公用工程以及住宅建设也进行了详尽的规定,并单列城镇规划为一章。通观整部规则,处处体现了功能分区、严格隔离工业的原则,明显是受到《雅典宪章》的影响。

2.2 配套法

2.2.1 规划编制

1945 年 9 月 6 日内政部电发各省市政府,认为"过去与现在之城镇,因无远大规划,一任自然扩展,其所造成的灾难与罪恶诚不可数计,抗战八年,既遭大量破坏,实为重建理想城镇之良好机会,故战后全国城镇均应把握时机,重作有系统之精密规划[4]"。为使规划工作顺利开展,内政部专门制定了《城镇重建规划须知》,这实际上是一部关于规划编制的技术规范。该规章按照院辖市、省辖市、未设市之省会、县城、5 千人口以上之集镇等 6 个级别的城市划分,从面积与人口分配、结构形式与分区使用、道路系统、上下水道、公有建筑、居室建筑、绿地、公用工程和防护工程等 9 个方面,提出了具体的规划编制要求。城市等级越高,编制深度的要求也越高。从《城镇重建规划须知》的适用范围来看,较《都市计划法》也有很大扩展,即包括了 5 千人口以上的集镇。

1946 年 1 月 31 日行政院公布了《土地重划办法》,规定:"凡举办土地重划之地区应由地政机关制定土地重划计划书及重划地图。"值得注意的是,这虽然是一部与土地法相关的法规,但其中涉及大量关于城市土地利用的规定。关于土地重划计划书和重划地图的相关规定,甚至有些类似于当代的控制性规划。该办法要求主管地政机关核定土地利用重划书和重划地图后,应即通知各该土地所有权人,并于重划地区张贴重划地图公告。"在公告期间内有关之土地所有权人半数以上,而其所占土地面积除公有土地外超过重划地区总面积一半者表示反对时,主管地政机关应呈报上级机关核定之[4]",这可以说开启了规划公示的先河。

2.2.2 组织规程

根据《都市计划法》的有关规定,1946 年 3 月经行政院核准备案,由内政部于次月公布了《都市计划委员会组织规程》,明确了都市计划委员会的组成办法和议事规则。委员由指派人员(地方政府就主管人员中指派)、聘任人员(地方政府就具有市政工程学识或当地富有声望与热心公益之人中聘任)和上级政府指派参加人员构成,但明确规定聘任人员不得少于指派人员。都市计划委员会设主任委员 1 人,全面负责委员会的工作,主任委员由该管市县长或工务行政长官兼任[4]。1946 年 8 月 24 日,上海市都市计划委员会根据《都市计划委员会组织规程》成立。

关于乡镇方面,内政部于 1944 年 11 月公布了《乡镇营建委员会组织规程》,对委员会的性质、任务、人员组成以及议事规则进行了规定。乡镇营建委员会主要协助镇长办理乡镇营建工作。省政府分派技术人员指导制定营建计划；除中央法令已有规定外，省级政府可以依地方情形制定技术标准[4]。

内政部于 1944 年 11 月还公布了《营建技术标准审查委员会组织规程》，明确委员会的主要职责是"审查有关建设技术之法规及制式标准[4]"。

2.2.3 规划实施

1945 年 9 月 29 日内政部电发各省政府，实施《省公共工程队设置办法》，其主要意义在于，由省级政府组织专业型队伍，负责指导各地的战后重建计划的制定和实施，工程队是流动型的，这也有利于充分利用技术力量和积累城市建设的经验[4]。

1945 年 11 月 29 日，行政院公布了《市公共工程委员会组织章程》，根据该章程，委员会设委员 9～13 名，主要负责审议与公共工程相关的事宜。

此外，1947 年 3 月 15 日行政院还公布了《协助建设示范城市办法》，从都市计划的资料收集、方案制定、审批程序、规划实施、资金筹集等方面，对建设示范城市进行了规定，并暂定南昌、长沙两市为示范城市区域，当局期望通过示范城市的建设，引导全国的城市规划和建设的方向。

2.3 相关法

城市规划相关法主要包括《建筑法》《土地法》及其各自相关的配套法规。由于当时法律门类划分与现在的标准不同，因此这两大类相关法中还有部分属于城市规划法调整的内容。

2.3.1 《建筑法》及相关法规

卢沟桥事变后，由于后方城市恢复建设的迫切需要，1938 年国民政府公布《建筑法》，共 47 条，开创了建设工程规划许可的先河，1944 年 9 月 21 日进行了修订，但变化并不大。首先是对适用区域做了调整，取消了"已辟之商埠"，将"居住人口在 5 万以上者"纳入了规划管理范围。此外，还将"本法于前项区域以外之公有建筑，其造价逾 3 千元者，亦适用之"改为"本法于前项区域以外之公有建筑，其造价在该建筑物所占基地 20 倍以上者，亦适用之"[4]。《建筑法》对建设工程的主管机关、规划许可、建筑界限和建筑管理等均进行了相关的界定。

1939 年 2 月 27 日行政院公布了《管理营造业规则》，1943 年 1 月又经行政院修正，该规则根据营造单位的经济和技术力量划分为甲、乙、丙、丁 4 个等级，并规定了相应的业务范围。

1944 年 12 月 27 日内政部公布了《建筑师管理规则》，可以称为我国第一部建设行业的职业道德和执业纪律的规范。该规则界定了建筑师的范围，"建筑师以曾经经济部登记并领有证书之建筑科或土木工程科技师技副为限"[4]，并对建筑师的开业及领证、执业与收费、责任与义务,乃至违反规定应当给予的惩戒,都进行了较为详细的规定。根据建筑师的业务能力,将开业证书分为甲等、乙等两类,并规定了相应的营业范围。

1945年2月26日内政部公布了《建筑技术规则》,分为总则、建筑高度及面积、设计通则、结构准则、附则等五编。这是一部关于建筑设计和结构设计的技术规范,其中也涉及少量规划控制的内容,如道路两侧建筑物高度控制原则等。

2.3.2 《土地法》及相关法规

1928年7月28日国民政府公布了《土地征收法》,规定了国家对于兴办公共事业、调剂土地之分配以发展农业改良农民之生活状况等事业时,可以依法进行土地征收。1930年6月30日国民政府公布了《土地法》,1937年3月1日施行,共397条。《土地法》的主要内容是测量全国土地后进行土地总登记,明确地块等级、登记各项土地权利、确定地价,对土地的私有权进行一定限制。《土地法》包括总则、土地登记、土地利用、土地税和土地征收等五编。在土地利用篇中,将土地划分为市地和农地,市地分为限制使用区和自由使用区,前者须附加控制条件。这与当今的城市规划区范围划定有类似之处,可以说是都市计划和建设项目管理概念的首创,同时也将城市建设用地与农村土地进行了法律意义上的区分。在此之前,虽然《唐六典》以及更早的《北周令》《北魏令》都对宅基地的分配进行了规定,如《册府元龟》记载:"开元二十五年制,应给园宅地者,良口三口以下给一亩,……其京城及州县郭下园宅,不在此例"[5],这说明还是有一定区别的,但重视农业传统的中国,对城市土地利用和建设工程并没有采用特殊的管理办法。

《土地法》于1946年4月29日经国民政府修正后公布,包括总则、地籍、土地使用、土地税、土地征收等五编。当时《都市计划法》已经出台,因而在修改后的《土地法》中,体现了与《都市计划法》的协调,如该法第九十条规定:"城市区域道路沟渠及其他公共使用之土地应依都市计划法预为规定之。"[4]国民政府还同时公布了《土地施行法》,作为实施土地法的配套法规。关于宅基地面积标准,规定了不得超过10亩(1亩=666.67 m²),超过限制部分的私有土地,国家有权予以征购[1]。

3 转型时期规划法律制度举要

3.1 规划编制和审批

《都市计划法》规定了应尽先拟定都市计划的城市。同时,该法第六条规定:"都市计划拟定后,应送由内政部会同关系机关核定,转呈行政院备案,交由地方政府公布执行。"[3]在编制都市计划时,地方政府可以聘请专门人员,并指派人员组织都市计划委员会进行编制。都市计划包括:市区现况、计划区域、公用土地、道路系统及水道交通、公用事业及上下水道、实施程序、经费以及其他内容,其比例尺不小于1/25 000。

《县乡镇营建实施纲要》为村镇规划编制提供了依据,该纲要规定:"凡县城及乡镇公所所在地,其营建事业应依本纲要之规定为实施之准则。"此外,"居住人口满5千以上或居住人口未满5千而将成为重要定期集市之乡村地方,经县政府之指定,得适用本纲要之规定。"[4]县政府所在地之营建事业由县政府拟具计划报请省政府备案;乡镇公所所在地及依本纲要第二项指定之地方,其营建事业由县政府指导乡镇公所拟具计划,报请省政府备案。

《收复区城镇营建规则》对都市计划的审核批准备案做了更明确的规定:"收复区之市、省会营建计划及区域营建计划应经内政部及有关部署之审查核定;县城及集镇营建计划应经省政府之审查核定并报请内政部备案。"[4]

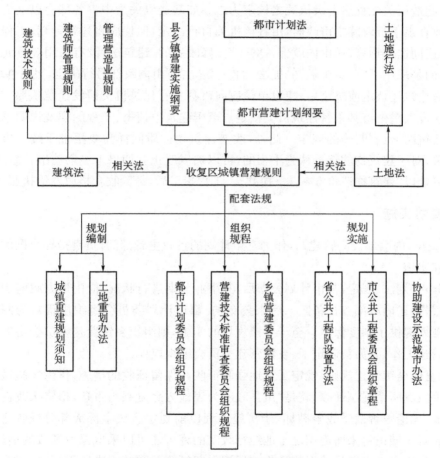

图1　转型时期的城市规划法律制度体系

3.2　建设项目的批准

《建筑法》明确了应当申请规划许可的范围,包括:"市、已辟之商埠、省会、聚居人口在10万以上者、其他经国民政府定为应施行本法之区域以及上述区域以外造价超过3千元的公有建筑。"[3]1944年修改后的适用区域做了适当调整,取消了"已辟之商埠",并将

"居住人口在5万以上者"纳入了规划管理范围;此外,还将"本法于前项区域以外之公有建筑,其造价逾3千元者,亦适用之"改为"本法于前项区域以外之公有建筑,其造价在该建筑物所占基地20倍以上者,亦适用之"。建筑主管机关"在中央为内政部,在省为建设厅,在市为工务局,未设工务局者为市政府,在县为县政府"[4]。

《建筑法》根据建筑物的重要程度和建设单位,分别采取不同的审批程序。"中央或省或直隶于行政院之市之公有建筑,造价逾3万元者,应由起造机关拟具建筑计划、工程图样及说明书,连同造价预算,送由内政部审查核定。县市以下之公有建筑,由建设厅核定,但应汇报内政部备案[4]"。"中央或省或直隶于行政院之市之公有建筑在3万元以下者,依该起造机关之直接上级机关之核定为之。如起造机关为中央各部会以上之机关或省政府或直隶于行政院之市政府,由各该机关自行决定,但均应将建筑计划、工程图样及说明书,连同造价预算,送由内政部备案[3]"。修改后的《建筑法》没有采用3万元作为划分标准,而是采用了"一定金额"的提法,而"一定金额"由内政部另行确定,灵活性增大。

公有建筑经核定或决定后,建设单位应向市县主管建筑机关请发建筑执照。私有建筑应由建设人呈由市县主管建筑机关核定。至于建筑申请书、工程图样及说明书的具体要求,《建筑法》也有明确的规定。此外,改变建筑物性质同样需要报批手续。市县主管建筑机关,对于建筑物的选址认为不当的,可以加以改正。如果未经勘验擅自施工,对承造人可以处以"建筑物造价5‰以下罚款"。工程竣工后,经验收合格应发给执照。

3.3 规划实施

1942年,内政部设立营建司,作为都市计划的行政主管部门,负责指导全国的城市规划编制和实施。

《都市计划法》规定,都市计划公布后,其事业分期进行状况,应由地方政府于每年度终编具报告,送内政部查核备案。后来公布的《都市计划委员会组织规程》,为制定和实施城市规划提供了制度保障。至于乡镇规划的实施,则组织乡镇营建委员会协助镇长办理乡镇营建工作,并另行制定了《乡镇营建委员会组织规程》。

《收复区城镇营建规则》规定了土地强制征收与保留征收的措施,作为实施城市规划的重要手段。所谓强制征收,就是"市县政府为谋地方之复兴与重建,得将未改良或已改良之土地,无论曾否遭受战争破坏,于实施工程以前划定区域全部或部分征收之"[4]。而市县政府对于城镇将来所需用之土地经行政院的许可还可以采取保留征收的措施,经核准划定的公用土地可以呈请保留征收。所谓保留征收,即"就将来所需用之土地,在未需用征收以前,提前申请核定并公布其范围并禁止妨碍规划用途的建设"[4]。刚开始保留征收没有时间限制,修改后的土地法规定了期限"保留征收之期间不得超过3年,逾期不征收视为撤销"。但开辟交通线路和国防设备经核定可延长,延长期限至多5年[4]。在实施城镇规划时,《收复区城镇营建规则》还提出城镇规划中各项设备应按地形及人口分布状况,尽量配合区镇保甲等自治单位。这说明注意了兼顾行政界限的原则。

根据《建筑法》,未经批准的私有建筑,可处以工程1%以下的罚款,必要时可以拆除。

而对于未经批准的公有建筑，则采取勒令停工、补办手续，或责令拆除。妨碍都市计划、危害公共安全者、有碍公共交通者、有碍公共卫生者；与核定计划不符等情况可以责令修改或停止使用，必要时拆除[3]。地方立法方面，1947年，上海市政府公布了《上海市处理违章建筑暂行办法》，对违章建筑的处理进行了规范。

4　结　语

近代中国城市规划法律制度的转型，突出表现是中华法系的"礼法结合"的思想宣告终结，现代城市规划在法律制度层面得以确立。但往往拘泥于生搬硬套西方理论，进行自上而下的制度层面的改革，由于对国情的研究不深，造成实际难以操作的后果。这与中国近代社会转型以来的国家立法，几乎始终没有主动考虑中国人自己的行为习惯有关，尹伊君[6]深刻分析了其中的原因：一是文化自主性的缺失；二是激烈的社会动荡使人无暇顾及传统的保存；三是当时学习法律和从事立法者多是法律专家型人才，于经史通达者甚少，立法宗旨自然不能从社会文化根源上从长计议。这种影响必然体现在城市规划法律制度领域。

古代城市规划法律制度的一个突出特点，即判例法占有相当成分，从秦"廷行事"、汉"决事比"和"春秋决狱"，至汉晋"故事"，一直发展到唐宋以后的"例"，北宋中期以来，用例之风盛行，到明清有了突出的发展。遵从本朝先例甚至是前朝旧例，可以说是司法实践中经常采用的处理方式。这一点与资本主义英美法系国家的法律传统有相似之处，虽然国民政府在抗战时期与英美国家关系密切，但从清末修律以来，我国法律制度主要受大陆法系的影响，属于成文法，这也反映到城市规划领域中，那就是判例法的全面废除。

传统社会由于受经济因素的制约，没有现代城市中开发强度过大的问题，相反，历代统治者为了体现都市的"繁华气派"，往往还对空地进行限制。如后唐明宗长兴二年（公元931年）六月敕文："……伊洛之都，皇王所宅，乃夷夏归心之地，非农桑取利之田……要在增修舍屋，添盖间阁，贵使华夏共观壮丽……[7]"近代城市日益繁华，限制城市土地开发强度的重要性逐渐被认识，但从法律制度角度加以规范，则只是在转型期发生的事情。此外，在规划审批方面，最大的特点是将私有建筑和改扩建工程纳入了审批范围。

今天，当人们重点关注于经济全球化背景下城市规划法的发展方向时，也同样应当以平和的心态看待历史。近代中国社会发生了巨大的变迁，最终在抗战后期和战后恢复时期实现了城市规划法律制度层面的转型。姑且不论其得失成败——那毕竟是历史的选择，这种转型成为影响其后城市规划法律制度发展的重要因素，忽视或回避都不是负责任的态度。笔者不辞浅陋而发一家之言，旨在寻求历史的真实痕迹而为城市规划法的完善做一点基础性的工作。

参考文献

[1] 叶孝信. 中国法制史[M]. 上海:复旦大学出版社,2002.

[2] 张仲礼. 近代上海城市研究[M]. 上海:上海人民出版社,1990.

[3] 重庆市档案馆. 抗日战争时期国民政府经济法规[M]. 北京:中国档案出版社,1992.

[4] 厉生署. 内政法规(营建类)[Z/OL]. http://book.sslibrary.com/login.jsp.

[5] [日]仁井田陞. 唐令拾遗[M]. 栗劲,霍存福,王占通,等译. 长春:长春出版社,1989.

[6] 尹伊君. 社会变迁的法律解释[M]. 北京:商务印书馆,2003.

[7] [宋]王钦若,等. 宋本册府元龟[M]. 影印本. 北京:中华书局,1989.

[8] 张中秋. 中西法律文化比较研究[M]. 2版. 南京:南京大学出版社,1990.

[9] 贺业钜. 中国古代城市规划史论丛[M]. 北京:中国建筑工业出版社,1995.

[10] 王溥. 五代会要:三十卷[M]. 上海:上海古籍出版社,1978.

(本文原载于《城市规划》2007年第3期)

控制性详细规划成果建库探索

陈定荣　肖　蓉

摘　要：本文基于控制性详细规划编制与城市用地规划管理之间逻辑关系的分析，针对当前控制性详细规划编制成果管理中存在的问题，探索控制性详细规划编制成果规范化管理的有效途径，利用地理信息系统等现代技术手段，建立面向控制性详细规划编制成果的数据库系统。文章结合南京实践，提出控制性详细规划编制成果数据库的设计要求和构架，构筑一个服务管理、方便用户的成果数据管理平台，以维护城市规划的科学性和严肃性，为城市可持续发展提供重要支撑。

关键词：控制性详细规划；地理信息系统；数据库；规划管理

土地是城市生活的载体，也是城市中宝贵的稀缺资源。城市规划从不同层面对城市进行研究，最终都要落实到具体的空间载体——土地上。近来，国家倡导建设的"社会主义和谐社会""节约型社会"均将集约和节约用地作为重中之重，城市土地的合理使用和开发已成为城市和谐、可持续发展的重要条件。

现代信息技术与城市规划结合，为城市土地的科学规划和管理提供了有效途径。即通过城市规划管理信息系统的建设，将地理信息系统技术、计算机网络技术等综合应用于规划的编制与管理过程中，搭建数字化的城市规划工作平台，规划成果数据库是该系统平台的核心内容。

1　控制性详细规划的作用

我国现行城市规划编制"一般分为总体规划和详细规划两个阶段"①。控制性详细规划隶属于详细规划，是介于总体规划与修建性详细规划之间的中间环节。它以城市用地为研究对象，通过地块的有机划分和功能整合、控制指标体系的建立体现规划意图，重点是对城市建设用地的性质、开发强度和空间环境进行控制②。它在以下几个方面具有不可替代的作用：

---

① 参见《城市规划编制办法》(1991)第3条。
② 参见《城市规划编制办法》(1991)第22条。

1.1　城市土地使用与开发的法定依据

我国《城市规划编制办法》第二十二条明确规定,"根据城市规划的深化和管理的需要,一般应当编制控制性详细规划,……,作为城市规划管理的依据"[①]。一方面,控制性详细规划是对上位规划及其各专项规划的深化,将宏观的规划战略思想落实至相对微观、具体的对象之上;另一方面,它也是编制下位规划、审批实施性建设方案的法定依据,对城市规划区内的各项建设进行合理调控和综合平衡。可以说,在城市近期建设与管理工作中,控制性详细规划对城市用地的调控作用最为直接和有效。

1.2　规划编制与规划管理的衔接纽带

我国城市规划管理和实施,实行以"一书两证"(即建设项目选址意见书、建设用地规划许可证、建设工程规划许可证)为主要法律手段和法定形式的规划许可制度,其中规划设计条件是"一书两证"的重要内容,控制性详细规划则是拟定规划设计条件的主要依据[②]。也就是说,在对城市用地的规划管理过程中,控制性详细规划已从单纯的规划编制技术成果,逐渐转换为经政府批准后受法律保护,由法律授权具有一定法律效应的规划管理依据。这无疑从法律的高度确定了控制性详细规划在城市用地规划管理中的法定地位,其控制功能的发挥,实质上体现了规划管理部门依法行政的过程。

城市规划正是在控制性详细规划这一层面上,建立了规划编制成果向规划管理法定依据的转换,从而实现了规划编制与规划管理的有效衔接。

1.3　公众参与规划的重要渠道

随着物权法等法律、法规的即将颁布和实施,城市土地与社会各阶层群体的切身利益的关系将得到更清晰的体现。控制性详细规划正是采用一定规划技术手段,协助城市政府在空间关系上协调社会各阶层的利益关系。其中出现的容积率、建筑控制高度等规划专业概念已逐渐为公众所接纳。在这一层面上,以土地为媒介,公众的社会生活与规划编制和管理的联系比以往任何时候都要紧密,理想规划与现实需求之间的摩擦与矛盾也相对突出。可以说,控制性详细规划已成为与公众最为贴近的规划控制层面。如果公众与规划能在这一层面上相互理解、实现互动,就能为规划的管理与实施解开许多误解与矛盾;同时,也能为实现真正意义上的公众参与规划、监督规划提供可能。

由此可见,在整个城市规划编制与管理的过程中,控制性详细规划具有非常重要的承上启下的作用,它清晰地体现着城市规划公平、公正,以人为本的价值核心。随着控制性详细规划编制技术的日渐成熟,如何加强控制性详细规划编制成果的管理,实现控制

---

① 参见《城市规划编制办法》(1991)第22条。
② 参见《中华人民共和国城市规划法》第31、32条。
　参见《城市国有土地出让转让规划管理办法》(建设部令第22号)第5、6、7条。

性详细规划编创成果的资源共享和向规划管理法定依据的转换,已经成为规划编制与管理共同面临的一个紧迫问题。

2 控制性详细规划编制成果管理的现状与问题

我国城市规划应用信息技术对规划成果进行管理始于20世纪80年代中期,发展很快且取得了很多实际成果。目前,全国已有100多个城市围绕"一书两证"的规划管理与实施,建立了规划管理信息系统,实现了规划管理办公自动化。许多城市还结合分区规划、地下管线规划的编制建立了分区规划数据库、地下管线数据库与综合管理系统①。

这些规划管理系统虽然从一定程度上提高了规划管理工作的效率,但主要侧重于规划管理办文,空间信息应用程度较低,并未实现真正意义上的图文管理一体化。基于规划编制的成果管理与面向规划实施的办文管理相互独立,规划行政管理人员需要不断地在这两部分之间进行切换才能完成"一书两证"的业务审批工作,难以实现图文数据的及时传递和实时更新,更难以保证图文信息的可靠性和一致性。

面向控制性详细规划编制成果的数据库系统正是在借鉴以往系统建设的经验基础之上,致力于成果数据管理方法的全面更新。目前,在控制性详细规划编制成果管理的过程中,主要存在着以下三类矛盾亟需解决:

2.1 数据多源化与入库标准化之间的矛盾

控制性详细规划由城市政府负责组织编制。随着规划设计市场的开放,只要具有一定资质的规划设计单位都可以通过投标或政府委托等形式承揽相应的控制性详细规划编制任务。然而,一些现有的国家城市规划技术标准和规范已难以完全满足当今城市多元化发展对控制性详细规划编制的要求,由此造成不同的规划设计单位提供的成果数据往往自成体系,标准不一,无法自动转入数据库,需要配备专门的人力物力对数据进行识别、分类和整理,数据入库的成本较高,人工误差的机率也相应增多,严重影响着成果建库的标准性和可靠性。

2.2 成果规定性与管理方法随意性之间的矛盾

城市规划作为一门科学,其编制成果具有很强的内在规定性。规划管理则是基于这一成果之上的一种管理行为。与之相适应,规划管理也应形成一套严谨规范的科学管理程序,配备相对精确、具体、固定而且可以量化的管理方法。

但是,在实际操作中,规划管理一方面要求以法定规划为依据;另一方面,由于社会环境的变化,也存在着调整控制性详细规划的需要。规划管理中由此出现一定的弹性空间——即规划行政管理人员在受理开发个案时享有一定程度的"自由裁量权",可以附加

---

① 参见《城市规划管理信息系统》第23页。

特定的规划设计条件、甚至在必要情况下修改法定规划的某些规定。具体的管理行为因人而异、因事而异,管理水准不一致,人治痕迹严重。规划管理中出现的不透明或不确定问题,往往隐含着管理者与其他利益主体之间的利益交换,它将直接打破社会群体的利益均衡,对公众、尤其是弱势群体的利益造成伤害,这也是引起公众对规划管理不满的主要原因。同时,规划行政管理人员出具规划设计要点仍以手工绘图、人工计算为主,纸质档案调阅费时费力,准确性不高,也容易给违规操作者以可乘之机。

规划管理中自由裁量权的随意使用和管理手段的落后,制约了控制性详细规划在城市用地调控上的法律效力的发挥,一定程度上造成了城市规划的科学性和严肃性的缺失。

2.3 管理封闭性与规划开放性之间的矛盾

随着民主政治的建设,行政复议法、诉讼法等法律、法规明确对公众的话语权和知情权进行保护[①],社会群体对自身权益意识也日渐明晰,这使得城市规划编制与管理向社会公开,允许公众参与不仅成为一种必须,也成为一种法定必要。

在通常的规划管理与实施过程中,已经完成审批、建设的项目毫无疑问都将对以后的规划审批产生强烈的示范效应,虽然这种影响在当时看来是短暂的、局部的。当社会环境发生变化,需要规划局部调整以适应社会发展的要求时,由于大量现状、规划信息不公开或只能收费提供,使得调整申请人和公众参与失去技术、基础资料的对比参照,而将所有的不满和矛盾推向规划。

在"谁主张、谁举证"的法制原则之下[②],信息的传递和资料的获取显得尤为重要,它是规划与公众相互沟通、达成理解的前提,也是保证规划得以贯彻实施的基础。

3 控制性详细规划成果数据建库的要求

控制性详细规划编制成果数据库的建设,以满足对象需求为基础,建立基于地理信息系统的数据管理平台,实现成果数据集成和共享。可以说,它是地理信息系统与控制性详细规划之间的一次亲密合作。

地理信息系统作为一种地理空间信息综合处理技术,其主要特点在于能够将大量分散的空间数据和属性数据挂接起来,建立相互关联的数据库,提供空间查询、空间分析以及表达的功能,为规划管理、决策服务[③]。而控制性详细规划以城市用地为研究对象,目标明确、界限清晰,其核心内容——控制指标体系适宜量化,与地理信息系统对接的技术门槛低。二者结合,为实现控制性详细规划成果的科学管理提供了现实可能。

---

① 参见《中华人民共和国行政复议法》第6条。参见《中华人民共和国行政诉讼法》第32条。
② 参见《中华人民共和国民事诉讼法》第64条。
③ 参见《城市规划相关知识》第165页。

基于地理信息系统的控制性详细规划成果数据建库需要具备以下四点要求：

3.1 多源数据无缝拼合

建立统一的控制性详细规划编制成果数据标准，实现多源数据的无缝拼合，尽可能降低成果数据入库的成本，实现规划编制成果向规划管理法定依据的快速、可靠转换，为提高规划管理效率提供可靠保证。

3.2 图文数据集成管理

充分利用地理信息系统综合处理空间数据与属性数据的功能，实现对控制性详细规划成果中图纸内容、文本内容等的分类处理，将控制指标等属性数据与建设用地范围等空间数据相互挂接起来，实现对城市用地使用和开发的"一张图"管理。这已成为各地规划管理部门的共识。

3.3 成果数据规范管理

数据库技术最显著的特点在于数据的优化管理。通过数据的规范化、程序化管理，实现对数据入库、更新、查询等的跟踪监测，使得规划管理成为有章可循、有据可依、有案可稽的规范行为。这不仅保证了规划管理和服务质量的稳定，而且压缩了规划管理中自由裁量权的空间，限制其使用的范围和幅度，减少管理中的人为因素，从而大大消除滋生权利腐败的可能。

同时，通过对成果数据的动态监测，记录城市用地使用和开发的演变历程，为城市的发展研究提供可靠、详实的基础资料。

3.4 数据资源开放共享

数据库技术的另一显著特征则在于资源共享，这一点恰恰与城市规划的开放性要求相契合。通过成果数据建库为规划管理的主客体搭建资源共享平台，将极大地促进主客体之间的互动交流，形成公正、透明的互联环境。

对规划管理内部而言，这一平台可以方便管理监督者跟踪管理流程，及时掌握管理动态；消除管理公开的时滞，使规划成果公开更具时效性和可信度；同时成为内部交换意见、沟通联络以及监督检查的主要渠道。

对社会公众而言，这一平台则成为收集建议、采信民意、方案讨论的重要载体工具，形成公众参与规划的一个重要窗口。

总之，基于地理信息系统的控制性详细规划成果数据建库，其最终目的是要建立一个开放式、规范化的城市用地规划信息管理系统，以获得规划管理自上而下的全面支持，推动规划管理方法由内而外的系统更新，维护城市规划的科学性和严肃性；构建公众参与规划、监督规划的主要通道，实践城市规划公平、公正，以人为本的价值标准，从而为建立可持续发展的和谐城市提供重要支撑。

4 地方实践——南京市控制性详细规划编制成果数据库设计

为了强化规划对城市建设的控制和引导作用,南京市规划局依据国家相关法律法规,依托南京城市发展的现状,结合规划管理的实际需求,制定了一系列有关控制性详细规划编制与成果管理的技术规定,突出控制性详细规划编制中的强制性内容,全面整合已有各项规划成果,明确要求将所有规划成果纳入规划成果信息系统。在此背景下,经过一年多时间的理论准备、需求调研、系统搭建和试用磨合,南京市控制性详细规划编制成果数据库系统已初步形成。

4.1 目标设计

南京市控制性详细规划编制成果数据建库的目标,是依据《南京市控制性详细规划编制技术规定》《南京市控制性详细规划编制工作规定》,以满足控制性详细规划编制与城市用地规划管理的实际需要为导向,建立基于地理信息系统的成果数据管理平台,实现成果数据的集成化管理;结合计算机网络技术,搭建面向不同用户的资源共享平台,即面向规划编制的数据多源集成平台、面向规划管理的数据管理应用平台和面向社会公众的数据共享服务平台,实现规划编制部门、规划管理部门和社会公众三者之间无障碍的信息交流。

4.2 结构设计

控制性详细规划编制成果数据库由三个支撑子系统构成。

4.2.1 数据采集子系统

数据采集子系统是整个数据建库的基础,主要功能是数据入库。

参照《南京市城市用地分类和代码标准》《南京市城市规划地域划分及编码规则》,制定控制性详细规划计算机辅助制图规范和成果归档数据标准,对基于 AutoCAD 辅助制图系统的控制性详细规划编制成果数据按照统一的空间参照系统和数据分类标准进行检查、筛选、整理和录入,真正实现数据由 AutoCAD 系统向 GIS 系统的无缺损转换。

4.2.2 数据维护子系统

数据维护子系统是整个数据建库的核心内容,主要功能是数据的统计、查询、动态更新、跟踪监测等。

该数据库实质上是数据建库技术中关系数据库的一种应用。它对每一个建设用地范围等空间数据与控制指标等属性数据建立一一对应的拓扑关系。以地块编号为关联词,建立链接多个空间数据与属性数据的关系数据表,其中每一行代表某一空间对象的所有属性信息,每一列代表所有空间对象的某项属性信息。通过关系数据表的叠加、关联,实现查询、统计和更新等高级数据处理功能。

4.2.3　数据检索子系统

数据检索子系统作为数据维护子系统的衍伸,是整个数据建库的对外服务窗口,主要功能是数据的查询、输出等。

系统在综合运用数据录入、统计、更新和跟踪监测等功能的基础上,将用户所需的信息提取出来,要求查询操作简单快捷,所得结果准确直观,其设计好坏直接影响着公众参与规划的效果。

4.3　功能设计

4.3.1　数据入库

控制性详细规划编制成果的表现形式主要有图纸、表格、文本等,与地理信息系统对接时相应转换为图形空间数据、指标属性数据和文本数据等。数据入库功能不但要求实现这些成果形式同步转入数据库,还要使这些形式之间产生紧密的互连互动,成为一个有机的整体。

针对控制性详细规划编制的核心内容,依据国家标准、兼顾南京地方特色,制定统一的图形空间数据设计标准格式,包括:用地规划标准图层、六线规划标准图层、市政基础设施规划标准图层、建筑高度控制规划标准图层和特色意图区规划标准图层;建立统一的居住小区及其以下级公共服务设施点、居住区及其以上级公共设施点、道路交通设施点以及市政基础设施点符号库;同时对规划衍伸内容预留充足的扩展空间。

指标属性数据针对相应的图形空间数据自由定义其属性字段,并输入具体的属性内容,如地块编号、用地性质、建筑密度、容积率、绿地率等。

文本数据可组织成 HTML 超文本格式,以热链接的方式与相应的图形空间数据挂接起来,达到以图查文、以文查图的效果。

4.3.2　数据查询、统计

数据查询主要实现以图查文和以文查图的双向查询。

以图查文即空间坐标查询。它既可以点取任何空间位置,得到与该位置相应规划成果的属性信息;也可以指定任何一个空间区域范围,返回与该区域范围内所有规划成果相关的属性信息。

以文查图分为逻辑查询和超文本链接查询。前者给定一个逻辑条件,如"建筑控制高度≤12 米",能够提取出一定地域范围内满足该条件的规划控制地块。后者选中规划文本中某一段描述时,能够返回与描述对象相应的图纸内容,甚至能够具体到图形空间内的某一要素。

数据统计也分两个层次。一种是常用统计功能,如指定任何图层的任意字段,能够统计出该图层所包含的图形空间数据个数,对数值字段得到其总和、平均值和方差等统计数值。另一种是专业统计功能,如生成规划技术经济指标,或根据用地控制指标生成任意空间区域范围内的用地统计分析表等。

4.3.3 数据动态更新

数据动态更新通常包括图形空间数据和指标属性数据两个部分。指标属性数据的调整比较简单,直接修改数据库属性内容即可。图形空间数据的调整则比较复杂,局部调整往往涉及周边图形空间数据的变化,如何协调好与周边图形空间数据的关系在技术上有待逐步完善。

4.3.4 数据输出

数据输出是成果数据库的重要功能之一,它能够实现控制性详细规划图文一体化的计算机动态输出。当规划编制成果发生调整,也可以立即输出相应的最新图则。

4.4 结语

南京市控制性详细规划编制成果数据库系统是对现代信息技术与城市规划结合的一次探索和实践。随着南京市控制性详细规划全覆盖工作的全面推进,该数据库系统的积极效应正逐渐得到印证,今后仍将根据发展的需要对之进行不断的充实和完善。

参考文献

[1] 孙毅中,张鉴,周晟,等. 城市规划管理信息系统[M]. 北京:科学出版社,2004.
[2] 全国城市规划执业制度管理委员会. 城市规划相关知识[M]. 北京:中国计划出版社,2002.
[3] 全国城市规划执业制度管理委员会. 城市规划法规文件汇编[M]. 北京:中国计划出版社,2004.
[4] 吴旭. 运用现代管理原理创新规划管理方法——以创建江苏南通规划管理信息系统为例[J]. 城市规划,2005,29(3):31-35.
[5] 李江云. 对北京中心区控规指标调整程序的一些思考[J]. 城市规划,2003,27(12):35-40,47.
[6] 殷成志. 我国法定图则的实践分析与发展方向[J]. 城市问题,2003(4):19-23.
[7] 熊国平. 我国控制性详细规划的立法研究[J]. 城市规划,2002,26(3):27-31.
[8] 周进. 控制性详细规划的控制功能探析[J]. 规划师,2002,18(2):41-44.

(本文原载于《现代城市研究》2006 年第 6 期)

城乡统筹下规划管理工作的改革与思考

——以南京城乡统筹规划工作为例

王耀南　陶德凯

摘　要：文章在对南京城乡规划工作进行回顾与反思的基础上，分析了当前南京城乡统筹发展面临的形势和问题，指出统筹南京全域规划工作的总体思路。最后，笔者从"全域统筹，一体发展"的大南京城乡空间格局下，提出了南京城乡规划管理工作的策略应对。

关键词：城乡统筹；规划管理；南京

2008 年，党的十七届三中全会通过的《中共中央关于推进农村改革发展若干重大问题的决定》指出，要进一步落实城乡统筹发展战略，建立健全以工促农、以城带乡长效机制；要建立和发展具有中国特色的现代农业；要破除城乡二元结构、形成城乡经济社会发展一体化新格局。这一决定为当前我国城乡二元社会的改革发展指明了方向——坚持统筹城乡发展，形成城乡一体化新格局。

为响应党中央统筹城乡发展的总体要求，改变南京长期以来"重城轻乡"的发展局面，2010 年 3 月，南京市规划局专门成立了重点面向郊县城乡规划工作的部门——城乡统筹处。城乡统筹处的成立得到市委、市政府领导的高度认可和关注，曾多次参与市领导组织的南京市内外的调研工作。在成立的半年多时间里，城乡统筹处结合实地调研，对全市城乡规划工作进行了有序梳理，并开展了相应的规划工作。

1　南京城乡规划工作回顾

近年来，在"全域统筹、一体发展"的总体思路下，南京城乡规划工作积极实施城乡统筹发展战略，在不断探索之中取得了一系列成效。

1.1　郊县发展规划

2002 年以来，针对郊县经济社会总体发展状况，南京市规划局以城市总体规划调整为契机，以提升郊县经济社会发展为目标，对郊县总体发展开展多轮规划和思考。2003 年，组织开展《南京南部两县总体发展战略规划》，对两县产业布局、重大基础设施安排、城镇发展方向和规模等方面进行研究；2007 年，针对江宁区新城和重点镇发展较快的现状，分别以江宁区和江宁街道为主体开展了《江宁区城乡统筹规划》和《江宁街道城乡统筹规划》，对农村地区的经济社会发展和城乡空间资源的统筹综合利用提出了指导意见；为积极推进跨江发展战略的实施，分别于 2002 年和 2007 年专门编制了《江北地区概念规划》和《大江北地区的城市发展战略研究》，对江北地区的功能定位、空间布局和交通发展提出了建议。这些以郊区（县）的城乡空间为研究对象的专题规划切实指导了郊区（县）的城乡空间发展，有效实现了城乡规划对城乡经济社会发展的引领作用。

1.2　重点城镇规划

围绕促进区县经济起飞、社会发展和环境保护等目标，加强了对郊县城镇发展的宏观研究与政策配套。结合外围江宁、浦口、六合等新三区的成立，南京市规划局从 2004 年至 2008 年，组织开展了以东山新市区、浦口新市区总体规划和雄州、永阳、淳溪三个新城的新一轮总体规划编制工作和城镇核心地区的控制性详细规划编制工作，切实加强了"三区两县"的城镇规划指导。

在新市区和新城总体规划及核心地区控制性详细规划的指引下，"三区两县"的中心城镇取得了显著的发展成效，尤其是 3 个新城差异化快速发展。雄州、永阳、淳溪 3 个新城的年均经济增长速度都在 30％以上，远远高于全市平均水平。

结合 2005 年郊县工作会议及新城发展态势确定的"三城九镇"（"三城"即前面提到的雄州、永阳、淳溪 3 个新城）总体规划和控制性详细规划工作得到有效开展。在"三城九镇"发展策略的指引下，9 个重点镇的基础设施得到加快建设，经济发展条件大幅提升，尤其是位于都市发展区内的汤山、禄口、铜井等镇发展异常快速。在 2007 年开展的新一轮城市总体规划修编中，汤山、禄口、铜井被确定为新城来建设发展。

1.3　一般镇街规划

在"全域南京"规划理念指导下，系统完成"三城九镇"总体规划及控制性详细规划编制工作的基础上，开展了全市一般建制镇及部分涉农街道总体规划编制工作。目前，全市 58 个建制镇和涉农街道中，已完成 22 个镇和 7 个涉农街道的总体规划编制工作。通过全市 29 个建制镇及部分涉农街道总体规划的编制，对"全域南京"的城乡布局、空间结构、产业发展、基础设施、公共服务设施有了整体考虑，较好地促进和引导了全市郊区（县）经济、社会、空间的协调、可持续发展。

1.4　郊县工业发展空间规划

2003 年，为加快全市工业发展，市规划局会同市经委等相关部门开展了《南京工业产业布局规划》。同时，为更好地落实市委、市政府"关于进一步加快重点乡镇企业园区建设的意见"，扶持镇街产业发展，积极组织编制了《南京市重点乡镇企业园区布局总体规划》，明确了各园区发展规模、用地边界和布局。2007 年，为进一步鼓励市级重点工业功能区的发展,划定了市级重点工业功能区的范围,同步开展了《市级重点工业功能区控制性详细规划》编制工作,为园区发展争取了宝贵的发展空间。

1.5 镇村布局规划

根据江苏省建设厅的统一部署,2005 年对南京市的高淳、溧水、江宁、浦口和六合等外围五郊区(县)的村庄布局和公共设施、基础设施的配置进行规划。对全市 52 个镇(含 1 个林场),744 个行政村,7 925 个自然村庄,约 165 万农业人口,27 924 余 hm² 的村庄建设用地进行统一汇总,形成全市镇村布局规划。根据各镇的总体规划和土地利用总体规划,对每个镇的自然村进行归并,合理确定规划保留村庄的数量、布局,统筹安排各类基础设施和公共设施。规划提出今后南京市将保留农村集中居住居民点 2 215 个,村庄建设用地约 8 110 hm²,农村人口 90 余万,人均用地 87 m² 左右。规划引导农民集中居住、工业向镇以上工业片区集中,促进村庄适度集聚和土地等资源节约利用,通过全市镇村布局规划,规划节约村庄建设用地 19 818 hm² 左右。

1.6 村庄建设规划

根据镇村布局规划成果,结合全市村庄发展现状和各自然村的特色,对全市规划村庄和集中居民点进行统一规划,并根据村庄特征和性质分别做不同深度的规划。对镇村布局规划中的新社区(新建集中居民点)和规划保留村,结合村庄现状发展状况和村庄特征,对村庄的空间布局、道路交通、景观风貌、环境保护和基础设施公共服务设施等做出较为详细的"村庄建设规划";对镇村布局规划的过渡保留村庄,则主要为解决过渡阶段的农村居民的生活环境和居住水平问题,进行较为简单的"平面布局规划",重点对村庄环境和基本设施做出规划引导。通过每年的规划成果汇编和工作梳理统计,截至 2009 年,本轮新农村建设规划共完成了 238 个村庄建设规划、974 个村庄的平面布局规划。

1.7 乡村旅游规划

为切实引导广大郊野空间的发展,增强市域重要生态廊道等非城镇建设空间的复合利用,促进农村经济社会的发展,市规划局通过对农业空间的梳理,组织编制了高淳游子山、花山、固城湖等山湖风景区规划,溧水白马农业科技园区规划,江宁谷里旅游发展规划,江宁横溪现代农业园规划,浦口珍珠泉风景区规划等一批乡村旅游发展规划,大大增强了农业生产空间的复合功能。

2 南京城乡统筹发展的问题分析

自 2005 年全市加快实施统筹城乡发展以来,南京城乡经济社会发展水平有了较大提升,尤其是乡村地区经济社会发展每年都上一个新台阶,全市农业增加值每年都稳定在 100 亿元左右。2009 年全市经济保增长的大局中,郊县经济发挥了重要作用,其占全市经济总量的的比重大幅提升。但在郊县经济长足发展的同时,与发达城市的横向、纵向比较来看,南京城乡统筹工作仍面临着一些问题。

2.1 一是偏重的城乡二元结构,与南京区域中心城市地位难以匹配

从市域城市化发展水平、经济总量和发展方式、公共服务设施水平、产业结构差异化程度等多方面分析来看,全市域范围内表现出明显的主城—郊区、城—乡二元结构,远郊—近郊、江南—江北的发展差异。与长三角的上海、杭州、宁波、苏州、无锡等周边城市比较来看,南京城市国内生产总值要略低,但南京的市区经济总量并不逊色于上述城市。南京生产总值偏低的主要原因是南京外围郊县的县域经济活力不强,与苏州、无锡的县域经济一片火热的现象相比,南京更多的是主城独大,这与南京区域中心城市的地位不相匹配。

2.2 旺盛的城乡建设用地需求与有限的土地供应存在较大矛盾

进入 21 世纪以来,南京综合城市化水平迅速提升,2007 年末全市城市化水平达到 76%,城市化率平均年增长 3.29 个百分点,大大快于 20 世纪 90 年代全市城市化水平的提高速度。与快速增长的城市化水平相对应的是南京市区城市建设用地增长呈跳跃式扩张态势。数据显示,21 世纪以前,南京城市空间增长基本稳定在年均 13 km² 左右,基本呈稳步增长的态势。但新世纪的前五年间城市建设用地年均增长达到 40 km²,2007 年市区建成区建设用地达 680 km²,已经远远超出总体规划用地规模(经国务院批准的现行总体规划中,2010 年在都市发展区范围内城市建设用地 554 km²)。可以说城市快速发展表现出了对城镇建设用地极为旺盛的需求。但从建设生态城市、保护耕地和城市容量的极限承载力研究分析,南京城镇建设用地扩张的速度则明显偏快;从国家主体功能区规划要求分析,以年均 40 km² 的增长速度,南京全市剩余的可新增建设用地在短期内将会被提前透支。可见,当前南京统筹城乡发展面临着旺盛的城市发展需求和城乡建设用地供应不足的矛盾,其反映的深层问题则是"人地矛盾"的问题。

2.3 土地低效利用给都市长期可持续发展构成较大威胁

快速发展的城市化进程刺激着地方经济的多元化发展,乡镇开发主体日益增多。尽管市委、市政府先后确定了"19+3+10"共计 32 个市级重点工业功能区和协作配套区,规划部门也做了相应的产业布局规划,但由于体制上的原因,各区县过多地从地方经济发展的角度考虑,仍纷纷兴办各种类型的工业集中区,建设用地主要呈现外延规模扩张、土地利用零散、空间效率低下、经济规模较小,难以形成规模效应和区域竞争力。

数据显示,2007 年,南京郊区(县)建设用地地均生产总值明显低于城区。五郊区(县)工业用地地均增加值为 6.08 亿元/km²,六城区工业用地地均增加值为 14.57 亿元/km²。同时,这些分散布局的产业园区对规划工业功能区的发展造成不同程度的障碍,束缚了都市的长期可持续性发展。

3 当前城乡统筹的形势认识及总体思路

3.1 城乡统筹发展是当前经济社会发展的根本需求

从 2004 年到 2010 年,党中央连续 7 年下发一号文件,要求重视"三农"工作,全面促进农村社会的发展。2008 年,党的十七届三中全会通过《关于推进农村改革发展若干重大问题的决定》,在系统回顾总结改革开放三十年来我国农村改革发展的光辉历程和宝贵经验的同时,着重指出当前农业基础薄弱、农村发展滞后、农民增收困难的问题,要求进一步统一全党全社会认识,加快推进社会主义新农村建设,大力推动城乡统筹发展。2010 年,中央农村工作会议则将十七届三中全会精神具体化,提出了系统的城乡统筹发展思路,强调要把各种生产要素聚焦到农村,把城市的文明延续到农村,把政府的财政投入农村基础设施建设和农村民生改善。党中央如此密切关注"三农"工作,表明城乡统筹发展已是当前经济社会发展的根本需求。

3.2 南京城乡统筹发展的主战场是郊区(县)

南京历来重视城乡统筹发展工作,2005 年下发了《关于加快南京市统筹城乡发展的意见》,从统一思想、明确目标任务的高度专门部署南京市城乡统筹发展的具体行动和任务。同时,为了切实促进区县经济起飞和社会发展,明确在市域范围内选择"三城九镇"作为发展重点,以规划为引领,加强对郊县地区的发展指导。

近期,结合南京城乡社会经济发展现状和存在的新问题,专门成立"南京市统筹城乡发展工作委员会",提出南京要抓住机遇,实现"转型发展、创新发展、跨越发展",强调要在市域范围内加快城乡统筹发展步伐,促进城乡经济社会发展转型。同时,出台《加快推进全域统筹建设城乡一体化发展的新南京行动纲要》和配套实施意见,为进一步加快推进郊区(县)的经济全面发展提供政策支撑和技术指导。

南京城乡经济社会发展水平总体上落后于长三角等先进城市的重要原因就是郊区(县)经济水平的不发达,要在全市实现"三个发展",就必须重视郊区(县)的全面发展。因此,统筹城乡发展的核心就是南京外围的五个郊区(县),五个郊区(县)的重点又是广大的乡村空间,这里是南京城乡统筹发展的主战场。城乡规

划要科学合理地布局郊区县的建设用地和农业生产空间,统筹规划影响城乡经济社会发展的重要资源要素,积极提升郊区县新型工业化、城镇化、市场化、乡村文明程度和农民

生活水平,以全域规划引领新时期"大南京"的全面发展。

3.3 统筹南京全域规划工作的总体思路

当前大力实施统筹城乡发展战略,是新时期谋划"三个发展"的重要举措。城乡规划要树立"全域规划、一体发展"的观念,科学合理布局城乡空间资源,从经济、社会、产业、空间等多层面引领城乡统筹发展。

(1)创新政策。以简政放权为宗旨,加大政策创新的研究力度。除涉及全局发展的重大规划外,其他规划的审批权和执法权可以下放至区县。对三区、两县和江南八区采取不同的规划管理措施,明确区县和部门的权责关系,使其具有更加灵活的管理手段,从而加强区县农地重整、村镇重建、要素重整的力度,为"城乡统筹发展,构筑全域统筹、一体发展的大南京格局"营造良好的制度环境,加快城乡统筹发展的进程。

(2)创新思路。统筹城乡发展,要坚持"城市要依靠农村,农村需要城市"的理念,充分激发农村地区的发展潜能,促进城乡资源的"双向"流动。一方面,科学布局规划城乡空间资源,通过盘活乡村地区建设用地,加以统筹利用,使农村建设用地享受到增值的效益,从而在提升农民的财产性收入的同时,也为城市发展提供新的增长空间。另一方面,以城市的资金和技术支持来积极发展设施农业和现代农业,实现农业的规模化经营,促进农村地区经济的发展。

(3)创新方法。规划引领城乡发展,不仅仅是通过编制一项项规划来实现对城乡经济社会发展的引领,更重要的是利用不同的方法手段和多样化的途径,保障规划的顺利实施,进而切实指导地方的资源利用和空间建设。例如通过经济补助手段,给予地方经费上的支持,保障规划的实施;通过技术指导手段,提升规划编制及实施水平;通过政策支持途径,保障规划空间的落实等。

4 基于城乡统筹发展规划工作思考

4.1 以政策研究为抓手,紧贴实际,促进城乡统筹

4.1.1 加强"规划引领城市发展"的政策研究

2010年是"十一五"规划的收官之年,也是"十二五"规划各项工作的准备之年。未来五年则是南京加速转型、加快创新、实现跨越的关键时期,城乡规划的各项工作要紧密围绕"十二五"规划展开,为创造"千万人口、千亿财政收入、万亿经济总量"的大南京做贡献。

(1)加强城市国际化发展方向研究。以筹办"青奥会"为契机,以建立"高水平、均品质、一体化"都会区为目标,引入国际先进城市发展理念,加强与国际城市发展路径、发展方式的比较研究,确立标杆城市,切实找准南京产业发展、城市发展的优势条件,加快提

升城市国际化水平。

（2）加强城市功能品质提升研究。找寻未来城乡经济社会发展的载体，深入把握产业升级、城市升级的方向所在、动力所在，结合重大建设发展项目，布局城乡产业发展的重点空间，提升城乡空间品质和功能品质。

（3）加强规划实施体制和机制创新研究。把规划目标和发展理念落实到引领城乡经济社会发展的实际中，加强规划实施体制和机制创新的研究，尤其是城乡规划与重大产业项目、重大基础设施项目、重大环境建设项目、重大公共服务项目的对接，使重大项目的落实成为"规划引领南京新一轮发展"的有力支撑。

4.1.2 加强"全域统筹，规划一体化"的政策研究

统筹城乡发展，推进城乡一体化进程是一项系统性工程，其重点是把握全市城乡规划一体化、基础设施一体化、要素配置一体化、公共服务一体化和产业发展一体化等"五个一体化"，强化城乡规划的全覆盖，引领城乡经济社会发展。

（1）加快城乡规划全覆盖工作研究。按照建设现代化、国际性人文绿都定位，做到"城乡一张图、全市一盘棋"。既要统筹考虑全市城乡体系、产业发展和重大基础设施布局，着力加强绕越公路沿线地区的发展研究，加快城乡规划全覆盖步伐；又要加强农业产业发展规划研究，积极完善农业"1115"产业规划，保护基本农田和乡村生态环境，实现城乡总体规划、土地利用总体规划、产业发展规划和生态环境保护与建设规划"四规"的有机叠合。

（2）加强规划主体的职能定位研究。结合城乡规划工作，研究规划编制、实施、监督等不同主体之间的权责关系，明确职能定位。区县总体规划由市规划局会同各区县政府联合编制，市政府统一审批规划成果；重点新市镇总体规划，明确由市级规划主管部门组织编制和审批规划成果；一般新市镇的总体规划，将采取市级规划主管部门提供规划经费和技术指导，地方政府组织规划编制和报批；结合地区产业发展特色编制的专项规划和修建性详细规划，市级规划主管部门则主要负责技术指导和实施监督工作，积极推动相关规划的编制和实施。

4.1.3 完善"城乡一体化规划配套设施意见"的研究

以规划项目为载体，结合重点新市镇总体规划编制和城乡规划的实际管理工作，加快形成以"一个体系和一套指引"为核心内容的城乡一体化规划配套实施意见。

（1）一个体系，即完备的、具有南京特色的、城乡一体化的规划编制体系。从城市总体规划到次区域规划，从指导城市地区管理的控制性详细规划到指导乡村地区建设的乡村设计引导和修建性详细规划，从镇村布局规划到村庄建设规划，从基本公共服务设施专项规划到市政基础设施的专业规划⋯⋯最终形成一套能够切实指导城乡空间建设的规划编制体系。规划编制体系中对乡村地区的规划引导，则予以进一步明确和细分。城市及区县总体规划对新市镇发展以指导性要求为主，重在提供战略引导；新市镇总体规划从空间布局层面对其规划区内的镇域、镇区和新社区提出明确的管制要求；新社区规

划侧重于可操作层面,编以致用为主,强化社区基本公共服务和市政基础设施配套,提升社区居住和生活环境质量。

(2)一套指引,即南京乡村地区基本公共服务设施配套指引。以提升乡村地区公共服务水平为目标,以推进城乡基本公共服务均等化为抓手,结合南京乡村地区发展现状和新市镇总体规划编制成果,形成一套从教育、文化、医疗、卫生到供水、供电、通信、环境保护等全方位适合南京乡村地区发展的基本公共服务设施配套指引,推进南京城乡一体化进程。

4.2 以项目推进为抓手,真抓实干,服务地方发展

4.2.1 以重大交通设施项目的建设,统筹引领地区发展

新一轮城市总体规划修编提出,在全市范围内构建"区域统筹、高效和谐、城乡一体"的高品质都市区。结合城市总体规划要求,一是通过联合区县政府共同编制区县总体规划,加强市域内交通设施规划研究,积极配合协调相关部门开展交通专项规划工作,构建完备的高快速路网系统和轨道交通系统,为市域内城乡居民能够轻松实现 15 min 上快速路、15 min 上高速公路、15 min 通达国省干线公路网,实现"2133、3155"交通畅达目标。二是加强对将军路捆绑市郊快速轨道 S1 线南延,跨石臼湖至高淳的线位走向、用地控制的研究。着力研究重大交通设施的建设,给沿线城乡空间结构和空间布局带来的影响,统筹考虑沿线新市镇的职能定位、产业发展和公共设施布局,协助交通部门开展专项规划,推动项目的落实。

4.2.2 以重大市政设施项目的建设,促进区域协调发展

"全域统筹,城乡一体发展",重点是提高城乡基本公共服务均等化水平。一是以促进区域供水、区域供气为目标,加强重大市政基础设施布局的专题研究,尤其是涉及三区两县的重大基础设施项目的规划研究,积极配合市政等专业部门开展相关专项规划。通过规划研究,在市域内统筹考虑空间利用,协调好各专项规划的关系,为重大项目的及时落地提供技术支撑和服务。二是加强对市政设施项目配套的一些重大项目的规划选址

研究,为促进市域经济发展的重大开发区及龙头项目的布局做好战略空间储备。

4.3 以规划编制为抓手,求真务实,强化规划引领

以"三个发展"为指导,突出规划引领,强调规划编制与规划实施相衔接,加强全市各类规划的编制工作,明确要求今年完成各区县总体规划和重点新市镇的总体规划编制工作,力争用两到三年时间实现全市城乡规划全覆盖。

4.3.1 突出发展创新理念,创建平台

区县总体规划是以行政区为主要对象的城市发展战略和空间布局引导规划,是引领区县科学发展的战略蓝图,是创新区县发展理念的重要抓手,是加强规划协调衔接的重要平台。组织编制区县总体规划将有利于合理划分区县功能结构,统筹布局区县空间资源要素,有机衔接区县"十二五"发展规划内容。新年伊始,南京市规划局就组织开展了以全市十三个区县行政单元为对象的区县总体规划的编制工作。目前,涉及乡村空间的"三区两县"总体规划编制工作已基本完成,正在筹备专家评审。区县总体规划成果将成为未来城乡空间社会发展的重要指导依据。

4.3.2 狠抓规划,全覆盖,强操作

为改变以往规划重城轻乡的局面,南京市规划局以"农地重整、村镇重建、要素重组"为指导,突出加强新市镇、新社区的规划编制,力争用两年时间实现全市新市镇总体规划全覆盖。同时,通过强化编以致用,提升规划成果质量,以确保规划的可操作性。一是2010年完成10个重点新市镇(特色名镇)的总体规划工作,续编桠溪、谷里、横溪等3个新市镇总体规划,启动金牛湖、乌江、白马、东坝等4个重点新市镇的总体规划修编,指导推动固城等一批一般新市镇的总体规划编制工作。二是科学制定控制性详细规划编制计划,积极落实编制经费,2010年内完成三区两县的10个重点新市镇中心镇区的控制性详细规划修编工作。三是以镇村布局规划为基础,着力指导和推动地方规划管理部门加强新社区(集市型小镇、农民集中居住点和保留村)的修建性详细规划编制工作。2010年首先完成200个村庄建设规划,力争三年时间实现新建新社区和规划保留村修建性详细规划全覆盖。四是在市政府的决策前提下,加强部门联动协作,开展市域重大项目的选址专题研究,协调推动专项规划的编制。

4.3.3 整合资源,统城乡,求突破

以各地产业发展为基础,结合地区资源特色,重点加强以生态农业为主题的乡村旅游的编制,强化非城镇建设空间的复合利用,实现农村居民的财产性收入的增长。重点加强对高淳南部山湖风景区规划、溧水傅家边风景区规划、江宁横溪、谷里生态农业之旅规划、浦口山泉风景旅游规划、六合农业观光旅游规划的技术指导,促进城乡资源的整合、统筹高效利用,实现乡村地区跨越式发展。

4.4 以队伍建设为抓手,创新工作,规范规划管理

"全域统筹,规划引领",队伍建设至关重要。城乡规划要实现引领城乡空间发展的职能,就必须紧抓各层级规划队伍建设,建设学习型管理队伍,提升管理水平,确保科学的规划成果能够顺利实施。

4.4.1 拓展基层规划管理的手段,建立激励机制

"全域南京,城乡一体发展"能否顺利实现,重点在郊县,关键在农村。一是要建立城乡联动的工作平台。定期检查规划项目的实施情况,定期开展规划编制质量评比活动,检查规划效能,奖励先进。二是要加强理论学习。鼓励规划管理人员理论联系实际,通过管理实践提升理论水平,建立规划管理论坛,开展有关规划管理调研的有奖征文活动。三是要加强学习调研。定期组织规划管理人员,尤其是基层规划管理队伍,向先进地区学习和交流,积累城乡统筹发展的实际经验,提升管理水平。

4.4.2 加强基层管理人员的培训,侧重技术指导

南京市规划局采取多种方式,提升规划队伍的管理水平。一是业务培训。定期召开规划业务技能培训班,加强对郊区(县)的规划管理人员,尤其是镇街、镇村建设管理所规划协管员的业务培训,侧重技术指导,辅以规划管理知识,从而稳定基层规划管理队伍,保障城乡规划的顺利实施。二是挂职锻炼。南京市规划局已在各区县规划建设管理部门征调1~2名管理人员到局各处室挂职锻炼,取得了预期效果,得到了各区县政府及部门的一致认同。2011年,将以重点新市镇为试点,以重点项目建设为抓手,试行派驻规划管理和技术人员至基层锻炼,以项目建设周期为时间节点,切实指导新市镇和新社区的规划建设,直接服务于基层的规划建设管理。

(本文原载于《江苏城市规划》2010年第12期)

南京实践：从"多规合一"到市级空间规划体系

沈　洁　李　娜　郑晓华

摘　要：构建科学合理的空间规划体系是新时期推动国家生态文明体制改革的应有之义，它包含从规划编制到规划管理再到规划实施的全流程构建，横向涉及拥有空间规划管理权的各部门，纵向涉及国家、省、市县3个层面。文章结合南京的规划实践，着重探讨在"多规合一"工作过程中，如何通过规划组织、技术融合、审批协同和动态实施等发挥空间规划的管控与协同作用，并在"多规合一"的基础上进一步开展市级空间规划体系构建的探索，旨在为国家机构改革背景下的空间规划体系构建提供参考。

关键词：空间规划体系；多规合一；规划组织；动态实施；南京

0　引言

党的十八届三中全会指出，要"通过建立空间规划体系，划定生产、生活、生态空间开发管制界限，落实用途管制"。中央城镇化工作会议指出，要"建立空间规划体系，推进规划体制改革，加快规划立法工作"。此后，中央分别在《生态文明体制改革总体方案》《十八届五中全会公报》《中共中央关于制定国民经济和社会发展第十三个五年规划的建议》中对构建空间规划体系提出了总体要求。可见，空间规划体系已成为中央的一项重点任务，也成为相关学界研究的热点[1]。

建立统一的空间规划体系旨在解决当前空间规划重叠冲突、部门职责交叉重复及空间性规划约束不力等问题[2]。对空间规划体系的研究，国内学者目前偏重于从当前我国空间规划体系存在的现状问题、国内"多规合一"实践总结和国外空间规划体系案例借鉴等角度，提出对空间规划体系建立技术标准、改革行政制度和完善法律法规等建议[3-5]。在当前自然资源部成立的新背景下，国内学者针对新时期规划改革的顶层设计做了思考[6-7]，但对于"多规合一"究竟在空间规划体系建构中扮演着怎样的角色，则较少有研究进行案例的实证检验。

本文所选取的案例——南京，是长江经济带重要的节点城市、长三角城市群重要的副中心，城市发展面临转型提升。本文通过对南京"多规合一"实践历程的研究，可以更清晰地理解"多规合一"在空间规划体系构建中的作用，为国家空间规划体系改革提供参考。

1 空间规划体系构建的总体逻辑

1.1 空间规划体系的内涵

空间规划是国家社会经济发展到一定阶段,为有效调控社会、经济、环境要素而采取的空间政策工具,是对空间用途的管制和安排。空间规划是现代国家政府进行空间治理的核心手段,是政府调控和引导空间资源配置的基础。空间规划体系的建立实质是对规划编制、管理与实施的全过程改革。目前国内学术界关于空间规划体系的探讨很多,但并未形成一个统一、明确的空间规划体系的定义,也缺乏对其建构内容和构建方法的统一认知。对空间规划体系构建的理解隐匿于对现存的各个规划之间存在的矛盾和生态文明体制改革新要求的认识之中,缺乏对空间规划本体的认识。基于以往对空间规划体系构建的真知灼见,以及在我国大部分地区实践着的空间规划潮流,笔者认为,空间规划体系是指在社会快速城镇化语境中,在延续原有各空间规划核心要素及其管控要求的基础上,通过建立全域覆盖、层级分明、事权清晰的规划体系,落实空间用途管制,以实现空间治理体系的建立与治理能力的现代化。其中包含 3 个方面的内容:一是通过空间规划编制,对全域空间进行统筹安排,包括统筹保护与发展、统筹城市与乡村;二是通过空间规划管理,落实国家"放管服"工作的要求,优化城市治理;三是通过空间规划实施,将规划从"蓝图式"向"过程式"转变。这三者相互支持,缺一不可。

1.2 空间规划体系的构建

"体系"泛指一定范围内或同类事物按照一定的秩序和内部联系组合而成的整体,是由不同系统组成的系统。空间规划体系,顾名思义就是由空间规划按照一定的秩序和内部联系组合而成的一个有机整体。

在行政和财政分权改革的背景下,通过转移支付,国家、省级政府成为协调全国和省域空间可持续发展的责任主体,市县政府则成为推动本地区经济社会发展的基本行政和财政单元。中共中央、国务院于 2015 年在《生态文明体制改革总体方案》中明确了"空间规划是国家空间发展的指南、可持续发展的空间蓝图,是各类开发建设活动的基本依据。空间规划分为国家、省、市县(设区的市空间规划范围为市辖区)三级"。因此,新的空间规划体系从纵向层级上来划分,可分为国家级、省级和市县级三级,不同层级政府具有不同的规划权和管理权,上下层级政府之间需要通过相应的管控机制和事权划分机制来进行规划的上下传导与实施衔接。从横向内容上来划分,新的空间规划体系可分为规划编制体系、空间管理体系和实施运行体系 3 个部分。本文所探讨的空间规划体系建立在南京"多规合一"工作实践的基础之上,是针对市级空间规划这一层级的。

2 南京实践：从"多规合一"到市级空间规划体系的构建

南京从2016年开始推动"多规合一"实践工作，探讨基于上下传导的工作组织机制、基于差异协调的空间规划融合机制、基于业务协同的审批制度改革和基于有效管控的实施机制，为市级空间规划体系的构建奠定了基础。

2.1 基于上下传导的工作组织机制

南京自2016年开始在全市推动"多规合一"，工作伊始即建立了"自上而下"与"自下而上"相结合的工作组织和协调机制。

首先是在全市"自上而下"地组织工作部署。全市成立了由市委、市政府主要领导任组长、市相关职能部门负责人任成员的市"多规合一"领导小组，领导小组下设办公室（以下简称"多规办"）统筹协调"多规合一"工作，多规办设在市规划局。在成立"多规合一"领导小组时同步建立工作例会制度，要求定期召开领导小组会议及多规办会议，研究"多规合一"工作中需要决策的重大问题，会议内容及相关决议均以简报形式及时发布。同时，在多规办下设工作技术小组，由各市级部门相关处室责任人组成，不定期组织相关工作会议，落实"多规合一"领导小组的最新要求，及时讨论并解决专业衔接等技术问题。

其次是建立"自下而上"的工作协调机制。南京"多规合一"工作的核心内容是比对、梳理各类规划的空间管控要求，查找差异、协调矛盾。针对差异和矛盾，先由"下"层面的各区内部沟通、协商，形成相对统一的意见后，再由"中"层面的多规办组织市级相关部门进行确认或相互协调，最后报请"多规合一"领导小组进行决策，由此形成下、中、上三个层面的协调工作机制。"下"级层面即区级层面的协调，主要是为了保障各区发展的积极性，重点梳理发展需求，着重比对、分析资源保护底线与发展建设诉求之间的矛盾，以及土地规划（以下简称"土规"）和城市规划（以下简称"城规"）之间建设用地布局的差异，形成初步协调建议；"中"级层面即市级层面的协调，主要是根据区级意见，进一步分析各类空间规划之间的矛盾，提出解决矛盾的路径和方法；"上"级层面即市政府层面的协调，主要是结合区级、市级各部门的意见做出相关决策，重点统筹全局、把握资源保护底线及城市发展建设布局。

2.2 基于差异协调的空间规划融合机制

从"多规"差异产生的原因来看，主要包括因坐标系、数据格式不同而导致的客观差异，以及因用地分类标准不同、规划编制思路不同而导致的主观差异等。针对城规和土规这两项最核心的空间规划之间的差异，南京首先建立起"两规"用地分类标准进行对接，分别制定了从城规到土规、从土规到城规的用地分类标准，并在此基础上进一步提出"两规"与"两规融合"后的用地分类对接办法，将用地分为建设用地与非建设用地两类，与城规、土规中的各类用地形成具体的对应关系（图1）。其次，针对"两规"在空间布局上的差异,南京建立了详细的差异协调机制,即通过"两规"数据比对,将差异分为"均为建设用地、均为非建设用地、土规超城规、城规超土规"4类,再经过生态红线、永久基本农田和城市开发边界等控制线检测,以及审批数据的核查、重点项目的核查,按照"调入调出"的基本原则,对城规和土规提出相应的调整建议,并根据建议形成"两规融合"后的城市空间管制成果(图2,图3)。最后,在完成了以"两规"差异协调为主的发改、国土、环保与规划部门的"四规合一"之后,南京进一步开展了交通、市政、水利和农林等"多规合一"工作,融合"多规"共性要素、协调"多规"矛盾和差异,逐步建立起全市共识的"一张蓝图",作为城市开发建设的重要依据(图4)。

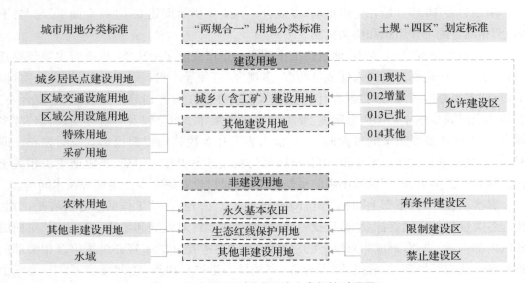

图1 南京"两规融合"用地分类衔接对照图

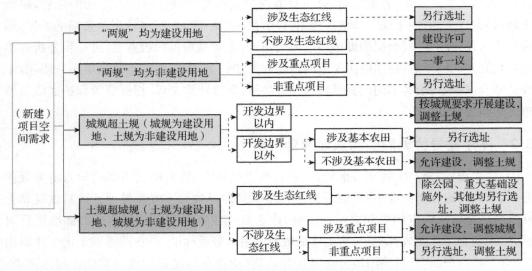

图2 南京"两规"差异协调机制示意图

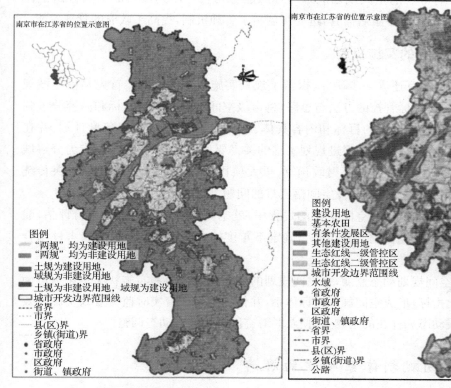

图3　南京"两规"差异分析图　　　图4　南京"多规合一"管制分区图

2.3　基于业务协同的审批制度改革

　　"多规合一"工作的重要目的之一是通过融合空间规划，建构市级空间规划体系，创新政府管理方式，建立联合审批机制，制订一套全市统一的建设项目审批与规划用地管理的办事规则。因此，依托"多规"信息平台的建设，南京在空间规划融合的基础上进一步开展了项目协同工作。项目协同泛指市级各部门依托"多规合一"信息平台在建设项目前期进行协同管理。按阶段划分，包括项目储备、项目空间协同和项目服务协同。其中，项目储备是项目空间协同的工作基础，储备项目按照投资主体和供地方式实行分类管理，由市发改委牵头负责，各级行业主管部门和各区招商部门均可发起项目申报并纳入项目储备库。项目空间协同是指依托空间规划数据，由规划部门上传项目预选址并发送给各部门，协同征求各部门意见，包括征求发改、规划、国土和环保等业务部门对于产业规划、城规与规划设计条件、土规与建设用地指标、环境保护规划的初步意见。项目服务协同是指由经办人员按照服务协同事项及核心要件清单要求上传相关材料等，各部门根据服务协同事项对要件材料进行审查并出具服务协同意见。该工作旨在推动各部门在项目进入正式审批前，针对项目投资规模、预选址、用地指标及设计条件等，提前进行沟通并达成协同意见，推进项目可决策、可落地、可实施，为项目审批提速创造条件；同时,使"多规合一"后形成的空间规划成果与理念能够切实运用到城市的空间管制工作中,优化事前服务、强化事中事后监管,进一步创新了管理机制,提高了政府的管理效能。

2.4 基于有效管控的实施机制

针对规划实施,南京还进一步研究、探索了规划实施机制的改革。首先是借鉴城规近期建设规划和土规指标管控的方法与思路,将市级空间规划的长远目标和内容分解到近期五年,再将近期建设规划的目标和内容具体、细化到年度,形成项目年度计划,并在项目年度计划中将空间指标作为促进规划实施的关键要素,以年度空间指标作为分解城市规划建设目标,实现与城建计划、财政预算、重大项目建设协同的重要工具,解决传统空间规划时间跨度大、规划下沉难及空间落实难的问题。

其次是在确定和分配年度空间指标的过程中,就空间资源的使用效率进行评估,建立"效益导向"的指标分配机制,奖优罚劣,确定下年度的空间指标,实现评估、考核结合的滚动实施机制。

最后是开展空间规划动态监测,将空间规划的发展建设目标和实施状况转化为可衡量、可监督的量化指标,形成空间规划指标体系,并依托信息平台实时监测规划实施的效果,及时掌握发展动态和存在的问题,以便及时对空间规划进行动态调整。

3 对市级空间规划体系构建的思考

3.1 基于"国家—省级"空间规划,建立"1+X"的市级空间规划编制体系

新的国土空间规划体系应按照"国—省—市县"分层级构建,以从上到下一以贯之的各级国土空间总体规划作为全域空间管控的主干,再辅以各类专项规划应对多元管理的诉求。(1)国家空间规划的主要职能是明确国家战略,特别是明确跨省域的重点开发区域(如长三角、京津冀、粤港澳)及重点保护区域(如长江流域等),确定主体功能定位,对下明确目标、任务与责任,落实重大空间布局,明确专项规划的目标和任务。(2)省域空间规划作为国家空间规划的承接,则应有上承国家战略、下启市县战略的省域战略指引,进而落实国家对自然资源保护、开发与配置的要求,同时能够指导下级市县将国家要求落实在下位空间规划当中。(3)市级空间规划则应构建"1+X"的规划体系。"1"是指全域统筹的市县国土空间总体规划,应融合城规与土规,重点落实国家、省级空间规划的要求,划定生态保护红线、永久基本农田及城镇开发边界"三线"等控制线,提出对专项规划的指令或指导目标和要求,指引实施性专项规划的编制。"X"是指各专项规划,进一步确定详细的空间用途安排。

3.2 "多规合一"是市级空间规划体系的构建基础

"多规合一"是在特定条件下、建立在部门协同基础上的一项规划协调工作,是一项

非法定的、具有阶段性与探索性意义的工作。空间规划体系构建则是国家机构改革完成之后，为进一步明确空间用途管制，进而对空间规划、空间治理等事权的重新分配，是一项由中央政府授权开展的制度改革。从目前已经开展的"多规合一"工作和空间规划体系构建的探讨来看，两者之间具有紧密的递进关系。"多规合一"是空间规划体系构建的积极探索和实践基础，包括专业标准对接、规划差异协调等技术上的融合，部门业务协同办理、规划实施机制等管理上的优化等，已经从专业技术的探讨延伸到管理制度的改革，为空间规划体系构建开辟了路径，使技术创新到制度创新、再到体制创新成为可能。

南京在规划编制、成果审查和数据管理三方面探索部门协同的机制，为市级空间规划体系的构建提供了路径。首先是规划"协同"编制。应通过建立空间规划的年度编制计划，将全市各类空间专项规划纳入编制计划，并在编制过程中联合相关部门共同组织规划的开展，加强与其他空间专项规划的衔接，以此建立起计划统一管理、编制联合开展的工作机制。其次是成果"协同"审查。应建立相应的工作机制，由多规办通过"多规"信息平台对各类空间专项规划的成果进行"多规"的合规性审查，审查重点包括成果内容与自然资源保护底线及其与城镇开发边界、土规等规划的冲突，通过协同审查进一步发挥"多规融合"的作用，减少因规划编制带来更多规划差异的可能。最后是数据"协同"管理。应形成"多规"数据管理规定，由多规办督促各专项规划主管部门按期、按要求提交、更新和使用专项规划数据，实现"多规"数据的协同更新与维护，保障各空间专项规划数据的权威性、实时性和准确性（图5）。

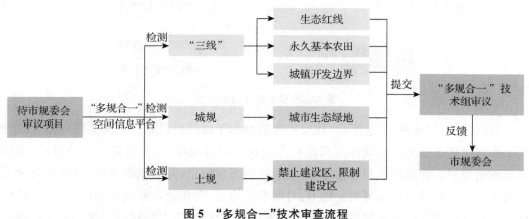

图5 "多规合一"技术审查流程

3.3 明确事权划分是市级空间规划体系的构建要求

"一级政府、一级事权、一级规划"，新的空间规划体系应把"事权"和"规划"对应起来。国家级、省级层面的工作内容应是明确国家发展战略，坚守自然资源保护底线，落实重大空间布局，制订空间政策和督察空间规划执行情况，工作对象主要是下级政府部门。而市级层面空间管理的工作内容更多是落实国家级、省级空间规划的要求，对接"两规"体系，重点解决具体的空间用途，依据空间规划对具体建设项目的空间投放进行审批许可,工作对象主要是建设单位。市级空间规划体系的构建应进一步区分事权归属,以便平衡空间资源配置。涉及城市战略引领的内容,交由上级政府统筹,服务于国家战略。涉及城市刚性管控的内容,由上级政府和本级政府共同管理,平衡好保护与发展之间的关系。不能一味强调"资源保护",也不能一味强调"资源开发",还要强化"资源配置"的内容,强调资源使用效率[8]。

3.4 高效的实施机制是市级空间规划体系的运行保障

新的市级空间规划体系应特别关注规划的实施运行,进一步完善空间规划的实施管理。

首先是建立"城市空间总体规划—近期建设规划—项目年度计划"的分期实施机制,分阶段、分目标、分项目地实施城市空间总体规划。近期建设规划是城市空间总体规划与项目年度计划之间的重要传导环节,应明确城市近期发展的方向和建设重点,在全市空间统筹与用地保障方面发挥综合协调作用。项目年度计划整合和统筹全市各类涉及空间的计划及需求,是实现全域空间规划统筹的有效工具(图 6)。

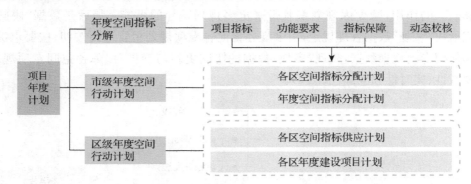

图 6 项目年度计划流程图

其次是依托"多规"信息平台,建立年度监测和年度体检机制。年度监测包括合规性监测和城市状态监测。合规性监测比对专项规划的合规性,以及监测违法建设;城市状态监测是建立反映城市状态的指标库,定期收集指标信息,监测城市整体、分区和分项发展状态。年度体检是在监测的基础上,对城市整体、分区和分项发展状态进行分析,评估项目年度计划的运行质量和规划目标的实现程度,总结城市发展建设和规划实施存在的问题,提出下年度计划的建议。

再次是建立健全的、差异化的考核机制。根据地区发展差异,明确不同地区的发展定位、主导功能,制定差异化的指标体系,对各区进行考核。根据部门职责分工,制定相关事权的指标体系,对相关部门进行考核,并依据考核结果制定相应的奖惩措施,同时将考核结果作为各区、各部门及领导干部绩效考核的重要依据。

最后是完善规划评估维护机制。定期评估空间规划的实施环境、目标实现、实施绩效、实施保障及规划适应性,出具规划评估报告,提出空间规划的维护建议。规划评估报告经市政府和省城乡规划主管部门批准后,开展空间规划维护工作,根据事权对应原则对相应的内容进行维护调整。

4　结语

南京"多规合一"工作为市级空间规划体系的建立健全提供了从技术对接到协调机制建立再到管理制度改革等多维度、多层次的实践经验,是南京在国家生态文明体制改革要求下的主动探索。通过"多规合一"实践推导出的关于市级空间规划体系的思考,将为接下来机构改革背景下的空间规划改革提供思路和建议。

参考文献

[1] 杨保军,张菁,董珂.空间规划体系下城市总体规划作用的再认识[J].城市规划,2016,40(3):9-14.

[2] 孙安军.空间规划改革的思考[J].城市规划学刊,2018(1):10-17.

[3] 许景权,沈迟,胡天新,等.构建我国空间规划体系的总体思路和主要任务[J].规划师,2017,33(2):5-11.

[4] 王向东,龚健."多规合一"视角下的中国规划体系重构[J].城市规划学刊,2016(2):88-95.

[5] 熊健,范宇,宋煜.关于上海构建"两规融合、多规合一"空间规划体系的思考[J].城市规划学刊,2017(S1):42-51.

[6] 贾俊.城市建设用地规模划定顶层设计的思考[J].规划师,2017,33(2):42-47.

[7] 王伟,张常明,邢普耀.新时期规划权改革应统筹好十大关系[D].北京:中央财经大学,2018.

[8] 袁奇峰.自然资源的保护、开发与配置:空间规划体系改革刍议[J].北京规划建设,2018(3):158-161.

(本文原载于《规划师》2018年第10期)

"六步走"划定城市开发边界

——南京开发边界划定试点探索

沈 洁 林小虎 郑晓华 叶 斌 周一鸣

摘 要:本文基于对既有理论和国内实践的梳理,结合新的发展形势对"开发边界"提出新的理解与认识,提出其将成为"新常态"下实现城市空间资源集中、集约、高效发展的有效手段。结合南京目前作为住建、国土两部试点所开展的城市开发边界划定工作,提出"六步走"的边界划定方法。

关键词:城市开发边界;南京;试点探索;"六步走"

随着国家对空间规划深化改革探索日益加强,"多规合一"上升为国家战略。2013年12月,中央城镇化工作会议提出城市规划由扩张型逐步向限制城市边界、优化空间结构转变,要划定特大城市的开发边界,限制城市无序蔓延和低效扩张。《国家新型城镇化规划(2014—2020)》明确指出合理控制城镇开发边界,提高国土空间利用效率。划定城市开发边界成为落实党中央新型城镇化政策的重要举措。2014年7月,住建部、国土部共同组织召开划定城市开发边界试点启动会,要求北京、上海、厦门等14个城市作为试点开展开发边界划定工作。试点城市以东部沿海为主,偏重于三大城市群的核心城市、500万人口以上的特大城市和目前正在开展总体规划修编的城市,南京也位列其中。在梳理和总结各地经验的基础上,南京开展了城市开发边界划定的探索。

1 既有研究概述

1.1 起源

此前学界对开发边界一直称为"城市增长边界",普遍认为这一理念是在1944年的大伦敦规划期间产生。该规划通过划定都市绿带(metropolitan green belt)控制城市的发展容量,即城市增长边界的雏形。1950年代起,城市增长边界在美国兴起并形成特定概念,用于遏制日趋严重的郊区化趋势。特别是1970年代波特兰大都市区(Portland)城市增长边界的划定,因其对城市发展产生显著影响成为规划界的著名案例。到20世纪末,全美已经有超过100个地区实施了这项政策,成为城市增长边界实践最普遍的国家[1]。继美国之后,加拿大、日本等国也陆续开展了城市增长边界划定的实践。总体而言,城市增长边界已经成为非常流行的工具应用于国外的城市规划当中。

1.2 国内实践与探讨

我国对增长边界的研究始于 21 世纪。虽然没有严格定义"城市增长边界",但现有的很多控制边界已经部分地起到了城市增长边界的作用。例如,北京在 2006 年编制的《北京市限建区规划(2006—2020)》中,将限建区定义为对城市及村庄建设用地、建设项目有限制性的地区,明确了禁止开发的区域。深圳在国内最早划定基本生态控制线,它根据"城市绿地覆盖率达到 50%、居民人均绿地面积 90 m²"的联合国建设标准划定基本生态控制线。目前已划定陆域基本生态控制线范围 974 km²,占全市面积的 50%。这些区域成为维护城市基本生态安全的底线,可以认为是对城市增长边界的初期探索[2-3]。

2005 年颁布的《城市规划编制办法》要求在城市规划中划定限建区和适建区,并明确指出在城市总体规划纲要及中心城区规划中要研究"空间增长边界"[4]。2009 年国土资源部提出加强对城乡建设用地的空间管制,划定"三界四区"①,目的也是防止城市无限蔓延,保护生态环境和基本农田。

1.3 小结

国内外关于开发边界的理论研究很多,在实际划定过程中的差异也较大,但对其特点已经形成几种认识:(1) 将城市开发边界当作去除自然空间或郊野地带的区域界线(即"反规划线");(2) 将城市开发边界作为满足未来扩展需求而预留的空间,是随发展不断调整的"弹性"边界;(3) 将城市增长边界理解为规划期内城镇规划建设用地的边界。因此,城市开发边界兼顾引导城市未来空间拓展、控制城市无序蔓延的双重作用[5-6]。

2 南京面临的压力与选择

2.1 转型的压力

2.1.1 城市建成区逐年扩张,用地需求持续强烈

与社会经济发展相适应,南京城市空间经历了从老城—主城—副城—新城的拓展过程。中华人民共和国成立前后城市发展围于老城,建设用地总规模仅为 40 km²,至改革开放后开始突破明城墙扩展到主城。2000 年前后,随着"一城三区、一疏散三集中"政策的实施,南京城市格局迅速拉开,初步形成了都市发展区的总体框架。近年来在现行总体规划的指导下,各副城、新城用地不断拓展。全市新市镇以上城镇建设用地从 2007 年的 760 km² 增长到 2013 年的 963 km²。目前城市建成区的范围仍在进一步扩大。

---

① "三界四区"即城乡建设用地规模边界、城乡建设用地扩展边界、禁止建设用地边界,以及允许建设区、有条件建设区、限制建设区、禁止建设区。

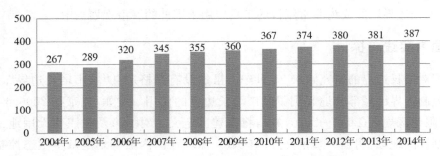

图1 2004—2014年南京市江南六区①城市建成区面积(单位:km²)

注:①"江南六区"指不包括江宁、浦口、六合、溧水、高淳等老五县的地区,即玄武、秦淮、鼓楼、建邺、栖霞、雨花台六个区。

《南京市土地利用总体规划(2006—2020年)》确定全市2010—2020年间新增建设用地规模不突破160 km²,其中新增建设占用农用地规模规划为156 km²。2010—2014年间,南京实际使用的农转用计划指标已达119 km²,其中耕地面积更是以年均15 km²左右的速度逐年降低。按此测算,2010—2020年间对农转用指标的总需求将达到261 km²,将大大超出土规供给规模。

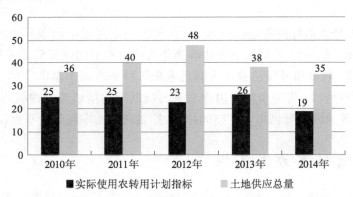

■ 实际使用农转用计划指标　　□ 土地供应总量

图2 2010—2014年南京市实际使用农用地转用计划指标和土地供应总量情况(单位:km²)

2.1.2 国土现状规模与规划规模指标倒挂,总体面临"减量"压力

《南京市土地利用总体规划(2006—2020)》提出至2020年全市城乡建设用地规模不突破1 375 km²,《南京市城市总体规划(2011—2020)》提出至2020年全市城乡建设用地规模为1 352 km²。但至2014年全市城乡建设用地现状规模已经达到1 420 km²,超出两个总体规划的规划规模。"十三五"期间,全市城乡建设用地增量将极其有限。新的发展形势要求城市转型,总规模要减量、用地结构和空间布局也要优化。城市建设发展必须以存量用地的有效再利用和村庄建设用地的流量转换为主要路径。

表1 城乡建设用地指标对比情况

分类	现状（2014年）	土地利用总体规划（2020年）	城市总体规划（2020年）
城乡建设用地/km²	**1 420**	**1 375**	**1 352**
城镇建设用地	852	905	1 040
村庄建设用地	568	467	312
总人口/万人	**821**	—	**1 060**
城镇人口/万人	665	—	912
农村人口	156	—	148
人均用地/(m²/人)	**173**	—	**123**
人均城镇用地	128	—	115
人均农村用地	364	—	210

2.1.3　地方财政对土地出让的依赖性强，保障发展与保护资源的矛盾日益突出

2007—2014年南京市土地出让收入相比全市一般公共预算收入的比重平均达到69.3%，其中2010年高达105.6%。考虑到地方本级财政收入相当大的部分也来自房地产业、建筑业相关的营业税、增值税、所得税等税费及土地流转过程中的税费，可见财政对土地的依赖程度非常突出。从当前的发展模式来看，保证充裕的土地出让规模和土地出让收入，对公共财政的支出具有关键性的保障作用。但伴随"新常态"对资源环境保护的意识提升，生态保护红线和永久基本农田的划定等工作不断推进，将进一步加剧建设用地的空间限制。在今后的发展过程中，建设发展与耕地和生态保护之间的管理矛盾将给城市转型发展带来更大的压力。

图3　2007—2014年南京市土地出让收入占一般财政收入比（单位：%）

2.2　划定"开发边界"的意义与作用

（1）强化城市总体规划对空间的引导，促进城市集中、集聚、高效发展

针对下位规划突破上位规划，以及分散建设、零星开发等问题，在全市划定开发边界将进一步强化和巩固城市总体规划的地位和作用，严格禁止超出规划和违反规划的建设行为，促进建设向边界内集聚，降低基础设施投入成本，提高设施使用效率。

（2）强化土地利用总体规划对规模的控制，促进城市由"增量"向"减量"模式转型

开发边界虽然是一条地理界线，但其实更是一条"意识边界"。针对现状与规划指标倒挂的现实，边界的划定将控制城镇规模，特别是严控新增建设用地规模，促使地方转变发展思路，减少对土地出让的依赖，进一步促进结构调整、产业转型。

（3）强化资源环境保护，严控"不开发"底线

开发边界的最大意义不是"开发"，而是"保护"。边界是要划定城市未来的建设范围，更是要划定生态保护空间、农业生产空间等"不开发"的范围，以达到保护资源环境、保障生态和粮食安全的目标[7]。

3 南京开发边界的划定探索——基于"六步走"的边界划定方法

基于对城市开发边界的理解以及南京的基础条件，笔者提出遵循"理思路—定底线—理需求—定规模—定形态—建机制"的六步法开展具体的开发边界划定工作。

3.1 理思路

首先是要通过理论研究，厘清城市开发边界的概念和划定边界的意义，并明确工作开展的主要思路(图4)。在工作组织上，由规划、国土两局牵头，以"国土定规模、规划定

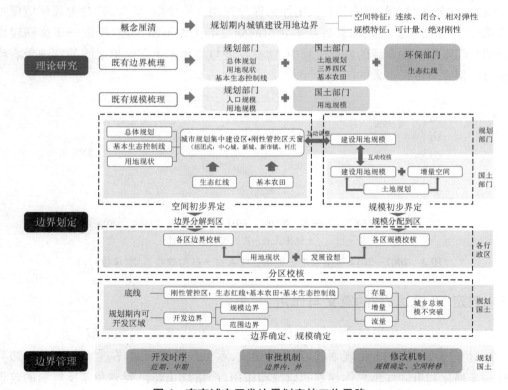

图4 南京城市开发边界划定的工作思路

空间"为分工原则,遵循"市、区联动",即两局划定初步边界后向各区征求意见,最终形成协调方案。在技术路线上,充分考虑主要部门空间管控的要求,明确保护的"底线";从需求和供给两个角度出发,以国土规划的供给规模为约束,调整空间发展需求以控制在合理规模内,使两规分别从"图"和"数"进行衔接,实现对城市发展的有效引导。

3.2 定底线

其次要综合相关部门的保护要求,包括环保部门的生态红线、国土部门的基本农田以及规划部门的基本生态控制线,将这些区域界定为"刚性管控区",即城市开发进程中作为强制保护的禁止建设区域(图5、图6)。刚性管控区内可兼容对生态环境、农业生产安全影响较小的水利农工、区域性基础设施、线状交通设施等必要的建设,但不允许其他城市开发建设行为。

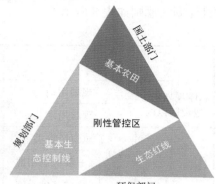

图5 刚性管控区组成要素示意图

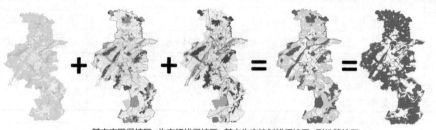

基本农田保护区+生态红线保护区+基本生态控制线保护区=刚性管控区

图6 刚性管控区各要素叠加示意图

表2 南京市刚性管控区组成要素统计表

全市刚性管控区组成要素	面积/km²	占全市用地比例/%
基本农田	2 278	35
生态红线	1 551	24
基本生态控制线	2 004	30
合计	4 600	70

注:三类保护区域在空间分布上存在重叠,"合计"值为扣减掉重叠空间之后的面积。

3.3 理需求

再次要以城市总体规划为主要依据,并参考各区社会经济和人口用地等发展预测,明确城市未来空间发展的主要需求,结合城乡建设用地现状,划定建设用地包络线。

依据城市总体规划,延续南京"多心开敞、轴向组团"的城镇空间布局结构,在确保边界相对连续、封闭、完整的基础上,参照城镇间楔形绿地、隔离绿地、大型基础设施廊道等切分城镇组团,初步划定 2020 年城市规划建设用地包络线,线内建设用地规模约 1 198 km²。同理展望远景,初步划定远景城市规划建设用地包络线。两条包络线作为城市开发边界的基础。

参考建设用地现状、土地利用规划、审批信息等相关资料,复核修正局部地区线形。具体划线原则如表 3 所示。

表 3　边界划定原则

类型			是否划入 开发边界	是否计入 城乡规模	备注
总体规划集中 建设区以内		规划用地	√	√	
		现状用地	√	√	
总体规划 集中建设 区以外	规划 用地	重点民生类项目	大于 1 km² 的划入	√	如江南、江北环保产业园
		一般城镇用地	×	×	控超总
		区域基础设施	大于 1 km² 的划入	×	如大型机场、港口等
	现状 用地	重点民生类项目	大于 1 km² 的划入	√	如市级保障房等
		一般城镇用地	×	√	撤并的街镇,按现状划边
		区域基础设施	大于 1 km² 的划入	×	如大型机场、港口等
		村庄	×	√	
刚性管控区(基本农田、 生态红线、基本生态控制线)			×	×	

注:√表示计入或划入,×表示不计入或不划入。

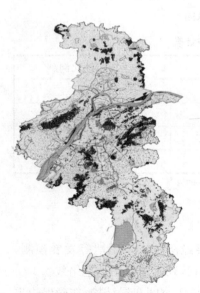

图 7　2014 年建设用地　　　图 8　2020 年建设用地　　　图 9　远景建设用地
　　　现状分布图　　　　　　　　包络线分布图　　　　　　　包络线分布图

3.4 定规模

该阶段以土地利用总体规划为主要依据,确定全市城乡建设用地规模,并进一步分析测算存量、增量和流量等具体指标。

从国土的用地分类来看,国土的地类主要包括建设用地、农用地和其他用地。全市的现状城乡建设规模已经超出土地利用规划 2020 年的规划规模,所以未来的城乡总规模已不可能再通过农地核减实现增长,即现状已经不能突破。那么城市发展,或者说城镇建设用地的扩张,只能在城乡总量不变的前提下通过村庄用地的流转来实现。以现状全市城乡建设用地总量 1 420 km² 为阈值,综合土地利用总体规划和村庄布点规划,确定至 2020 年保留村庄约 260 km²,反推得到城镇建设的最大规模约为 1 160 km²,其中 852 km² 是存量城镇建设用地,208 km² 是要通过增减挂钩、村庄流转带来的"城镇增量空间"。

3.5 定形态

依据规模测算,在城市规划确定的空间结构基础上,综合各相关部门意见,明确近期用地拓展方向,修正建设用地包络线形成城市开发边界。

根据划定的 2020 年包络线,线内、线外现状城镇建设用地分别为 771 km² 和 81 km²,加上 208 km²"城镇增量空间",开发边界的界内规模应为 1 060 km²。但包络线内规模需求约 1 198 km²,所以线内应"减量"138 km²。

"减量"过程遵循以下原则:

(1) 优先减去近期发展意向不明确的用地需求;

(2) 优先减去明显超出实际可能的用地需求;

(3) 优先减去位于国土限制建设区和禁止建设区的用地需求;

(4) 保障城市重点建设地区和重点建设项目。

在上述原则指导下形成与国土规模相适应的边界。

同时,笔者认为在规模一定的情况下还应充分考虑空间发展的不确定性,为发展留有选择和变化的余地[8]。所以,笔者提出以远景包络线作为另外一条城市开发边界,即由反映规模数据的规模线和反映空间范围的范围线共同组成开发边界,两条线之间的地区作为弹性空间。其中,规模线是符合土地利用总体规划指标约束要求、现时可建设的区域的空间界线。它的划定应在现状基础上,根据规模测算,进一步明确城市未来的拓展空间,其所圈定的建设用地规模应与国土限定规模相符。规模线兼具规模刚性、空间弹性,可以定期评估调整,在保证规模不变的情况下,允许与弹性空间进行有条件的位移、置换等;在图纸中以虚线表达。范围线是城市发展空间意向/需求的体现。它的划定应在规模线的基础上,综合考虑空间变化的各种可能,圈定具有空间发展需求的地域空间。范围线具有空间刚性,在规划期内不得随意调整修改;在图纸中以实线表达。弹性空间是指由于建设时序、用地指标等限制,现时无法建设、但允许调整后进行使用的地域空间的界线。弹性空间的使用必须保持规划期内建设用地总规模指标的动态平衡。

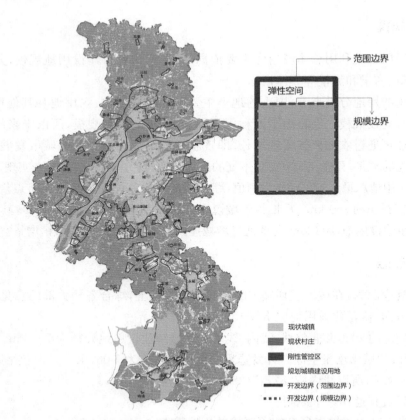

图 10 规划 2020 年城市开发边界构成示意及空间分布图

3.6 建机制

城市开发边界重在管理,应从管控要求、制度保障、评估调整等各个方面建立完善的、综合的政策工具,发挥阻止城市蔓延的作用[9]。

3.6.1 分区管控

首先应以开发边界为界,针对不同分区实施不同的管控措施。

刚性管控区内原则上应禁止城市建设行为,对于其中已有的现状建设,应视实际情况,采取限制发展或逐步清退等方式处理。

规模线以内是既符合城市规划和经济产业发展规划的布局要求,又同时满足土地利用规划用地指标控制要求的区域,在此范围内的城市建设行为宜集中高效开展。

弹性空间是规模线与范围线之间的区域,应实行弹性管理。确有建设需求的,在保证规模线内用地总量不变的前提下,可以灵活采取用地指标"调进调出""用一补一"等政策,合理开发使用。

范围线是城市建设空间的边界,城市建设行为不应突破此线。该范围内的现状村庄应视实际情况逐步转换用地性质,现状一般耕地、园地、林地等也可视情况逐步调出至范围线以外。

3.6.2　边界的调整评估

城市开发边界作为城市总体规划、土地利用总体规划的重要组成部分和强制性要求,应与两个总体规划同步编制、同步评估、同步修改。在两规的实施期限内,原则上不得对城市开发边界进行更改。

3.6.3　制度保障

城市开发边界作为多规协调机制下的控制线之一,应作为各类经济发展规划、城市规划、土地利用规划的编制依据和强制性内容在多规中得到落实,指导城市建设项目的选址、建设用地的收储与出让、现状建设用地的更新等与城市建设与发展相关的各种审批行为。

4　思考与总结

首先,划定开发边界的根本目的是促进城市转型。边界本身虽是一条物理边界,但其实质更是一条意识边界,旨在适应"新常态",促使地方政府转变发展观念,从增量规划向存量规划、减量规划转变。对于南京这样仍处于增长阶段、仍有较大发展动力和需求的城市,如何"减量"是一个问题。在增加供给无望的情况下,南京的经验是主动"减"需求,通过存量用地的流转和改造来保障城市发展。

其次,划定开发边界也是多规合一工作的重要组成部分。划定过程中,两规已经从地类对接、规模测算等方面尝试对接,实际上为"多规合一"奠定了一定的工作基础。笔者认为,开发边界其实是"多规合一"早期的一种成果形式。对于南京这样暂未完成"多规合一"的城市而言,开发边界确是一条客观存在的物理边界,它所圈定的范围代表两规认可的允许建设空间。但当完成多规合一、实现"一张蓝图"管理之后,这条物理边界就可由明确的图斑来替代。

从2014年7月启动这项工作以来,南京对开发边界的划定工作一直在探讨之中,方案几易其稿。本文是笔者在工作中的心得体会,希望能为同行提供一些思路。

参考文献

[1] 张润朋,周春山.美国城市增长边界研究进展与述评[J].规划师,2010,26(11):89-95.

[2] 王颖,顾朝林,李晓江.中外城市增长边界研究进展[J].国际城市规划,2014,29(4):1-11.

［3］谢天成. 新时期首都城市增长边界与空间管理研究［J］. 华北电力大学学报(社会科学版),2015(1):58-62.

［4］黄明华,田晓晴. 关于新版《城市规划编制办法》中城市增长边界的思考［J］. 规划师,2008,24(6):13-15.

［5］段德罡,芦守义,田涛. 城市空间增长边界(UGB)体系构建初探［J］. 规划师,2009,25(8):11-14.

［6］林坚,刘乌兰. 如何划好用好城市开发边界［J］. 中国土地,2014(8):19-20.

［7］董祚继. 对大城市边界划定的正确理解和认识［J］. 中国土地,2014(12):9-11.

［8］黄明华,寇聪慧,屈雯. 寻求"刚性"与"弹性"的结合:对城市增长边界的思考［J］. 规划师,2012,28(3):12-15.

［9］张兵,林永新,刘宛,等. "城市开发边界"政策与国家的空间治理［J］. 城市规划学刊,2014,216(3):20-27.

(本文原载于《规划师》2016年第11期)

三线合一的国土空间规划管控体系

——南京空间规划从"划"到"管"的探索

郑晓华　林小虎　沈　洁

摘　要：十八大以来，国家大力推进治理体系、治理能力的改革和优化，出台了一系列相关政策，进行了多种途径的探索。其中，如何解决各类型空间规划的"不协调"问题，提炼各部门空间管控的"共性"要素，形成综合治理的"最优"方向，是空间规划体系改革的重点，也是近年探索和讨论的热点。本文以南京市的相关工作为例，回顾从开发边界划定两线两空间、四规合一协调一张蓝图、多规合一协同审批，直至空间规划三线管控的探索和实践历程，分享经验，提出问题，探讨可行的解决方案。

关键词：国土空间规划；空间管控体系；多规合一；开发边界；三线合一

1　空间规划体系相关政策及背景

1.1　十八大至十九大以来宏观背景与政策

近年来，中国进入"趋势性转变"的时代，经济社会发展进入"新常态"时期。在中共十八届三中全会上，提出了推进国家治理体系和治理能力现代化的新要求，特别提出"要把多规合一放到国家治理体系的高度，突出规划的引领作用，推进城市治理体系和治理能力现代化"。

在此之后的一系列相关会议、文件从各角度强化对多规合一、空间规划体系的相关要求，提出具体进度安排：

2013 年底中央城镇化工作会议上，习近平总书记强调："积极推进市、县规划体制改革，探索能够实现'多规合一'的方式方法，一张蓝图干到底。"

2014 年 12 月中央经济工作会议提出："加快规划体制改革，健全空间规划体系，积极推进市县'多规合一'。"

2015 年 12 月中央城市工作会议提出："要提升规划水平，增强城市规划的科学性和权威性，促进'多规合一'。"

2016 年 2 月《中共中央　国务院关于进一步加强城市规划建设管理工作的若干意见》提出："改革完善城市规划管理体制，加强城市总体规划和土地利用总体规划的衔接，推进两图合一。在有条件的城市探索城市规划管理和国土资源管理部门合一。"

2017年1月《省级空间规划试点方案》提出:"划定城镇、农业、生态空间以及生态保护红线、永久基本农田、城镇开发边界(三区三线),注重开发强度管控和主要控制线落地,统筹各类空间性规划,编制统一的省级空间规划。"

至2017年10月,习近平总书记在中共十九大报告中再次明确提出:"完成生态保护红线、永久基本农田、城镇开发边界三条控制线划定工作。"

在此期间,各部委、各地区相继开展了各种类型的多规合一试点工作,积累经验,发现问题,深化认识,逐步明确开发边界、多规合一等各项工作的目的,接近空间规划体系改革的实质。

2019年,李克强总理考察海南多规合一工作时总结,"多规合一"说到底是简政放权。各部门职能有序协调,解决规划打架问题,是简政;一张蓝图绘好后,企业作为市场主体按规划去做,不再需要层层审批,是放权;政府管理要更多体现在事中事后,是监管。归根结底"多规合一"就是促进政府职能的转变,提高政府的效率。

1.2 划与管的困惑

与中央层级明确的政策要求相比,技术层面对于开发边界、多规合一、空间规划如何编、如何审、如何管等问题一直未有统一的规范标准。涉及空间规划管理的各部委在各自主持开展的试点工作中,都曾出台过非正式的"指导意见""技术指南"等,但对各地方提出的一些具体工作中的焦点问题,未能给出有针对性的回复。并且随着空间规划体系改革工作的不断深入,试点工作的内容、要求、方向等往往有反复之处。

进行空间规划改革试点工作的各地摸石头过河,在工作中遇到了各种共性和特有的问题,创造了不同的解决方案。然而最终的矛盾焦点往往都聚焦于协调成果的法理地位、主管部门的权责划分上。被协调的"多规"往往是法定规划,协调后的成果却缺乏法律地位,如何让原"多规"各自的主管部门认定、执行?

1.3 国土空间规划体系的新要求

2018年3月,《深化党和国家机构改革方案》出台,组建自然资源部,"统一行使全民所有自然资源资产所有者职责,统一行使所有国土空间用途管制和生态修复职责,着力解决自然资源所有者不到位、空间规划重叠等问题","对自然资源开发利用和保护进行监管,建立空间规划体系并监督实施"。

在自然资源部吸纳重构机构职能之后,原各类空间规划间坐标系统、用地分类、边界基准、管理规则等不一致不协调的问题将得到极大改善。2018年8月,自然资源部召开"三区三线"专题工作会议,明确提出"三线"是统一实施国土空间用途管制和生态保护修复的重要基础,横向上规定了各类专项规划的底线,纵向上通过国土空间规划逐级传导落实。"三线"管控体系将成为国土空间规划体系的核心,统筹下位专项规划,形成协调一致的空间管控分区。

至此,各地开发边界、多规合一试点过程中划与管的困惑从顶层设计层面有了化解的基础。"多规"成为"一规",即国土空间规划,统一由自然资源部行使编、审、管的职责。既有研究试点的成果,可以跳出条框限制,在国土空间规划管控语境下进一步完善提升。

2 多规协调空间管控的实践探索

自十八大以来,国家各部委及全国各地开展了多阶段、多方位的空间规划与空间管控方面的实践探索。特别是2013年以来试点开展的城市开发边界划定,以及2015年后多地尝试的多规合一、一张蓝图,都为空间规划管控相关概念及政策的出台提供了深入全面的经验。

2.1 开发边界划定

2014年7月,原国土资源部、住房和城乡建设部联合开展划定城市开发边界试点工作,14个试点城市形成了各具特色的划定方案。

厦门市城市开发边界以梳理"两规"一致的建设用地,满足规划建设需求为导向,正向划定:将生态林地、基本农田、市政走廊、重要河流水系、城市公园等划入生态控制线范围;梳理生态控制线以外城乡规划与土地利用规划建设用地差异,对差异图斑按照形成原因进行分类处理,形成"两规"一致建设空间,作为远景城市建设用地的范围界线。

深圳市以各类法律法规及既有法定规划为依据,划定基本生态控制线,作为维护城市基本生态安全的底线,以基本生态控制线外允许建设区为基础,结合法定图则的建设用地边界反向划定城市开发边界。

南京市在划定全市刚性管控区,严守城市开发建设的底线区域的基础上,综合考虑城市规划的发展布局、国土规划的指标控制要求,提出以"两线两空间"界定城市开发边界,刚性、弹性相结合协调"两规"、衔接"两规"。

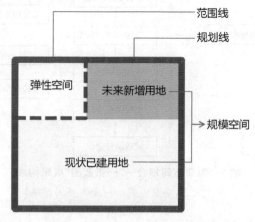

图1 南京市"两线两空间"开发边界划定模式

(图片来源:南京市城市开发边界划定方案)

2.2 多规合一"一张蓝图"

开发边界的划定初步奠定了空间规划间相互参照、协调的工作基础,达成了对城乡空间"可建"与"不可建"区域的共识。而多规合一作为空间规划在更高层次的协调过程,强调各类空间规划在空间层面的一致性,在此基础上实现各类规划各自的规划目标,是协调各类规划矛盾,构建完善的城乡空间规划体系的主要途径。

多规合一第一层次目标,主要是对接规范、标准,梳理规划成果,协调矛盾,统一规划期限、目标,建立"一张蓝图"以及动态维护与更新的制度规则。第二层次目标是通过信息平台联动,建立业务协同的规划实施机制,为多规合一的实施提供政策保障。第三层次目标主要是明确各部门的责任边界,建立统一的施政框架,从体制上明确事权划分。

厦门是国家 28 个多规合一试点地区之一,2014 年启动该项工作,以四个"一"为主要内容,即划定"一张蓝图"、建立"一个协同平台"、推行"一张表"审批流程、形成"一套机制"予以保障。其中,对"一张蓝图"的要求是衔接基础数据、用地分类标准和用地边界,划定生态控制线和开发边界,确保生态控制线落地。

开化以"六个统一"为核心内容,即一套规划体系、一张空间布局蓝图、一套基础数据、一套技术标准、一个规划信息管理平台、一套规划管理机制。其中,"一张蓝图"以总体规划提出的空间战略导向、规模布局、空间结构、功能定位、管控指标为基础,科学布局生态保护、农业生产和城镇发展三大空间而形成。

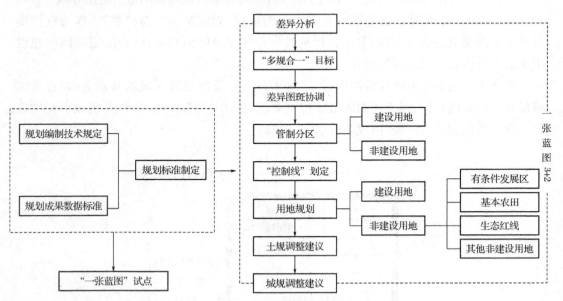

图 2 南京市四规合一"一张蓝图"成果构成

(图片来源:南京多规合一编制技术标准)

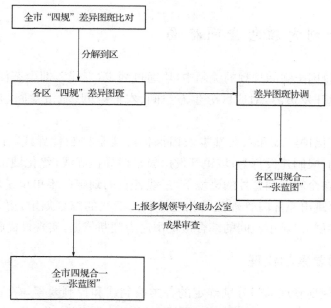

图3 南京市区两级"一张蓝图"协调过程

（图片来源：南京多规合一编制技术标准）

南京分阶段开展多规合一，前期完成四规合一"一张蓝图"协调工作。首先，统一底图数据，统一标准与平台。由市规划局负责完成对空间规划各部门的数据收集、标准化，形成多规数据基础。对比"四规"，形成全市多规差异分析数据。其次，"市区协调、三上三下"开展协调工作，将全市多规差异数据分解、发放到各区，市区两级部门协调。市级部门定原则，区政府提诉求，制定详细的差异协调原则，分区进行差异协调、达成共识，形成全市四规"一张蓝图"。最后，建立多规信息平台，纳入各类空间规划底图、全市四规"一张蓝图"，持续补充及更新各类空间专项规划数据，并向各空间主管部门共享，实施业务协同审批。

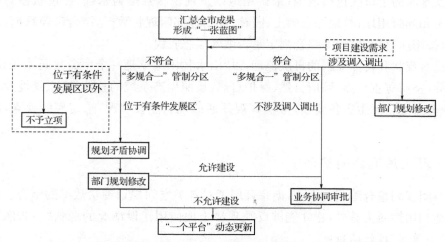

图4 南京利用四规合一"一张蓝图"的业务协同审批流程设想

（图片来源：南京多规合一编制技术标准）

3 三线合一划定理想空间格局

在各地新一轮国土空间规划的编制中,均通过划定"三线",即生态保护红线、基本农田保护红线、城镇开发边界,对应区分生态空间、农业空间、城镇空间,来确定全域空间体系。

三线中,生态保护红线和永久基本农田保护红线是控制性界线,保护生态、生产安全,强调保护控制,限制建设行为;城镇开发边界是引导性界线,优化城市空间结构、提高建设运行效率。在全域空间管控的语境下,三线各自的划定已不单单是原相关主管部门的责任,而是需要跳出原部门管理范畴相互协调。三线的综合划定,更是需要在空间全局上保底线、促发展,以城市空间的综合最优用途为判断依据,实现最优解。

3.1 各类控制要素的梳理

原各个空间规划管理部门分别确定的各类控制线和控制要素,存在边界各自表述、标准相互交织、管理要求自相矛盾等实际问题。随着空间规划相关研究和政策的不断完善,在不同的研究和实践阶段,对各类控制要素的认定、控制线及管控空间的选取落地工作不断趋于深入、广泛和完善。南京在划定三线、确定全域空间管控格局的过程中,整理各类要素要求,进行自然资源整体保护和市域空间控制性要素的综合划定。

3.1.1 山水林田湖自然要素梳理

对自然要素采取跨部门、跨规划类别的共识性认定标准,形成共通的自然底线空间。例如,对山的认定采用遥感影像和地形数据,参考相关标准和规范,选取一定高程、一定坡度以上的区域;底线水域选取具有泄洪功能的骨干河道,以及一定面积、库容以上的自然湖泊及水库的上口线包络范围;采矿用地以土规现状数据为基础,经现状核对后实际甄别采矿和郊野用地;林地综合国土、园林、规划等部门现状数据,结合影像数据,甄别各类林种,按用途、分布位置等综合判定是否纳入生态底线。

通过对现状和自然要素的再次梳理,以"山水林田湖草是一个生命共同体"的重要理念为指导,坚持尊重自然、顺应自然、保护自然,按照生态系统的整体性、系统性及其内在规律,统筹考虑自然生态各要素,考虑客观共通的现状建设状况,选定底线要素,划定底线空间。

3.1.2 现状用地协调整合

在空间规划整合编制要求下,南京开展了对各类空间规划现状数据的整合。以地块实际土地利用性质为基础,建立能够反映现势土地使用建设情况的现状"一张图",建立"地块最小单元"现状信息库。

以现行城规用地分类为梳理融合后的目标地类,土规现状用地数据经甄别筛选后与城规用地分类进行对照衔接。考虑城规土规在城、乡现状调查中各自采取的依据、调查的方式、调查的精度等的不同，以"各取所长、数据互补、融合自治"为原则，综合选取两规现状数据。其中，城镇集中建设区内优先选用城规现状数据。以2014年版南京市城市开发边界成果作为界线。开发边界内视为城镇集中建设区，该范围内以城规现状数据（形态、边界等）为主，补充土规现状用地的属性要素；城镇集中建设区外优先选用土规现状数据（形态、边界、属性等）。

经过协调整合，形成空间上覆盖南京全市域，用地属性内容上进行多层次、多属性的现状数据大融合（高度、密度、容积率、建设情况、使用属性、专项属性、国土信息等）。

3.2　合理确定规模

城镇开发边界是未来城镇化水平基本稳定阶段，在确保生态安全、农业生产安全的前提下，按照城市空间结构最优、运行效率最高等原则，划定的理想空间外轮廓线，是对城镇空间合理利用的有力指导。

全域空间规划体系下新一轮城镇开发边界划多大？南京从以下几个方面考虑。

3.2.1　资源约束与规模指标控制

在快速城镇化进程中，资源环境对城市发展的刚性约束日益加强。因此，如何将资源刚性约束、资源节约集约利用与城市发展有机联系起来，是城市实现可持续发展的关键前提。

南京根据社会经济发展的实际情况，遵循社会经济发展与资源环境承载力相适应的基本原则，确定能源承载力、水资源承载力、环境承载力、土地生态承载力等条件约束下的南京市城市发展的适度规模，作为资源约束条件下城镇开发边界的规模"天花板"。

3.2.2　人口与经济发展需求

根据城市人口规模预测与经济产业发展预测结果，确定一定时期内各类建设用地需求。考虑南京的城市规模、在国家城镇体系中所处的地位、城市化进程和产业发展所处的阶段，科学预测常住人口与服务人口规模，基于人口规模预测、服务人口比重，分别推算基于经济密度、人口密度、人均用地需求叠加的结果，综合得出人地规模相适应的建设用地规模参考值。

3.2.3　保障城市的发展需求

依托南京独特的区位条件和重要的战略价值，主动服务国家和区域战略。发挥南京作为"一带一路"节点城市、长江经济带重要枢纽城市、长三角城市群西北翼中心城市、扬子江城市群龙头城市和南京都市圈核心城市的重要作用，不断加强省会城市功能建设，提升城市首位度，服务和带动区域发展。形成"南北田园、中部都市、拥江发展、城乡交融"的总体格局，在全域空间管控和三线划定中予以贯彻。优先布局各类综合交通枢纽，预留重要交通廊道,梳理交通设施与底线控制要素的冲突与兼容关系,以重要交通轴线和交通节点支撑城市合理布局。

3.3 三线空间协调

从明确事权责任、理顺管理要求的角度,生态保护红线、基本农田保护红线、城镇开发边界所划定的空间应分别对应生态空间、农业空间、城镇空间,各类空间应具有明确的边界区隔,互不交织重叠。然而,现状存在着诸如城镇建设用地的碎片化分布、村庄建设用地与农地的交织、交通市政廊道对生态空间的穿插、被城市建成区包围的绿地公园等现实现象。一方面三线三区的划定不能过于碎片化,另一方面中央政策制定层面难以顾及这类过于细致的"另类"问题,在实际的三线划定过程中考验各地的"智慧"。

南京在三线划定时,遵循生态保护红线、永久基本农田保护红线、城镇开发边界三条控制线互不交叉重叠的原则,面对现实问题,从优化治理体系、明确事权划分的角度,在新的国土空间规划编制的契机下,以空间综合治理的需求为导向,坚持生态为先,以保障生态、农业、生命安全格局为前提,以建立城镇化稳定阶段的城市理想形态为引导,通过划定三线,结合城镇开发边界内的建设用地用途管制,构建全域空间管控格局。

4 管理制度与实践

4.1 开发边界的管理制度

在 2014 版南京市城市开发边界划定之初,配套制定了城市开发边界管理规定草案,希望通过开发边界的各类控制线,划分为不同区域,分级实施不同的管控制度。通过明确市区管理责任主体,指导城市建设项目的选址、建设用地的收储与出让、现状建设用地的更新、农林牧渔业等用地的布局和优化调整等与城市建设与发展相关的各种审批行为,作为各类经济发展规划、城市规划、土地利用规划的编制依据,明确开发边界内外的许可与不许可事项。

开发边界划定试点工作结束后,并未出台相关政策明确开发边界划定成果的法律地位,一些城市通过地方立法的形式推行了开发边界管控制度,而大多数城市只能在既有法定规划的框架下,通过对法定规划修编工作的协调指导,发挥城市开发边界的管理作用。

对于南京而言,开发边界的划定及其管理制度草案是两规标准和空间协调工作的初步探索,对优化城市结构、提高用地效率、控制城镇规模、保护生态环境、保障农业安全等具有积极意义。

4.2 基于一张蓝图、一个平台成果的管理实践

4.2.1 空间规划管理办法

南京自 2016 年开展多规合一工作以来,分阶段完成了四规差异图斑分析、四规"一张蓝图"协调生成、十二大类 93 项空间专项规划的整理建库工作。至 2018 年底,全市空间规划相关部门的主要规划成果已纳入"南京市多规合一空间信息管理平台"发布、共享。为规范纳入平台的专项规划的编制、审批、更新工作,制定了《南京市多规合一空间信息管理平台专项规划管理办法》(以下简称《办法》)。城乡规划、土地利用总体规划、生态红线区域保护规划等涉及空间布局的各行业专项规划的编制、审批、更新等均应遵守该《办法》。

该《办法》规定了各类空间专项规划在编制、调整、实施管理时与国土空间规划的核心内容以及多规合一空间信息管理平台内既有数据的核对协调规范。如各类专项规划新编或修编前,应将该项目编制计划报市多规办列入年度专项规划编制计划,按照编制计划和规定程序组织开展编制工作;编制及报批专项规划时,应与多规合一空间信息管理平台上各类相关专项规划数据、现状数据等进行对接协调,避免与既有专项规划成果冲突;专项规划审批通过后,需按照平台数据入库及更新技术要求,对数据进行规范处理后,报送市多规办,录入多规合一空间信息管理平台。在规划实施过程中,如对原有专项规划进行修改的,应征询意见,在多规合一空间信息管理平台上进行核对、审查,并依规进行平台数据的动态更新。

该《办法》由市多规合一领导小组办公室提请市政府审议通过,从源头控制平台内容,确保空间规划编、改、用的统一。

4.2.2 多规合一空间信息管理平台

多规合一空间信息管理平台是南京市"多规合一"工作的重要内容,作为各类空间规划的数据集成和共享载体,支撑空间规划的统一管理、辅助决策,实现空间信息共享,服务业务协同审批。该平台在市政务网部署,供全市各相关部门、区、园区在行政审批中调用。

4.2.3 多规技术审查

南京运用多规合一空间信息管理平台及数据,对所有提交市规委会审议的规划编制项目空间范围、建设项目拟选址范围,进行意见征求和"多规合一"技术审查。审查重点是项目范围边界与生态保护红线、永久基本农田、城镇开发边界等"三线"的关系。通过多规技术审查,引导在规划编制中树立底线意识,客观、系统地反映在编规划与法定成果的关系,前置矛盾,及时协调,为市规委会审议项目的决策以及各类规划的编制提供有力支撑,提高规划编制和行政审批效率,推动国土空间规划秩序建立。

(本文原载于《城乡规划》2019 年 06 期)

统一"标准"、把每一寸土地都规划得清清楚楚，加快构建全域管控的国土空间规划用地分类标准

郑晓华

2019年5月，中共中央、国务院"关于建立国土空间规划体系并监督实施的若干意见"明确国土空间规划是国家空间发展的指南、可持续发展的空间蓝图，是各类开发保护建设活动的基本依据。建立国土空间规划体系并监督实施，将主体功能区规划、土地利用规划、城乡规划等空间规划融合为统一的国土空间规划，实现"多规合一"，强化国土空间规划对各专项规划的指导约束作用，是党中央、国务院做出的重大部署。并要求发挥国土空间规划体系在国土空间开发保护中的战略引领和刚性管控作用，统领各类空间利用，把每一寸土地都规划得清清楚楚。其中规划用地分类标准是国土空间规划工作开展重要的基础标准和技术支撑，必须在传承原有各类用地分类的基础上结合国土空间规划新要求加快形成相关统一的国土空间规划用地分类标准。

一是统筹生态、农业和城镇的关系，构建面向自然资源统一管理要求的用地分类框架

履行好"统一行使全民所有自然资源资产所有者职责，统一行使所有国土空间用途管制和生态保护修复职责"，必须构建涵盖全域全要素的国土空间规划用地分类标准，各类用地划分不重叠不交叉，服务于自然资源的统一管控。以生态、农业、海洋、城镇四大地域空间为顶层架构设计，对应生态保护红线、城市开发边界、永久基本农田，构建"生态用地、农业用地、海洋用地、建设用地"的顶层分类框架。

生态用地体系以生态资源保护为核心，落实山水林田湖草是一个生命共同体的目标。农业用地分类以耕地保护为核心，满足农业生产和农用地整治需要。海洋用地分类以不同海域的开发利用功能为核心。建设用地按照城乡统筹实施管理的原则，融合"三调"工作的建设用地分类和城乡建设用地分类，细化各类公共设施的分类，构建标准统一、分类深度一致的建设用地标准。

二是统筹总体规划、详细规划和专项规划的关系，构建层级分明传导管控的用地分类标准

国土空间规划的编制和实施是一个多层次的规划运行体系，应构建分类分级的分类标准体系，并应满足五级三类国土空间规划要求，落实总体规划对详细规划及专项规划的传导与管控。自然资源的统一管理强化上层次和下层次规划的衔接和传导，各层次规划相互作用且各有侧重，相应的土地利用分类体系也应包含多个层级，对应不同层级国土空间规划的管控重点和规划深度。

未来的国土空间用地分类标准在分类精度、分类依据上实现不同层级的不同要求，并应将层级之间的传导机制做出规定，形成一个事权划分清晰、层次内容明确、承上启下、相互衔接的用地分类体系。全国国土空间规划是对全国国土空间做出的全局安排，侧重战略性，不会对具体用地进行分类。省级国土空间规划是对全国国土空间规划的落实，指导市县国土空间规划编制，侧重协调性，关注各市县的主导功能分区。市县和乡镇国土空间规划是对上级国土空间规划要求的细化落实，是对本行政区域开发保护做出的具体安排，侧重实施性，应建立"分区＋用途"兼顾的空间管控机制，明确规划分区。镇（乡）国土空间规划、城镇开发边界内的详细规划以及城镇开发边界外的乡村规划，作为直接指导具体地块用途和开发管理的规划，应加强土地用途的兼容性引导，明确地块的用途分类。

三是统筹规划、建设和管理的关系，构建刚性管控与弹性引导并重的用地分类标准

政府通过用途分区的用途管制和规划许可实施资源管理，新的国土空间规划更加强调土地利用的精细化、差异化管理。同时应对社会经济发展的不确定性，新的规划用地分类体系必须强调"分区＋用途"兼顾的空间管控机制，以增加用途管制的科学性和弹性，加强规划传导的操作性、规划管理的高效性，在地类划分时尽量实现一种地类对应一类事权，服务各部门的专项管理。

提高规划用地分类的适应性以满足城市功能日益多元化的需要，如新业态用地诉求以及各类统计分析的需求。农业空间应加强基本农田保护力度，强调永久基本农田的刚性保护以及对其他农田的一般管控方式，建议增加永久基本农田用地分类。对于城乡建设用地内可借鉴原城乡用地分类标准，满足混合用地管理及精细化管理的需求。同时未来的土地利用调查分类应和国土空间规划用地分类相匹配，实现国土空间规划一张图的管理需求。

（本文原载于《城市规划学刊》2020 年第 4 期）

国土空间规划体系下的城市设计模式研究

——基于"协同管控"和"要素传导"的新视角

王　青　姚　隽　李灿灿

摘　要：新时期背景下，城市设计作为方法应在国土空间规划体系中发挥其应有作用。研究发现，城市设计存在要素"衔接性"、管理"链接性"、管控"标准性"等问题。据此，借鉴国土空间规划在规划编制管理层级对应和上下级有效传导的特殊优势，提出建议：从协同管控和要素传导的角度，构建国土空间规划体系下系统传导、层级对应、一体化管控的城市设计模式，明确各层级城市设计工作管控重点和实施管控有效形式，以期对国土空间规划各层级对城市设计方法的运用进行更为精准化的选择，更为有效地服务于国土空间规划实施管理。

关键词：国土空间规划；城市设计模式；协同管控；要素传导

1　引言

2019年5月中共中央国务院发布《关于建立国土空间规划体系并监督实施的若干意见》(以下简称《意见》)，明确建立国土空间规划体系，以解决现实矛盾、建设生态文明、实现以人民为中心的高质量发展。新的国土空间规划具有战略性、科学性、协调性、可操作性的特征优势，特别是对各级各类国土空间规划编制和管理的要点都有相应的规定。城市设计是控制城市空间形态的公共政策[1]，是城市环境品质提升和公共空间维护的重要手段[2]，但长期以来如何与法定规划衔接是城市设计面临的难题。《意见》提出要运用城市设计手段改进国土空间规划方法，在此背景下，《国土空间规划城市设计指南》(征求意见稿)(以下简称《指南》)应运而生，从内容来看，《指南》规定了城市设计方法在国土空间规划中运用的原则、任务、内容和管理要求等。基于对《指南》的理解，笔者认为其编制的意图重点在于借助城市设计方法，将城市设计若干内容分别纳入总体规划、详细规划等相应层级的编制成果中，这是一种以应用为导向的"实用主义"，有利于城市设计在国土空间规划编制、实施管理阶段的作用提升。

新时期将建设以生态文明为引领、人本主义为基础、城乡高质量发展为目标的城镇格局，城市设计将贯穿于规划编制、用途管制、空间管控、城乡高质量治理方式等一系列工作中。在国土空间规划背景下，借助对城市设计上下传导的研究，明确与国土空间规划体系相协调的各层级城市设计对象、要素和实施管控衔接的有效形式，将有利于城市设计与自然资源要素的统一管理相协调,有利于将城市设计思维、方法、内容应用于国土空间规划全域全要素的管控。因此,除了明确的内容要求以外,城市设计本身各个层级要素的传导性也需要进一步探讨。可以说,国土空间规划下的城市设计需要更为明确的分类传导体系、更为统筹协调的各层次要素和更为有效的实施管控路径。

2　城市设计面临的现实困境

2.1　分级体系要素的"衔接性"问题

城市设计工作内容自上而下的有效传导是城市设计编制成果能够落实的重要条件之一[3],从现行国家层面及各个城市相应的管理办法来看,对城市设计均有不同层级的划分,但没有形成统一的划分标准。例如《城市设计管理办法》中将城市设计分为总体城市设计和重点地区城市设计;《城市设计管理技术基本规定》则将城市设计分为总体城市设计、区段城市设计、地块城市设计和专项城市设计;近期发布的《北京市城市设计管理办法》将城市设计分为管控类城市设计、实施类城市设计和概念类城市设计。从目前大量的实践来看,城市设计存在尺度两极分化的问题[4],导致宏观层面成果难以延续或进一步深化,而微观设计又无法明确或落实最初的宏观要求,造成了城市设计上下传导不畅的现象。

除了划分标准的不统一,各层级研究对象、深度等缺乏统筹也是城市设计当前面临的重要问题。在研究对象方面,现有城市设计应用范畴中,各层级研究对象均有大量交叉重叠现象(表1);在研究深度方面,各层级城市设计也存在一定程度的交叉,设计手段与层级管控要求有所错位。例如在宏观层面过度强调"贴线率",而在微观层面过度强调天际线等。

2.2　成果与规划管理实施的"链接性"问题

重设计轻管控是我国城市设计工作长久以来的弊端[5]。城市设计成果仍然停留在技术研究层面,难以有效转化为管理手段,为此,国内各地均有大量实践探索试图解决这一问题。部分城市采取重点地区编制城市设计导则的模式强化空间管控,但因其局限于局部地区空间控制,无法与城市或地区空间整体控制和发展相一致。深圳虽然通过确立城市设计的法律地位,明确了应针对城市重点地区单独编制城市设计的原则,但是实施效果却不尽人意[6]。上海、武汉等城市的地方性规划设计管理规范对城市设计控制规定仅体现在建筑面宽、建筑高度、建筑间距、建筑退让等方面,内容不够系统全面[7]。

总体来看,虽然国内城市设计相关实践与研究不断推进并取得了一定成果,部分城市将城市设计成果纳入控规管理体系进行管理,通过细化导则及普适性通则条款进行管控取得了部分成效。但是"编"与"用"之间,层级架构和实施途径上仍普遍存在缺乏系统化管控手段、缺少层次管控要素限定、管控实效性欠佳等方面问题。尤其在建立与国土空

表 1　不同层级城市设计研究对象交叉性现象

层级	自然资源保护与利用	历史资源保护与利用	特色定位	用地布局和使用强度	功能组织	地下空间利用	划分城市设计重点地段	山水格局
总体								
区段								
地块								
层级	空间形态结构	城市边缘及入口	高度分区	天际线与高层建筑布局	建筑密度控制	城市路网	交通出行	公共空间系统
总体								
区段								
地块								
层级	公共空间设计要求	公共空间设计	门户空间塑造	公共活动组织	景观系统	景观分区	视觉走廊与眺望系统	景观节点
总体								
区段								
地块								
层级	城市色彩	夜景照明	城市标志系统	城市界面	城市家具	城市道路水绿环境	主要功能区环境	建筑风貌
总体								
区段								
地块								
层级	重点地段建筑设计	城市基础设施	重点项目构想	城市心理体系	道路断面设计	规模预测	建设时序	街道转弯半径
总体								
区段								
地块								
层级	地块出入口	道路交通设施设计	公共空间设计	公共活动组织与设施	空间景观序列	景观节点及地标	建筑界面	建筑群体形态
总体								
区段								
地块								
层级	重点项目安排	开发强度	建筑密度	基础设施配套	街道肌理公共空间系统	建筑色彩	建筑风格	建筑形体设计
总体								
区段								
地块								

间规划相协同的城市设计要素传导体系上相关探索不足,"以管定编"下的系统性架构及相互关联的统一管理模式尚未建立。

2.3 协同管控的"标准性"问题

2014 年 12 月,全国城市规划建设工作座谈会提出要加强城市设计,将城市设计作为一项制度在全国建立起来,本身表明了其在规范化、标准化、可执行化等方面有一定"标准性"需求。以往总体层面城市设计内容多以独立章节的形式纳入总体规划,在详细规划层面则是以控制条文和图则的形式纳入编制成果中。仅以文字表述和附加图则的形式纳入相应层级管控中,这本身就缺少一定的实施操控效能,特别是对强调形态特征和人的感知的空间特色塑造,缺乏上下衔接的系统化图纸和要素对其规划内容进行约束和管控。

目前城市设计成果形式多样、层级标准不一,在与国土空间规划管控机制的衔接对应方面,总体城市设计中一些管控引导要求表述含糊,难以分解落实到具体空间载体上,造成设计成果在下一步规划与建设管理中由于缺乏明确的对象而无法操作[8]。因此,需要建立一套与国土空间规划编制和管理相对应、利于空间管控实施的标准化图件,体现城市设计作为工具方法的作用。

3 国土空间规划体系下的城市设计发展趋势

3.1 强调"生态文明"的价值导向

党的十八大以来,提出了一系列生态文明建设的新理念及建设美丽中国的新战略,其根本目的是转变传统经济发展方式,为人民创造良好的生产、生活环境,实现永续发展。随着"两统一"职责的明确及"一张蓝图、一本规划、一个平台"的国土空间规划体系的建立,城市设计需要以生态文明思想为指引,从注重物质空间建设、功能形式美的价值导向转向"生态优先""以人为本"的"可持续发展"新价值哲学和方法论。其实质是倡导在结合自然、历史、人文等空间基因传承的基础上,维护人与城市空间、自然环境、历史文化和谐共生的价值导向,在城市设计与规划体系之间建立一个地域性和系统性结合的空间框架。

在基于生态安全格局基础上建立城乡高质量发展的过程中,倡导城市建设与乡村发展共融共生的空间格局,一方面是强调生态底线控制,另一方面是城市集约化发展和乡村田园特色塑造,其中的核心概念是城乡风貌差异以及生活在其中的人不同感受需求,包含了对"乡愁"的记忆和对城市文明的向往。

3.2 坚持"以形促质"的核心目标

对空间"量—形—质"的系统控制与引导,是城市设计区别于其他规划的本质特征。原有的城乡规划以控制性详细规划及其法定图则作为城市土地开发建设的管理依据,一方面控制了具体地块的使用功能和强度高度等要素,另一方面"指标管理"数值化管控模式也导致城市空间均质化发展,无法体现空间整体性和特色性,造成城市结构性特征和特色品质缺失。城市设计是一门关注城市三维空间布局、风貌特色以及公共空间环境的学科[8]。2015年12月中央城市工作会议中提出要加强对城市的空间立体性、平面协调性、风貌整体性、文脉延续性等的规划和管控;2016年2月《关于进一步加强城市规划建设管理工作的若干建议》提出单体建筑设计方案必须在形体、色彩、体量、高度等方面符合城市设计要求。由此可见,形态空间管控仍是城市设计的重点内容。

目前国土空间规划处于实践探索阶段,"五级三类"的各级国土空间规划编制也还在不断完善之中。但可以明确的是,由于城市设计在空间形态塑造方面的独特优势,可通过"量形结合"的设计融入国土空间规划编制,最终实现城乡发展"质"的提升。例如《市级国土空间总体规划编制指南》在对空间资源优化配置方面,强调城市设计对城乡空间形态控制的重要作用[9]。因此,对"形"的控制与引导,是城市设计落实为编制成果的核心问题。

3.3 发挥"管理效能"的工具价值

城市设计作为支撑规划管理的手段已经是一种普遍共识。国外对城市设计的精细管理与标准控制已经积累了一定的经验。英国城市设计管理是"自由量裁"式[10],美国则是依据量化表达管控要素的城市设计准则,实现对城市设计内容的管控[11]。国内各大城市也相继对城市设计成果的编制做出一些技术规定,通过导则的形式进行城市设计控制,在城市物质空间塑造方面发挥了显著的作用,并进行了有益的探索。国土空间规划应注重操作性,确保规划能用、好用、管用[12],建立以"管什么、编什么"为价值导向、面向实施的系统性规划,城市设计作为方法和手段应实现其工具价值。

多规划融合、多学科共谋一直是国土空间规划"一张蓝图"实现的重要路径,无论是《意见》还是《指南》,均体现了发挥城市设计对国土空间规划支撑的迫切需求。而《指南》更是明确了城市设计与"五级三类"国土空间规划相融合的关系构架,将"提高规划编制和管理水平"贯穿于国土空间规划各层级、各阶段。由此可见,"编管结合"将是新时期国土空间规划背景下城市设计实现自身价值的实施路径,有助于实现对各类空间资源在规划编制和实施管理阶段的精准管控,促进城乡精细化治理。

4 国土空间规划体系下的城市设计模式构建

4.1 系统要素的分类建构分解传导

4.1.1 系统要素分类建构

系统要素分类建构是指识别提取各类别的要素并归类引导,将要素系统组合进行综合设计导控,框定基本控制类别和内容要素边界,建立自身约束体系,形成以空间类型脉络为导向的综合导控方法。在生态文明和以人为本的价值观指导下,区域层面应体现城市山水特色和格局,感知层面应体现人对环境的多样性需求,包括城市环境、乡村风貌、自然环境等方面。基于全域全要素空间管理角度来分析城市设计对空间的引导性和塑造性,包括自然环境、历史人文、山水格局的基因传承,也包括土地利用、公共空间塑造、形态控制、交通设施等物质空间要素的合理控制。最终实现以人的感知为目标,城市与自然、特色与发展、群体与场所各个层次的约束性控制为基础的有序发展。

4.1.2 层级要素的归类传导

在要素层级上,采用同类型、纵向延展模式来组织城市设计要素的垂直性传导,以同一类型在不同层次表达内容的有效联系,实现城市设计管控的系统性和关联性特征。同一类型要素客观上分为宏观、中观、微观的控制内容,通过对象要素的逐级转化、层级要素的归类和分解以及同一层级多类型要素的平行化设置,实现管控内容的上下传导及对应关系,逻辑体系上更为合理完整,可以作为每个层级实施城市设计方法的重要抓手(图1)。

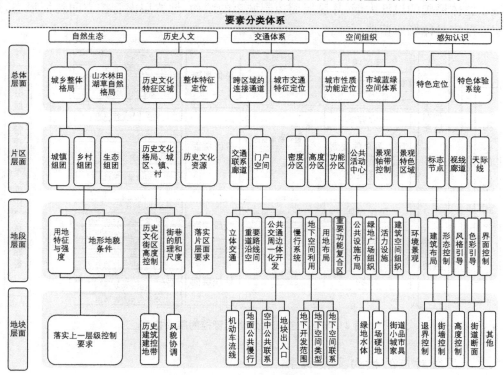

图1 城市设计系统要素分类体系图

以自然生态要素类型为例,在工作对象上,突破原有城镇集中建设区的城市形态控制,考虑具有底线约束的城镇空间格局,将全域空间发展要素拓展到"山、水、林、田、湖、草、城、人"的综合性框架体系中,进行设计的综合和演绎。在实现路径中,考虑自然山水格局整体性,采用分类控制策略和用途管制方法,统筹城镇发展组团与乡村空间的发展模式。在时间维度上,采取适宜的空间管控模式,协调各种要素的时序性发展变化。实现对人类聚落及其环境的相互关系和结构形态进行多层次、系统化和整体性组织安排与空间创造[13]。

4.2 层级对应的分级要素协同管控

4.2.1 协同性的要素对应框架

我国空间规划体系由"多规分立"转向"多规合一"，进一步推动了空间规划体系由"局部谋划"向"整体布局"和"分级管理"的转变[14]。国土空间规划"五级三类"体系中强化了总体到详细规划层面的传导机制，实现了上对下的管控以及下对上的落实。为避免上文所提及的对管控要素概念认识不清所造成的使用对象混乱，城市设计也应建立与国土空间规划相对应的层级要素架构，明确宏观把控到微观实施的各层级所包含的内容，并针对国土空间规划的每个层级实现分解落实与联动（图2）。以总体、片区、地段、地块四个层级分别对应国土空间规划的总体层面和详细层面，按照"层级—内容—要素"的一一对应逻辑关系，统筹协调同一层级多要素控制，区分管控力度。城市设计总体层面形成城市整体风貌的设计大纲，片区层面控制城市的结构，地段层面管控空间特征形态，地块层面落实具体场所营造。

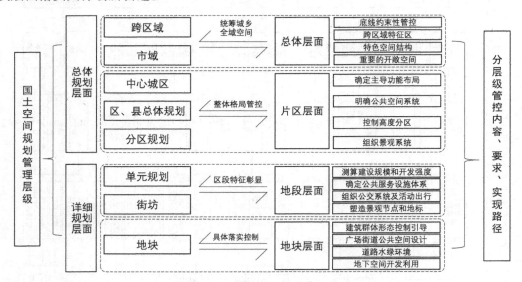

图2 与国土空间规划协同管控的层级构架

4.2.2 层级对应的横向要素联系

建立与国土空间规划有效衔接的层级管控是指在国土空间规划体系的基础上，明确城市设计对应层级的重点内容、对象、要素，建立"目标愿景—管控重点—实施手段"的多要素统筹，形成与国土空间规划层级相对应的城市设计闭环机制。

市级国土空间总体规划包含了跨区域、市域；中心城区、分区规划、区县总体规划的相应层级编制内容，涵盖了区域统筹、都市圈发展、市域生态格局及城镇发展等内容，与之相对应的是城市设计总体层面重点解决底线管控、系统架构、发展策略等问题。通过统筹城乡全域空间的历史、现状、未来发展条件等时间维度特征，综合判定城市整体空间特色，统筹三线管控基础上的跨区域城市特征、城市内部特色空间结构、重要山水及城乡开敞空间格局等要素，形成总体城市空间特色要义，并纳入规划编制管理中，实现总体层次的空间格局谋划。

建立与市级总体规划中的中心城区、分区规划以及区县总体规划相对应的城市设计片区层面内容框架，明确城市内部重点发展地区及区县城市特色总体架构，制定分区引导、分类控制策略。在中观层面明确城镇发展组团与乡村地区空间布局，识别并判断城市集中建设地区用地功能、开发强度、公共空间系统，确定上层传导的城市空间约束，控制引导乡村发展的重点特色地区。形成对上承接、对下延伸的片区层面结构性分类管控空间，确定重要特色区块和坐标界线，实现总体规划分区层面的空间格局管控。

目前来看，国土空间详细规划在各地不断探索实践下，基本上形成了单元、街坊、地块三级编制体系，与之对应的城市设计可分为地段层面和地块层面。地段城市设计在具体分析城市空间特色资源的基础上，重点对城市地段的建设规模和功能布局、空间形态、公共行为活动、人行活动方式和景观风貌体验等提出相应的控制引导要求。进行详细规划深度的设计方案编制，其重点核心内容落实为控制条文和控制指标，实施二、三维一体的空间管控策略，彰显区段不同特色及形态特征，以各类管控图纸形成对地段空间特色的约束性控制。地块城市设计对城市街区—地块层面街区形态、开敞空间、交通组织、公共活动、地下空间以及建筑与环境设计等要素提出具体规划管控要求。以"通则＋各类型具体管控附件图则"的管控形式纳入国土空间详细规划地块层面编制内容中（表2）。

表2　与国土空间规划相对应的城市设计层级内容要求及衔接关系

国土空间规划管理层级	层级	城市设计相应层级	内容要求	实施管控形式	图件
总体规划层面	跨区域	总体层面	协同划定跨区域空间组织中的约束性条件，明确跨区域特征区的协同保护与发展要求；确定跨区域重要开敞空间导控要求；全域全要素特色资源的评估和保护；明确市县域整体特色定位；协调城镇乡村与山水林田湖草整体空间关系；提出市县域蓝绿空间网络框架性导控要求	底线管控、系统架构、制定策略原则，以独立章节纳入总体规划，建构城乡生态特色空间一套图	1. 生态保护红线、永久基本农田、城镇开边界范围图 2. 城市特色空间格局示意图 3. 市域生态系统保护规划图 4. 市级特定意图区
	市域				
	中心城区	片区层面	构建城市特色空间结构，明确城市公共空间系统，形成城市景观风貌系统，确定城市设计重点控制区	分区引导、分类控制策略，纳入区级总体规划，建构片区特色空间体系、开敞空间系统、特色交通系统、特色意图区等一套图	1. 蓝绿空间规划图 2. 城镇开发强度分区规划图 3. 绿地系统和开敞空间规划图 4. 公共活动特色系统规划图 5. 地下空间规划图 6. 历史与文化格局保护图 7. 交通与门户特色系统图 8. 景观体验特色系统图 9. 片区级特定意图区
	区、县总体规划				
	分区规划				

续表

国土空间规划管理层级	层级	城市设计相应层级	内容要求	实施管控形式	图件
详细规划层面	单元规划	地段层面	优化片区功能布局和空间结构关系,建立土地使用和交通组织的有机联系,构建整体有序的三维空间形态,塑造人性化公共空间,加强建筑群体导控,协同管控地上地下空间	设计方案的管控要素融入单元规划控制条文,实施二、三维一体"空间盒子"管控策略,构建开敞空间、重点街区、道路与慢行空间、景观空间等一套图	1. 历史文化要素控制引导图 2. 活动空间控制引导图 3. 道路交通控制引导图 4. 土地利用控制引导图 5. 景观体验控制引导图 6. 街区地块形态控制图 7. 重点地段划定(特定意图区) 8. 重点地段图则(绿地与广场、机动交通、公共慢行、地下空间、街墙、后退与高度) 9. 模型
	街坊				
	地块	地块层面	落实地段城市设计整体管控要求,在详细规划指导下,针对近期实施建设地块在空间场所塑造中物质空间要素和行为活动要素进行有针对性的控制引导,提升街区和地块空间环境品质	落实各级传导内容,实施"通则＋图则"的管控形式,纳入详细规划地块管控,重点地块编制绿地与广场控制引导、建筑后退与高度分区、街墙控制、机动交通组织控制引导等图则	1. 地块图则(单张:控制图＋引导图) 2. 模型

各层级城市设计按层级性、差异性、相关性原则明确编制总体要求与成果深度,强调各层级成果间要素传导,保障规划意图逐级落实,层级内容和控制要素差异性界定有利于在不同层面强化城市设计管控的实质性内容。

4.3 一体化建库的实施管控路径

4.3.1 精准传导的数字化手段

实施管控要素的空间精准落位及规范化管控图纸的一体化建库,发挥城市设计对用途管制、空间形态、场所营造、人的行为引导的塑造作用,建立一套从底层城市管理数据到顶层发展价值关联的系统,充分借助信息化技术,使其具备精准传导空间管控要求、动态反馈支撑规划优化、充分衔接项目建设的能力。重点把握编制管理、规划条件、方案审查三个阶段,将传统二维管控内容转化为更加直观的三维分析,通过信息平台搭建、模块化功能、多场景演示,实施"能落地、可实施、管得住"的数字化管控手段,最终实现"编制端—管理端—应用端"联动的城市设计方法管控效应。

4.3.2 规划编制体系中管控图纸逐层传导建库

与国土空间规划协同的层级要素管控内容及图纸、图则需满足"图数一致"、逐级传导和规划适应性。增加特色系统图作为编制管理的重要实现手段,统筹全市空间特色系统,建立空间特色管理资源库和特色管控区的空间边界。根据总体城市设计所确定的城市主要特色系统构架、区块特征,明确下一层次城市设计编制重点地区范围及层级控制内容、编制深度要求。

建立分级分类的传导管控图纸,用于表达城市设计不同层次所需要管控的要素,形成规范化成果管控图件,进行数字化建库,转换形成相应的数字化管控模式,包含文字、图纸、图则、模型等多类型数据,作为城市设计数字化管控的基础数据。通过"管控图＋模型"建设,以可视化的展现形式,直观表达出城市设计管理各阶段及各层级的重点内容及关键要素,实现城市设计二、三维空间管控与展示。与详细规划相衔接,成为用地管理、项目开发建设的基础数据,使项目审批与城市设计编制成果直接挂钩,保障城市设计成果在管理层面的数据实现,完善规划管理实施机制(图 3)。

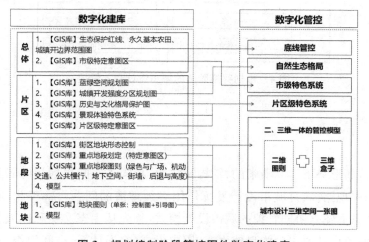

图 3 规划编制阶段管控图件数字化建库

4.3.3 规划管理阶段的城市设计实现路径

城市设计辅助规划管理、实施空间管控主要在规划条件和方案审查阶段,这一点已经在规划管理界取得了共识。对于指标的"量"、城市设计的"形"以及最终空间品质提升的具体管控形式和介入方式,仍需要在规划管理流程中予以明确,保障成果的实用性与可操作性。

在规划条件阶段,重点将量化指标与城市设计形态控制内容相衔接,将相关图则、层级特色系统要素以及城市设计图则作为外部条件予以落实,在土地出让及用地管理过程中,将未来预期建设目标与形态加以引导,包括空间、历史文化、交通、活动等方面,形成的规划条件作为对地块开发的强制性要求与法定性文件。具体管理过程中,与城市信息模型(City Information Modelling,CIM)相结合,根据详细规划管控要素及城市设计管控模型,通过二、三维一体化建设建立城市三维空间中地块开发和街区控制的管控模型,落实城市设计层级管理和纵向传导的具体管控要求,这也就是通常所理解的"管控盒子"。在方案审查阶段,通过标准化后方案数据建模,植入 CIM 平台,根据管控要素(管控盒子)进行核查分析,明确方案审查要点,也可通过参数建模的方法进行方案空间模型的比选和审查,最终筛选出符合层级传导管控要素要求的最优方案(图 4)。

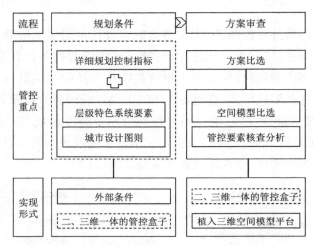

图 4 规划实施阶段的城市设计介入管控

5 结 语

研究表明,新形势下建立清晰的、结构完整的、与国土空间规划相协同的城市设计要素结构体系和实现路径,是城市设计发挥作用必须理清的问题。基于此,本文提出在国土空间规划体系下建立协同管控的城市设计模式,首先从生态文明和以人为本的价值观角度出发,将城市设计要素分为自然生态、历史人文、交通体系、空间组织、感知认识五大类,并从宏观、中观、微观层面对要素进行逐级分解传导,实现城市设计要素的体系化搭建。其次,建立与国土空间规划管理层级相协同的城市设计层级要素对应框架,明确每个层级的内容要求、实施管控形式、图件。最后,有针对性地将编制阶段重要图纸进行数字化建库,并在规划实施阶段进行城市设计介入式管控,通过数字化建库和可视化表达,建立城市设计协同规划管理的一体化管控模式。

本文提出协同管控的城市设计模式,也是我们对城市设计理论和方法的再认识。希望通过对城市设计对象要素的提炼,对层级传导、实施机制、表现形式等内在一体化逻辑实现过程的再思考,建立编、管、用全过程把控的城市设计成果应用范式,以够提高城市设计方法在国土空间规划运用中的针对性和可操作性,从而切实发挥城市设计在国土空间规划编制、国土空间品质提升中的重要作用。

参考文献

[1] 刘泉,黄丁芳. 总体城市设计的认知争议与路径辨析:基于各省城市设计相关技术标准的解读[J]. 规划师,2019,35(2):5-12.

[2] 杨震. 城市设计与城市更新:英国经验及其对中国的镜鉴[J]. 城市规划学刊,2016(1):88-98.

[3] 杨一帆,常嘉欣,胡亮,等. 城市设计内容纵向传导的现实困境及建议[J]. 规划师,2020,36(16):25-31.

[4] 杨俊宴,陆小波. 城市设计的中间尺度形态:南通"通津九脉"设计探索[J]. 城市规划,2019,43(12):106-116.

[5] 段进,兰文龙,邵润青. 从"设计导向"到"管控导向":关于我国城市设计技术规范化的思考[J]. 城市规划,2017,41(6):67-72.

[6] 叶伟华,赵勇伟. 深圳融入法定图则的城市设计运作探索及启示[J]. 城市规划,2009(2):84-88

[7] 任小蔚,吕明. 城市设计视角下城市规划精细化管理思路与策略[J]. 规划师,2017,33(10):24-28.

[8] 段进,季松. 问题导向型总体城市设计方法研究[J]. 城市规划,2015,39(7):56-62,86.

[9] 张捷. 简论市级国土空间总体规划编制中的总体城市设计:以西宁市为例[J]. 城乡规划,2020(5):56-64.

[10] 顾翠红,魏清泉. 英国城市开发规划管理的行政自由裁量模式研究[J]. 世界地理研究,2006(4):68-73,53.

[11] 高晖. 美国城市形态设计准则的启示及应用[J]. 规划师,2014,30(S5):210-214.

[12] 中华人民共和国中央人民政府. 中共中央 国务院关于建立国土空间规划体系并监督实施的若干意见. [EB/OL]. 中国政府网,2019.

[13] 段进. 城市设计顺应规划技术标准体系重构[N]. 中国自然资源报,2020-08-06(003).

[14] 孟鹏,王庆日,郎海鸥,等. 空间治理现代化下中国国土空间规划面临的挑战与改革导向:基于国土空间治理重点问题系列研讨的思考[J]. 中国土地科学,2019,33(11):8-14.

(本文原载于《城市问题》2021年第6期)

协同创新视角下的南京创新空间研究

陶承洁 吴 岚

摘 要:创新驱动是新时代城市转型发展的核心动力,正确认识创新空间的特征、功能和布局对创新驱动带动城市发展具有深刻意义。文章以南京为例,在梳理城市现有创新空间资源的基础上,以协同创新为切入点,从宏观、中观、微观三个层面探讨了如何协同国家空间战略、优化内部空间布局、强化创新载体功能,并从创新要素集聚、创新产业培育和创新社区构建三个方面提出创新空间发展策略,打造创新名城。

关键词:创新空间;协同创新;空间布局;南京

在新时代中国特色社会主义背景下,城市发展面临转型,如何集聚城市创新驱动要素、优化创新载体布局、协同创新空间组织,以指导城市创新空间综合能力的提升,对城市发展具有重要的理论价值和实践意义。当前,南京正在开展新一轮城市总体规划修编工作,从战略高度提出建设具有全球影响力的"创新名城、美丽古都",打造国际科创中心。本文结合南京创新空间布局的规划实践,探索协同创新视角下创新空间的发展策略。

1 创新空间的内涵与发展

1.1 城市创新空间

城市创新空间是"知识经济"或"创新产业"在城市空间上的集群,是聚集创新产业活动的空间场所[1],通常有广义和狭义两种内涵:狭义上的城市创新空间主要指参与制造、研发等创新产业的空间实体;广义上的城市创新空间则是指在狭义的基础上包含了与创新活动密切相关的教育、展示、居住和公共服务等内容的复合城市空间。

创新产业推动城市转型升级,而城市是创新产业发展的土壤和支撑。创新空间作为城市中集聚创新活动的场所,是以创新、研发、学习和交流等知识经济主导的产业活动为核心内容的城市空间系统,具有集聚、孵化、扩散、渗透和示范等多种功能。

城市创新空间一般分为两类:一类是高校、科研机构、大型企业研发部门和独立科研机构的知识型创新空间;另一类是附属于企业的研发中心、工作站和科技城、科技园、孵化器及创客空间的产业型创新空间(图1)。

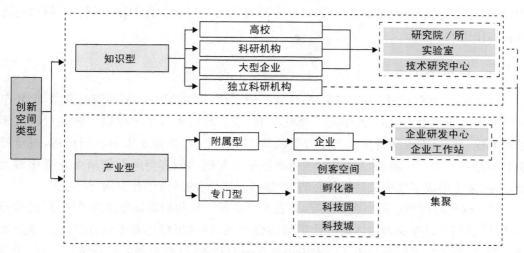

图 1　城市创新空间类型

1.2　协同创新

　　"协同"是指协调两个或两个以上不同资源或个体,一致完成某一目标的过程或能力,强调子系统之间复杂的、相互的非线性作用,从而实现系统整体功能超越各子系统功能总和的目的,是合作的更高级表现形式。协同创新是将创新与协同理论相融合的一种模式,它强调单个事物之间需要通过相应的方式产生直接或间接的连接效应,从而使整个系统更好地发挥自身的核心竞争力。协同创新强调不同创新主体之间的协作效应,因汇集资源、互补互动而产生合力以提升自身的科技研发水平。

1.3　相关研究进展

1.3.1　理论研究

　　国内关于城市创新空间的研究主要集中在宏观层面的创新空间发展机制、城市创新空间演化规律及空间与功能的互动关系等[2]。如王兴平研究了城市新产业空间的发展机制[3];陈爱萍等人提出了高新技术产业集群和创新型城市之间的互动式发展模式[4];屠启宇等人研究了在创新驱动影响下城市集聚空间功能与组织之间的互动关系[5]。此外,部分学者和研究机构还针对国内创新城市的具体案例进行了分析研究,如李晓江基于北京、天津等创新项目的研究,提出创新空间是具有特色的、存量的、网络化的新型空间;汤海孺以杭州为例,从城市创新视角论述了由不同要素主导的创新生态群;首都区域空间规划研究北京重点实验室基于北京创新空间的发展,提出北京未来的创新空间发展将以协同创新共同体为平台。

　　与国内研究不同,国外创新空间的研究对象更为微观和具象,多针对城市内部创新载体展开研究,研究集中在社区、大学、科技园区等方面。如 Camagni R 研究了社区合作构建创新网络对创新的重要性[6]；Feldman M 等人分析了大学作为城市创新空间对经济增长的作用[7]。

1.3.2　国内城市实践

（1）北京的创新空间由政府主导，依托科研成长。北京高校与科研院所众多，创新空间的发展经历了由大学向"产学研一体化"的转变。政府先行主导建设了中关村科技园区及海淀、昌平、丰台高新技术产业带等创新发展主平台，集聚了大量科研机构、科研经费和高科技人才。而随着"互联网＋"和创新驱动发展，"创客空间"、创新企业孵化器大量出现，逐步形成了以中关村为核心的"产学研一体化"的城市创新空间"新生态"。

（2）杭州的创新空间由企业主导，依托市场成长。杭州的市场经济氛围浓厚，民营经济活跃，有利于以企业为主体促进产学研融合发展，如阿里巴巴基于浙江发达的专业市场经验，以商业模式创新服务于广大中小企业与消费者，打造完善的产业链，引发电子商务的发展热潮。此外，杭州创新动力强劲，中小企业数量多、有基础，民企代代相传，有良好的"双创"经济基础，创新创业氛围浓厚。

1.3.3　小结

综上，目前国内外针对创新空间的相关理论和实践均有研究。一方面，随着城市发展向创新驱动模式转变，创新空间的概念、特征和空间载体都在不断变化，相关理论的研究也逐渐多元；另一方面，国内各大城市依据自身特征，不断探索适合自身发展的城市创新模式，以北京为代表的政府主导型创新空间偏向知识创新而成果转化欠佳，而以杭州、深圳为代表的市场主导型创新空间则更偏向于创新企业的引入而创新内生动力不足。

2　基于协同创新模式的南京创新空间格局构建

基于创新空间与协同创新的内涵和相关研究进展，南京从宏观、中观和微观层面构建创新空间格局，协同城市创新发展。

2.1　宏观层面：协同国家创新战略，打造国际科创中心

2.1.1　区域互补、协同创新

（1）区域协同。在国家创新驱动战略部署下，南京在国家创新网络中具有重要的节点作用。为此，规划必须在提升南京城市首位度的基础上，强化其与区域内其他创新节点城市的联络和协同关系，以维持南京的创新影响力和辐射力。而《南京市城市总体规划》作为城市发展的战略纲领，为城市创新空间的优化提供了顶层设计，从战略层面将南京融入国际和国家创新体系中，对标北京、上海等全球一线城市的创新定位，建设国家综合性科学中心，并协同其他高级别创新中心城市，打造创新名城。

（2）协同创新。在区域协同发展背景下，南京利用苏南自主创新示范区的政策优势，建设区域创新中枢，通过沪宁合创新发展轴，东侧联系上海市张江自主创新示范区和上海国家科学中心，西侧连通合芜蚌自主创新示范区和合肥国家科学中心，形成东西向区域创新走廊（图2）。一方面，依托良好的制造业基础，突出自身创新优势，重点培育高端芯片、新材料和人工智能等优势新兴产业，建设国家智能制造中心，与上海、合肥的优势产业错位发展、协同互补，提升南京的区域创新辐射带动能力；另一方面，促进知识、技术、资本等创新要素的自由流动，协同上海、合肥和杭州等城市创新资源，积极融入长三角创新网络，提升整体创新影响力。

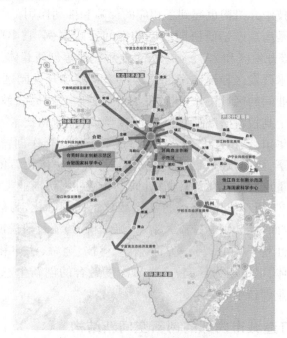

图2　城市创新区域走廊示意

2.1.2　产学研协同发展

南京拥有丰富的科教资源与多领域的专业人才资源，全市有多所高校、科研机构、工程技术中心及重点实验室，科研机构总量和产出都排名全国前列，为科教资源的孵化和转化提供了助力（表1）。但是，南京整体的企业技术创新动力不足，企业与科教资源结合度较低，科技创新成果就地转化率不高，科技资源丰富但不能及时、高效地转化为创新产业生产力，有待进一步整合各类资源，实现产学研协同发展。

国内外城市创新驱动发展的实践显示，提升城市科教资源与产业资源的协同发展能力，实现"产学研一体化"发展，是城市实现创新驱动发展的重要源动力[8-9]。因此，南京在推进产学研协同发展的过程中，需从以下方面着手：首先，突出企业的主体地位。高新企业作为创新产业的主体，要提高自主创新意识，内部可设立创新研发中心，通过科技人员实习、项目交流、定期培训和设立高校合作培育基地等方式引进高校科技人才,推动技术与知识要素的流动。其次,发挥高校和人才的作用。支持高校院所优势学科向创新集群转化,打通基础研究、应用开发与产业化的双向通道,鼓励校企合作办学,创设一批前沿、新兴、交叉的一流学科,培育紧缺型创业、创新人才并及时向企业输送。最后,强化科研院所建设。硬件上,根据创新产业研究需要,增加高端研究设备、重点实验室相关配套设施等。软件上,以企业需求和市场为导向,引进一批活跃在前沿科学领域一线的世界顶尖科学家及其团队,组建由战略科学家领衔的创新科研团队,同时从校企引进专业人才参与。此外,在"产学研一体化"进程中,除了企业、高校和科研院所自身的相互协同,政府、金融机构及科技中介机构也起到了相应的保障和推动作用。

G312 创新走廊是南京产学研协同发展的空间实践案例,它串联了沿线的 6 所 211院校校区、3 个国家级开发区和 33 个国家级企业孵化器等创新载体。围绕南京高新技术开发区、南京经济技术开发区和镇江南部低碳生态新城等开发园区,打造 6 个高新技术企业集聚区,促进产业间的区域协作、错位发展;围绕新模范马路、鼓楼大学科技园、南京主城区高校,打造 2 个高校科研院所集聚区,定期组织教师和技术人员轮岗和技术交流活动;围绕仙林—宝华镇区、镇江大学科技园打造 2 个校企合作创新区,实现科教资源与产业资源的流通、共享、协作,通过创新空间内的"产学研一体化",依托高校优势学科和产业园区主导产业,重点发展文化创意、软件研发和机器人等产业类型。

未来,南京的"产学研一体化"格局将从区域化走向国际化,为创新名城建设提供优质的内部支撑。一方面,推动国际一流大学、一流学科、一流科研院所及一流人才队伍的建设,建设国家综合性科学中心;另一方面,集聚科技、金融、法律和咨询等高端服务要素,构建以企业为主体、以市场为导向、产学研深度融合的创新生态链,促进科技成果转化,建设国际科技产业创新中心。

2.2　中观层面:打造城市内部的创新空间新结构

2.2.1　协同优化空间布局

南京的创新平台多、类型多样,但创新定位协同不足,缺乏类似北京中关村这种集聚创新研发资源的核心力量,难以提升创新平台的创新输出能力;开发区、企业孵化器、众创空间等创新平台的内在联系的规律性和关联度较低。为进一步整合创新空间资源,南京应以科技为导向,结合资源禀赋,在创新名城目标引领下,开创全域创新的新格局。规划以江北新区为核心,以仙林大学城、江宁大学城、江北大学城为知识供给和技术创新的策源地,联动环南大、东大、南艺、南工大、河海、南航和南理工硅巷及 15 个高新园区,推进"产城融合"协调发展,打通优势学科、高端平台与创新集群、高新园区的联系通道,发挥南京科教资源优势与高新区产业发展优势,紧密对接、高效融合,走出一条具有南京特色的创新园区高质量发展道路。

2.2.2 主城内：资源多维度协同

南京主城内交通、生活便利，是科教资源和创新资源最为集中的区域，也是现代金融业、服务业的重要聚集地，可以最大程度调动和释放创新动力、降低创新成本。但是，主城内土地空间有限、房价租金成本较高，难以形成大规模的科技产业园。因此，主城内的创新空间主要关注与城市功能灵活、多元的协同。

一是创新与城市更新的协同。城市更新是提升主城发展活力的过程，通常在保护历史文化底蕴的同时完善基础设施配套、带动产业升级，而创新产业作为激发城市活力的手段之一，与城市更新密不可分。对于主城内的创新空间，规划采用"硅巷"模式，利用城区内大量的创新人才和成熟的服务业资源，打破固定边界，促进创新、创业者之间的交流；利用楼宇提档升级，构筑多元化、立体式的产业发展空间。例如，通过引导存量用地再开发，将珠江路高校集聚区改造为创新办公空间，释放有限空间的"内生"和"存量"，建设信息平台和社交平台，提供资金与创新基础设施支持，激发自下而上的创新活力，推动文化隐性基因的显性表达，最大程度地调动和释放区域的创新动力，释放文化意蕴[10-11]。

二是创新与相关文化创意产业选址需求的协同。主城地区的历史文化资源为文化创意产业提供了良好的产业链基础，老厂房也为企业入驻提供了优质的存量空间，通常是文化创意产业布局的首选区域。例如，南京国创园原本是南京第二机床厂，规划通过修缮改造旧厂房、建设企业孵化平台和完善产业链，目前已建设成为拥有工业设计、形象设计、技术研发、文化创意等主导产业的国家级创业园。南京国创园凭借浓厚的文化氛围吸引了大量的年轻创业人群，集聚了100多家领军型创业人才企业，激发了城市的文化活力。

三是创新与生活社区的协同。作为创新人才居住的最基本保障，生活社区建设是吸引创新人才、留住创新人才的基础。南京主城内老旧社区较多，虽然具有地理优势，但租金较高、品质较低。规划完善社区公共服务设施、提升社区配套服务设施，既可以优化城市空间，又可以满足创新人才对生活品质的追求。例如，南京人才公寓配套了商场超市、咖啡馆、酒吧、医疗卫生等设施，为创业者提供高效运转、功能混合的空间，促进了创业人群的交往和交流，打造"创新社区"，迸发创新火花。

2.2.3 主城外：平台差异化协同

南京主城外围分布着4个国家级开发区、13个省级开发区及20多个科技创新平台，不同开发区和创新平台之间主导产业同质化现象普遍，产业特色不明显导致内部竞争加大，难以形成整体优势。

为减少同类园区的低水平竞争和内耗，促进协同创新，规划从顶层引导不同区域因地制宜地开展园区规划，在综合考虑周边的高校、科研和企业资源的基础上，挑选自身发展基础较为优质的产业作为创新主导产业，各自形成产业优势，并通过不同区域之间的错位发展、协同互补，完善产业链、价值链，提升主城外围创新空间的整体竞争力。2017年，在"两落地、一融合"政策及规划指引下，全市整合设立了15个高新园区，并强化高新园区的创新作用,遵循产业链的内在规律,指导园区聚焦主导产业和特色产业。同时,差异化培育创新产业项目,以各区产业集聚发展为基础,促进创新平台的协同发展,打造"全省第一、全国前三、全球知名"的产业地标。

2.3 微观层面:创新、协同内部功能

城市创新空间微观层面的打造,重点在于通过生产、生活和生态空间的功能协同及特色化塑造,满足创新的多样性和差异化需求。① 从创新产业角度,园区内协同第二与第三产业联动发展极为重要。通过产业功能和商务配套功能,将生产与配套按照内在逻辑有机串联。同时,采用精明增长的生产方式,推动产业衍生发展,打造低成本、高品质的运营环境,容纳产业楼宇、专业园区和企业庄园等多种类型的创新企业空间。② 从生活协同配套角度,在园区内协同软、硬件服务设施建设。硬件上,完善居住功能和商业功能,从产业化到"产城融合",通过现代商业设施的导入,汇聚创新平台社区的人气和活力,建设青年公寓、专家社区、国际公馆和员工社区等各类创业人群的家园;软件上,制定人才吸引政策,提供高品质生活保障,吸引高端创新人才。③ 从生态环境角度,协同生态保护与经济发展。尊重自然景观,保护生态肌理,构建绿地体系和开放空间,结合生态走廊、开放广场和街头绿地等形成公共活动空间(图3)。

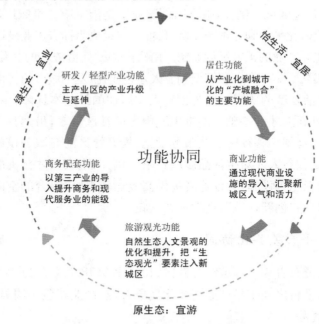

图 3 生产、生活和生态空间协同示意图

综上可看出,微观层面的创新空间内部各类功能用地的布局在空间上呈现有逻辑的协同分布。例如,江宁经开区江苏软件园内,通过协同生产、生活和生态"三位一体"的内部功能分区,形成创新空间结构。大学、研发中心、交流与新科技展示中心等具有生产功能的建筑,与购物广场、娱乐中心、居住等功能协同布局,便于创新人才的生活;而绿地、公共

交通及步行走廊等则穿插于各类功能用地之间,形成优美的环境,提升整体创新氛围。

3 南京打造创新名城空间的发展策略

在构建上述创新空间格局的基础上,南京从政府引导、企业主体、创新人才和创新文化等方面提出创新空间发展策略。

3.1 强化政府引导,协同创新空间要素的分类集聚

首先,提升高校和企业技术研发补贴,完善高校科研平台建设,提升科研院所的研究能力,推动科研成果的产出;其次,建立市场化的人才评价机制,促进高端人才在企业与高校、研究院所之间协同集聚;再次,建立信息化交流平台,避免科研与企业之间信息的不对称,促进创新要素的共享;最后,在营造创新创业法治环境、新经济市场准入和行业监管、开放创新体系等方面,出台相关政策,为营造创新生态环境提供政策保障。

3.2 突出企业主体地位,提升创新资源的集聚布局效应

支持企业作为市场主体参与国家计划、牵头组织产业化项目,在鼓励企业设立海内外研发中心及产业化基地的基础上,强化高校和科研院所对企业人才及基础研究成果的输送;保障高新企业创新经费的投入,提升企业科研成果的转化率;鼓励龙头企业周边集聚上下游企业,提供政策支持,鼓励企业间更广范围、更高层次、更深程度的沟通合作,提高创新资源的集聚布局效应。

3.3 引进创新创业人才,打造优质创新社区

首先,研究建立市场化的人才评价机制,促进高端人才在企业与高校、研究院所之间有效流动;其次,推出企业家引进与培养计划,突破身份、职称、国籍等限制,引进海内外高端领军人才和专业团队;再次,强化本土高端人才培养战略,建立鼓励创新、公平竞争的激励机制,将科教优势转化为创新优势。此外,创新社区是创新人才集聚的空间,应以精品社区为目标,完善公共服务设施配套,为创新人才提供居住、生活、教育、社交、休闲和健康等生活服务的扶持、补贴,促进人才交流集聚,激发创新创业热情。

3.4 激发城市创新文化,形成创新名城价值内核

一方面,创新文化是创新空间形成的基石。充分挖掘南京的历史文化名城潜力,将创新要素植入到南京更深层次的文化基因中,推动创新成为南京的文化自觉和文化自信,从而提升创新创业人才、创新企业、创新活动开展的积极性与创造性,使其成为激发创新空间形成的内在基础动力。另一方面,基于文化的创新空间塑造可以提升城市差异化的发展优势,而特色文创产业与城市空间的协同互动式发展,可以提升创新名城的全球竞合能力,树立创新品牌。

4 结 语

城市创新空间是城市开展创新型研究和创新型产业落地的载体,不同类型、尺度的创新空间组成了创新型城市的多维空间特色,且在各具特色的创新空间的相互作用形成一个完整的城市创新生态体系。本文从协同创新视角出发,以南京创新空间协同规划实践为例,从宏观层面分析了南京创新空间的区域互补协同、产学研协同;从中观层面构建了全域创新的协同创新空间布局体系,并结合主城内外的特征提出了差异化的创新空间格局优化对策;从微观层面提出了城市创新载体的内部功能协同对策。最后,从政府、企业、人才和文化等不同主体角度,对未来创新名城的建设提出了相应的协同策略,为新形势下城市创新空间协同发展提供了参考。

参考文献

[1] 曾鹏. 当代城市创新空间理论与发展模式研究[D]. 天津:天津大学,2007.

[2] 朱凯. 政府参与的创新空间"组"模式与"织"导向初探:以南京市为例[J]. 城市规划,2015,39(3):49-64.

[3] 王兴平. 中国城市新产业空间:发展机制与空间组织[M]. 北京:科学出版社,2005.

[4] 陈爱萍,马有才. 高新技术产业集群与创新型城市的关联性分析[J]. 科技管理研究,2009,29(11):364-365,377.

[5] 屠启宇,邓智团. 创新驱动视角下的城市功能再设计与空间再组织[J]. 科学学研究,2011,29(9):1425-1434.

[6] Camagni R. Innovation Networks[M]. London:Belhaven Press,1991.

[7] Feldman M,Desrochers P. The university and economic development:The case of Johns Hopkins University and Baltimore[J]. Economic Development Quarterly,1994,8(1):67-76.

[8] 戴艳萍,胡冰. 基于协同创新理论的文化产业科技创新能力构建[J]. 经济体制改革,2018(2):194-199.

[9] 汤海孺. 创新生态系统与创新空间研究:以杭州为例[J]. 城市规划,2015,39(S1):19-24.

[10] 邓智团. 创新型企业集聚新趋势与中心城区复兴新路径:以纽约硅巷复兴为例[J]. 城市发展研究,2015,22(12):51-56.

[11] 林奇,张壬癸. 借鉴美国"硅巷"模式打造深圳东部高新区[J]. 宏观经济管理,2017(S1):350-351.

(本文原载于《规划师》2018年第10期)

新区新理念 新区新模式 新区新发展

——南京江北新区规划探索与实践

郑晓华 石 崝

摘 要：当前，国家级新区的大量获批和快速发展，不约而同地在建设中面临着如何引导和促进新区健康发展的难题，在规划理念上缺乏对民计民生和品质塑造的关注。本文基于生态宜居引导和公共基础设施先行的规划理念，以南京江北新区为例，分析了现状发展存在的问题，在以生态宜居和公共设施先行为导向的基础上，结合江北新区规划建设情况深入探讨了适合国家级新区的规划建设模式。

关键词：国家级新区；生态宜居；公建先行；规划建设模式

1 研究背景

1.1 成立历程及区位特征

2013年4月，国务院批准《苏南现代化建设示范区规划》，提出要以潜力较大的江北新区通过转型发展提升南京的竞争力和国际化水平。在此背景下，南京市规划局于同年7月启动编制了《江北新区2049战略暨2030总体规划》，2015年6月27日，国务院正式批复同意设立江北新区。

江北新区位于南京市域以内，长江以北，包括南京市浦口区、六合区和栖霞区八卦洲街道，规划面积788 km²。区域东西最长90 km、南北最窄不到15 km，其中老山以南的中心区南北纵深不到5 km，呈现典型的带形城市形态（图1）。新区东承长三角城市群核心区域，西联皖江城市带、长江中游城市群，位于我国沿海经济带与长江经济带"T"形交汇处，是长三角辐射带动长江中上游地区发展的重要节点，也是中西部城市东进的"门户"。"一带一路"、长江经济带、长三角区域一体化、扬子江城市群等多重国家重大战略的叠合实施，为江北新区提供了全新的时代发展机遇①。

1.2 功能定位

至2016年底，国务院已批复设立了18个国家级新区，国家发改委明确了各新区体制机

---

① 详见《江北新区总体规划（2014—2030年）》。

南京江北新区在国家发展格局的区位

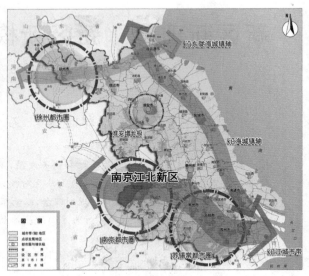

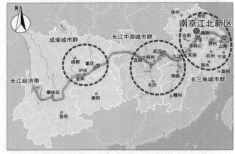

南京江北新区在长江经济带的区位

南京江北新区在江苏省的区位

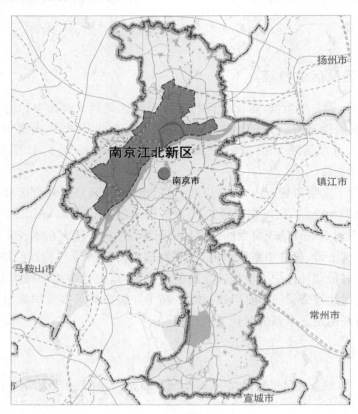

图1 江北新区区位图

(图片来源:《江北新区总体规划(2014—2030年)》)

制的创新重点,要求各新区围绕1~2个重点方向开展体制机制先行探索,力争形成可复制、可推广的经验[1]。江北新区按照"自主创新先导区、新型城镇化示范区、长三角地区现代产业集聚区、长江经济带对外开放合作重要平台"的目标定位[2],充分发挥在"一带一路"和长江经济带建设、长三角一体化发展以及南京都市圈、宁镇扬同城化发展中的示范引领带动作用,构建"生态低碳、科技人文、宜居可持续的现代化都会区"(图2)。

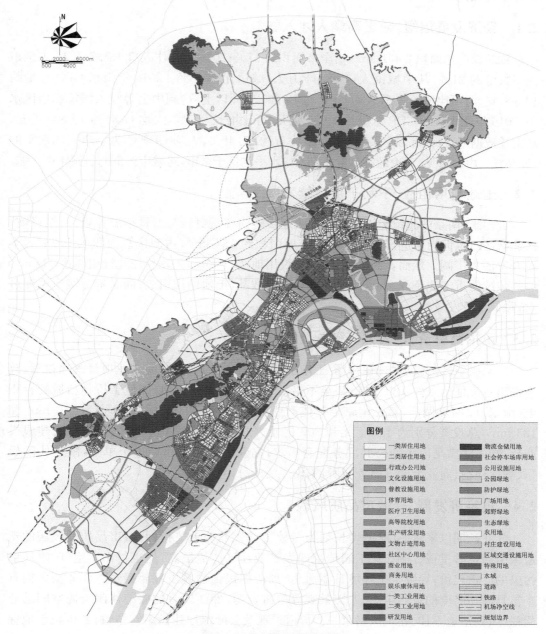

图2　江北新区总体规划图

(图片来源:《江北新区总体规划(2014—2030年)》)

2 江北新区现状概况及存在的主要问题

近现代以来江北一直是南京城市的边缘地区和重化工产业基地,近十年来江北新区开始呈现新的发展趋势,但与对标的国家级新区相比,江北新区还存在诸多差距,主要存在几个方面的问题。

2.1 经济发展迟缓,缺乏高端人才入驻

江北新区总面积 2 451 km²,占全市面积的 37%;2013 年常住人口 168.7 万人,占全市人口数量的 21%,其中城镇人口 98.44 万人,城镇化率 58%。2016 年南京 GDP 总量约 10 500 亿元,可比增长 8%,人均 GDP 达 18 000 美元以上,达到中上等收入国家和地区水平;2016 年江北新区 GDP 总量约 1 625 亿元,可比增长 9.3%,人均 GDP 约 13 600 美元。从上述数据来看,江北新区 GDP 占全市比重约 15.48%,人均 GDP 约为全市人均水平的 75.56%。由此可见,无论经济总量还是人均水平均低于全市,对城市经济的引领作用不强。

2.2 土地利用粗放,不利于可持续发展

近年来,南京的城市建设由外延扩张逐步转向存量更新与增量拓展并重,截至目前,江北新区适宜但尚未进行城镇建设的区域面积约 187 km²,占新区总面积的 7.63%,土地开发潜力广阔。然而,现状人均城镇建设用地达 200 m²,人均村庄建设用地达 324 m²,一些传统的重工业企业、大型国企等项目布局散乱,土地使用粗放;同时带形城市尺度过大,降低了开发效率。

2.3 重招商引资,轻公共基础配套

国家级新区的发展与招商引资工作密不可分[3]。为吸引好的产业项目落地投资,政府提出各类优惠条件予以支持,甚至不惜低成本供应大片土地,如位于桥林新城的台积电(南京)12 时晶圆厂、紫光南京半导体产业基地两个项目占地面积分别为 140 hm² 和 133 hm²,总投资分别为 198 亿元和 800 亿元。但是,大片的工业园区、总部办公建成投产后,却无法满足市民的公共服务配套需求,高新区内功能布局过于单一,缺乏休闲娱乐、餐饮住宿、商业金融等服务场所,工作生活十分不便。

2.4 重经济发展,轻城市品质风貌

江北长期以来将 GDP 的增长列为考核工作成效的重要指标,城市品质及风貌的塑造未引起足够重视。例如化工园传统四大工业片区产值虽高,但也付出了空气、水环境污染的严重代价,导致生态环境日益恶劣,周边居民信访频发甚至搬迁。江北新区拥有丰富且高知名度的自然生态、人文景观等旅游资源,然而现有的旅游休闲资源空间品质粗糙、风貌塑造不佳、建筑风格单一。街道景观及公园绿地建设不够精致,缺少城市地标建筑,缺乏传统文化底蕴。

3　生态宜居与公共设施先行的规划理念与策略

江北新区以生态宜居与公共设施先行的规划理念为导向,在规划中贯彻落实"生态优先、区域一体、公交引领、魅力城乡、文化彰显、均衡服务、产业整合、动态时序"等战略理念,明确新区的生态空间、布局结构、公共设施配套和综合交通体系,主要包括以下几点。

3.1　先行规划蓝绿生态系统,塑造特色风貌品质

江北新区拥有丰富的生态本底、特色的自然风貌和深厚的历史文化底蕴。规划基于大区域生态网架构筑网络化的"蓝绿"生态系统和区域水安全格局。将 52 片总面积543 km² 的区域划定为生态红线区,约占江北新区总面积的 22.2%。充分发挥江北新区大山大水的自然资源优势,形成"一圈、三楔、多斑块"的生态空间结构(图 3)。借鉴国内

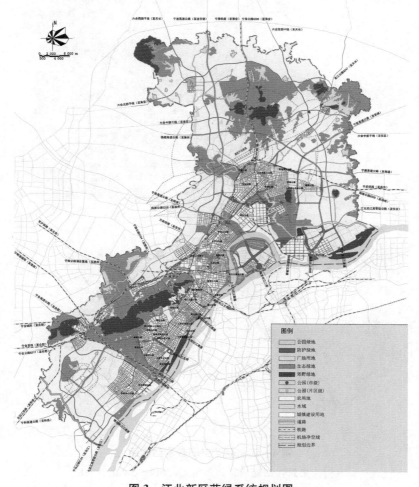

图 3　江北新区蓝绿系统规划图

(图片来源:《江北新区总体规划(2014—2030 年)》)

外带状城市成功的建设经验,突破单一的地理空间规划限制,创新空间布局、城市形态,突破传统城市蔓延式的发展模式,顺应江北新区"江山城林"自然形态,构建带形组团城市格局,按照"产城融合、绿色低碳、人与自然和谐相处"的要求,均衡布局产业组团和生活组团,按照工业化和城镇化同步推进要求,进一步明确新市镇新社区的规划布局,对拟保留村庄、要搬迁村庄、新建设的市镇,做出科学安排。依托长江开阔岸线,塑造滨江城市轮廓,打造最具跨江发展态势的现代滨江大都市品牌形象;借助老山等生态资源,塑造"家家尽枕山、户户都见江"的良好城市格局(图4)。

图4 江北新区空间景观结构图

(图片来源:《江北新区总体规划(2014—2030 年)》)

在规划实施层面,南京老山生态旅游体验园位于老山景区内,计划总建筑面积约55万 m^2。将建设全天候、全气候的一站式大型娱乐综合体、悬崖蜂巢酒店及商业餐饮配套等,建设大型野生动物园、马戏文化主题乐园、动物主题酒店、自然博物馆等游乐设施。该项目计划总投资 200 亿元,2017 年投资额达 20 亿元。截至目前,龙之谷场馆主体、蜂巢酒店主体已施工,野生动物园将全面开展建设。汤泉天然温泉养生小镇位于江北新区老山景区北侧,规划占地面积约 3 km^2。重点建设"天然温泉养生片区、森林温泉度假片区、惠济寺文化片区、老街生活片区"四大片区。

3.2　先行规划公共服务设施体系,提升城市功能内涵

江北新区总体规划按照集中集聚、公交引导开发和多中心布局[4]的原则,新区形成"一轴、两带、三心、四廊、五组团"的总体布局结构。其中,"一轴"指沿江城镇发展轴,由轨道交通、高速公路、快速路支撑和串联,形成沿江、带形、组团布局的江北城镇密集发展地区;"三心"指浦口、雄州综合型城市中心及大厂生产性服务专业型中心。依据总体布局结构,规划形成"1 个中心城(江北中心城)—1 个副中心城(六合副中心城)—2 个新城(桥林新城、龙袍新城)—8 个新市镇(竹镇、金牛湖、马鞍、横梁、星甸、汤泉、永宁、八卦洲)"的城镇结构体系,并以"均衡化、国际化、特色化"为目标,结合城镇体系建立"城市中心—城市副中心—地区中心—社区中心"四级公共服务体系(图5),形成服务都市圈北部的高端服务中心,推进城乡基本公共服务水平均等化,落实均衡服务的理念[5]。

在规划实施方面,在江北新区中心区开展建设国际健康城,重点引进国际知名医疗机构、医学院、医产研结合产业等,同时引进配套的国际、国内名校和商业服务业配套设施。浦口、雄州、桥北等多个商业服务中心逐渐完善,吸引了多个国内知名商业地产项目意向入驻,其中,江北国际医疗中心已开工建设,建成后为三级甲等医院。同时,为切实提高民计民生,在浦口市级中心引进建设华润万象城,计划总投资 90 亿元;在六合雄州副中心引进建设万达广场,计划总投资 40 亿元;在大厂生产性服务中心引进建设蜂巢城市,计划总投资 40 亿元。另外,位于江北新区中心区内的新区规划展览馆(市民中心)、美术馆及图书馆即将动工建设,计划总投资 16 亿元。一年多以来,已成为南京市房地产发展的领头羊,房地产市场普遍看好,同时也成为吸引高端人才入驻的新增长极。

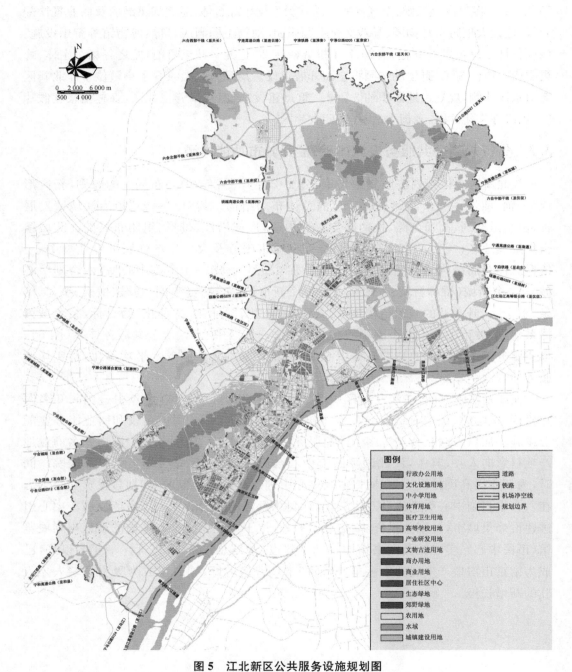

图 5　江北新区公共服务设施规划图

(图片来源:《江北新区总体规划(2014—2030 年)》)

3.3　先行规划公交引领的综合交通体系，交通引导城市发展

总体规划提出了公交引领的理念[6]，确立"畅行南京、乐享公交"的发展目标，真正实现了从"跨江发展"到"拥江发展"的梦想。交通体系的培育与完善是城市发展的重要支撑。江北将作为南京都市圈的北部服务中心，不仅与江南有着密切的交通联系，而且其自身也将逐渐成为南京一个重要的对外交通枢纽，成为我国长江沿线承东启西、辐射中西部的桥头堡和加速器。

首先，规划构筑与城市中心体系相适应、与土地利用相协调、规模合理、层次清晰、高度一体化的城市轨道交通体系。从目前的"轨道末端组织"向"轨道枢纽组织"模式转变。规划共设 12 条轨道线路，其中 7 条城市轨道，5 条城际轨道，线网总长约为 220 km；其中城市轨道总长为 156 km，车站总数为 112 座，其中 21 座为换乘车站。线网密度为 0.63 km/km²，达到南京中心城区规划线网密度。江北新区中心区线网密度为 1.5 km/km²，达到国际大都市 CBD 线网密度水平。规划形成多条换乘枢纽，使各层次线网互为补充，从而高质量地满足不同范围及不同特性的居民出行需求，促进城市整体运行效率的提升。其次，总体规划形成了"半环七射"的高速公路网布局，高速公路网规模达到191 km。形成了"四纵十二横"的快速路网布局，快速路网规模达到 365.4 km，路网密度为 0.51 km/km²。规划共形成 11 条高快速路跨江通道，其中高速公路跨江通道 2 条，快速路跨江通道 9 条，跨江通道平均间距达到 5～6 km，江南江北的交通联系将更加便捷。再次，在江海转运枢纽方面，规划建设西坝、七坝港为江海联运、水铁联运港口；在铁路枢纽方面，规划建设高铁南京北站。在机场方面，规划六合马鞍机场为军民两用机场，远期发展为国内干线机场（图6）。最后，江北新区中心区、部分新建地区采取"小街区、密路网"建设模式，道路间距控制在 70～120 m 之间。

从规划实施层面来看，"十三五"期间，江北新区将开工建设地铁 11 号线一期，全长 27 km，设站 20 座；地铁 4 号线二期，全长 9.7 km，设站 6 座；宁天城际南延线，全长 2.5 km，设站 2 座，计划总投资 292 亿元。建成后，江北新区地铁线路全长将达到 103.5 km，共计站点 53 座，其中换乘站 5 座。道路方面，"十三五"期间开工建设南京长江五桥，全长 10.3 km，计划总投资 59.7 亿元。

3.4　先行规划市政基础设施，保障居民安居乐业

总体规划按照"安全、高效、绿色、智能"的目标，施行低冲击开发方式，通过梯级调蓄，防控洪涝风险，布局低影响开发设施。首先，市政设施系统从满足基本需求走向安全可靠，规划重点解决市政设施结构性安全问题和局部供应不足的问题；其次，资源利用从粗放走向高效，规划推进基础设施节能节地，布局功能复合型设施场站，开展新区综合管廊规划研究，开展江北新区中心区地下空间综合规划；第三，环境影响从高排放走向绿色低碳，规划加强污水、垃圾、公厕等环境处理设施的布设。

规划实施方面，2017 年将计划开展江北新区中心区地下空间一期开发，计划总投资

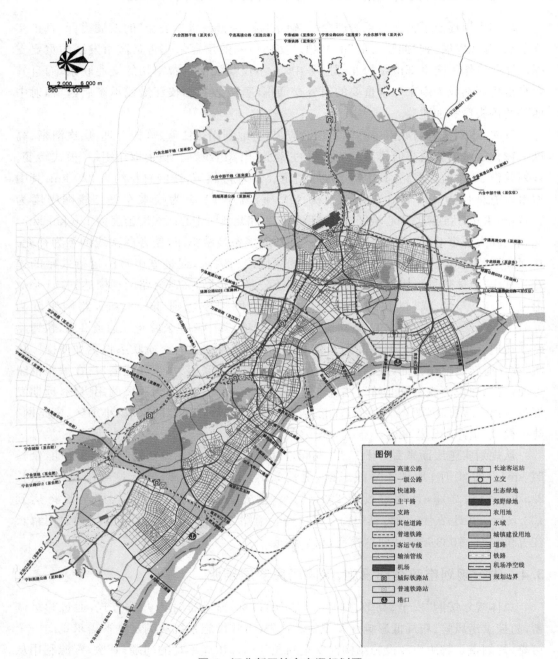

图 6　江北新区综合交通规划图

(图片来源:《江北新区总体规划(2014—2030 年)》)

131亿元,2017年投资额10亿元;同时继续建设新区综合管廊二期,计划总投资40亿元,2017年投资额10亿元。新区要求以高水平、高品质的原则,运用新科技、新理念的手法规划建设此类重大市政基础设施。

4 结 语

江北新区作为江苏省唯一的国家级新区,面对新时期发展的高标准高要求,将按照"三区一平台"的定位,结合国家"十三五"规划及中央城市工作会议的相关要求,进一步创新规划理念与开发模式。2017年新区经济得到了较快发展,超过全市GDP增长速度的1.3%,招商引资力度不断加强。实践证明,新区规划理念及建设模式的探索初见成效。今后,新区将在实践中不断完善"生态宜居 引导与公共基础设施先行"的规划建设模式,建设成为更具创新影响力、更具生态人文魅力、更具产业竞争力、更具国际影响力的国家级新区。

参考文献

[1] 李韶辉.17个国家级新区体制机制创新重点确定[N].中国改革报,2016-5-19(1).
[2] 鲁雯雪,卢向虎.国家级新区战略定位比较分析[J].城市观察,2016(4):32-38.
[3] 孙来忠.兰州新区规划中突出问题的应对策略研究[D].兰州:兰州交通大学,2014.
[4] 曲白,孙贵博.广州南沙国家级新区公共服务设施规划初探[J].现代城市研究,2016(4):127-132.
[5] 王陈伟,景龙辉.西咸新区应对经济新常态的新思路和新模式[J].城市,2016(1):36-39.
[6] 张泉,黄富民,杨涛,等.公交优先[M].北京:中国建筑工业出版社,2010.

(本文原载于《城市建筑》2017年6月)

当前生态保护红线与自然保护地的
逻辑矛盾分析

叶 斌 沈 洁 皇甫玥

摘 要:2019年国家完成机构改革后,国家相继开展生态保护红线评估调整和自然保护地整合优化,并要求两项工作做好衔接。笔者基于南京市生态保护红线评估调整和自然保护地整合优化两项工作实践,就当前政策背景和工作规则下两项工作的逻辑矛盾根源进行剖析,以期厘清当前国土空间规划下生态保护的重点,推进两项工作的科学性和可操作性,并对当前国土空间规划背景下生态保护工作和生态安全格局的建构提出建议。

关键字:生态保护红线;自然保护地;生态安全格局;南京

1 引 言

2019年6月16日,中共中央办公厅、国务院办公厅印发《关于建立以国家公园为主体的自然保护地体系的指导意见》(以下简称《自然保护地指导意见》),明确建立以国家公园为主体的自然保护地体系。2019年10月24日,中共中央办公厅、国务院办公厅印发《关于在国土空间规划中统筹划定落实三条控制线的指导意见》(以下简称《三线指导意见》),明确了生态保护红线的划定要求。

2019年国家完成机构改革后,自然资源部、生态环境部共同部署开展生态保护红线评估工作。2020年2月10日,自然资源部、国家林业和草原局印发《关于做好自然保护区范围及功能分区优化调整前期有关工作的函》。随后,江苏省自然资源厅、江苏省林业局印发《关于做好自然保护地整合优化前期工作的函》,明确统筹推进生态保护红线评估调整和自然保护地整合优化前期工作。南京经过多轮反复校核,目前已经形成生态保护红线和自然保护地稳定成果,但两者仍然存在一定矛盾。

基于南京生态保护红线评估调整和自然保护地整合优化两项工作的实践,笔者就当前政策背景及工作规则下生态保护红线与自然保护地的矛盾根源进行剖析,以期厘清当前国土空间规划下生态保护的思路和实践操作路径。

2 概念梳理

2.1 生态保护红线

"生态保护红线"这一概念是我国原创性地首次提出,它的早期雏形是区域生态规划中的红线控制区,并在生态保护、规划、管理和科学研究过程中逐渐发展,并上升为国家战略的一种生态环境保护理念。红线制度的建立始自 2011 年 10 月《国务院关于加强环境保护重点工作的意见》,2017 年 2 月中共中央办公厅、国务院办公厅印发《关于划定并严守生态保护红线的若干意见》,标志着全国生态保护红线的划定工作与制度建设正式全面启动(图 1)。

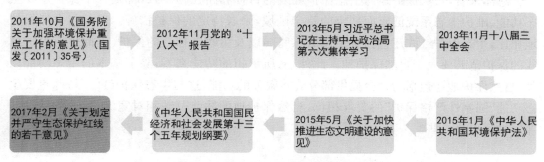

图 1　生态保护红线制度的建立过程

2019 年《三线指导意见》明确生态保护红线是指在生态空间范围内具有特殊重要生态功能,必须强制性严格保护的区域。优先将具有重要水源涵养、生态多样性维护、水土保持、防风固沙、海岸防护等功能的生态功能极重要区域,以及生态极敏感脆弱的水土流失、沙漠化、石漠化、海岸侵蚀等区域划入生态保护红线。

划定生态保护红线应在空间上确定严格保护的区域,但空间落地并不是终极目标,对红线区域内的生态环境实施长期有效保护与严格监管则更为关键。其内涵可概括为"三条线":(1)生态服务保障线,即生态保护红线是提供生态调节与文化服务的必需生态区域,确保水源涵养、土壤保持、防风固沙、洪水调

图 2　生态保护红线的内涵

蓄等重要生态功能发挥,支撑经济社会可持续发展;(2)人居环境保障线,即保护生态环境敏感区、脆弱区,改善生态环境质量与生态服务功能,减缓自然灾害,维护人居环境安全的基本生态屏障;(3)生物多样性保护线,即保障关键物种、生态系统与种质资源生存与发展的最小面积,维持生物多样性,促进生物资源可持续利用(图 2)。

2.2 自然保护地

根据2019年《自然保护地指导意见》:"自然保护地是由各级政府依法划定或确认,对重要的自然生态系统、自然遗迹、自然景观及其所承载的自然资源、生态功能和文化价值实施长期保护的陆域或海域。"

建立自然保护地的目的是:(1) 守护自然生态,保育自然资源,保护生物多样性与地质地貌景观多样性,维护自然生态系统健康稳定,提高生态系统服务功能;(2) 服务社会,为人民提供优质的生态产品,为全社会提供科研、教育、体验、游憩等公共服务;(3) 维持人与自然和谐共生并永续发展。

总体来看,自然保护地与生态保护红线的目标和路径相一致,都是为了保护重要生态功能、维护生态系统健康而划定的特定区域,采取特定的保护措施。但是与自然保护地相比,生态保护红线还包括对生态敏感脆弱以及生物多样性的保护,因此生态保护红线的保护范畴要大于自然保护地。此外,从所承担的功能来看,除了基本的生态功能以外,自然保护地还包括为社会提供部分公共服务的功能,这与生态保护红线"特殊重要生态功能、强制性严格保护"的要求相比,自然保护地的功能范畴相对宽泛,对人为活动的兼容性也更高一些。

3 国家改革背景要求

3.1 自然保护地划定要求

根据《自然保护地指导意见》,自然保护地按生态价值和保护强度高低依次为:国家公园、自然保护区、自然公园,并应对现有的自然保护区、风景名胜区、地质公园、森林公园、海洋公园、湿地公园、冰川公园、草原公园、沙漠公园、草原风景区、水产种质资源保护区、野生植物原生境保护区(点)、自然保护小区、野生动物重要栖息地等各类自然保护地开展综合评价,按照保护区域的自然属性、生态价值和管理目标进行梳理调整和归类,逐步形成以国家公园为主体、自然保护区为基础、各类自然公园为补充的自然保护地分类系统。

3.2 生态保护红线划定要求

根据《三线指导意见》,生态保护红线是指生态空间范围内具有特殊重要生态功能、必须强制性严格保护的区域,应按照生态功能划定生态保护红线。2019年自然资源部办公厅、生态环境部办公厅印发的《关于开展生态保护红线评估工作的函》明确要求应"按照实事求是、时间服从质量的要求","科学评估生态保护红线划定情况,调整完善划定成果"。

3.3　三条控制线不重叠不冲突要求

根据《三线指导意见》，应"科学划定落实三条控制线（生态保护红线、永久基本农田、城镇开发边界），做到不交叉、不重叠、不冲突"。因此，评估调整后的生态保护红线范围内不应存在永久基本农田或城镇开发边界。

4　当前自然保护地与生态保护红线的矛盾

4.1　来自不同文件的矛盾：空间上到底是不是"包含"关系

《自然保护地指导意见》提出，要将各类自然保护地纳入生态保护红线管控范围。《三线指导意见》也明确提出，评估调整后的自然保护地应划入生态保护红线；自然保护地发生调整的，生态保护红线相应调整。根据这两个文件，生态保护红线与自然保护地应形成"包含"与"被包含"的关系，自然保护地的空间范围应"被包含"在生态保护红线内（图 3）。

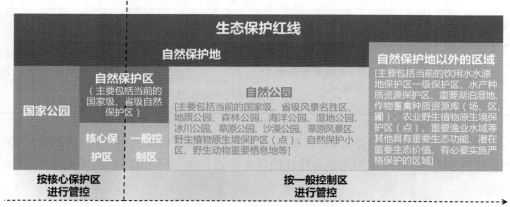

图 3　生态保护红线与自然保护地关系图（笔者自绘）

然而，在 2017 年印发的《生态保护红线划定指南》、2018 年公布的《江苏省国家级生态保护红线规划》以及 2020 年《江苏省生态空间管控区域规划》等文件中，对于生态保护红线与自然保护地两者关系却有不同的解释。这三个文件都要求根据自然保护地的功能分区，有选择地将其中主要的生态功能区域划入生态保护红线，而不是将自然保护地范围全部划入红线（表 1）。因此，建立在这三个文件基础上的生态保护红线与自然保护地在空间上是一种"交叉"关系，而非完全"包含"的关系。

表1　其他文件对应划入生态保护红线的自然保护地范围要求

序号	江苏省生态保护红线类型	应纳入生态保护红线的自然保护地范围要求		
		《生态保护红线划定指南》(2017年)	《江苏省国家级生态保护红线规划》(2018年)	《江苏省生态空间管控区域规划》(2020年)
1	自然保护地区	国家级、省级自然保护区	国家级、省级、市级、县级自然保护区	国家级、省级、市级、县级自然保护区
2	森林公园	国家级、省级森林公园的生态保育区和核心景观区	国家级、省级森林公园的生态保育区和核心景观区	国家级、省级森林公园的生态保育区和核心景观区
3	风景名胜区	国家级、省级风景名胜区的核心景区	国家级、省级风景名胜区的一级保护区(核心景区)	国家级、省级风景名胜区的一级保护区(核心景区)
4	地质公园	国家级、省级地质公园的地质遗迹保护区	国家级、省级地质公园的地质遗迹保护区	国家级、省级地质公园的地质遗迹保护区
5	湿地公园	国家级、省级湿地公园的湿地保育区和恢复重建区	国家级、省级湿地公园的湿地保育区和恢复重建区	国家级、省级湿地公园的湿地保育区和恢复重建区
6	饮用水水源保护区	国家级、省级饮用水水源地的一级保护区	县级以上集中式饮用水水源地一级、二级保护区	县级以上集中式饮用水水源地一级、二级保护区
7	水产种质资源保护区	国家级、省级水产种质资源保护区的核心区	国家级、省级水产种质资源保护区的核心区	国家级、省级水产种质资源保护区的核心区
8	重要湖泊湿地	国家级、省级重要湿地(含滨海湿地)	12个省管湖泊的湖体部分,周边的湿地、自然岸线等也可划入	12个省管湖泊的湖体部分属于自然保护地范围的,湖体周边的湿地、自然岸线等也可纳入

注:笔者根据相关文件梳理。

上述这些分别来自两办、国家发改委、环保部,以及省级政府的文件,导致在生态保护红线评估调整和自然保护地整合优化两项工作过程中,不同部门对两者关系的理解不尽相同。

4.2　来自不同视角的矛盾:到底是功能区域还是管理区域

根据《自然保护地指导意见》,自然保护地整合优化工作应在对现有各类自然保护地开展综合评价,按照保护区域的自然属性、生态价值和管理目标进行梳理调整和归类,整合交叉重叠的自然保护地。但是,本次自然保护地整合优化工作由于时间的限制,实际上只是对现有的各类自然保护地进行简单的空间去重,确保空间上不交叉不重叠,却并未对现有的各类自然保护地开展综合评价。

因此,当前各类自然保护地的空间范围及构成依旧延续了原有的自然保护区、森林公园、风景名胜区、地质公园、湿地公园等的功能分区逻辑,整合优化后的自然保护地本质上仍然是一个管理范围,通常包括自然保护地保护的生态区域以及其他配套区域(表2)。例如,湿地公园除了"保育区""恢复重建区"是具有较重要生态功能的区域外,还包括"合理利用区",可以兼容不损害湿地功能的有限活动;地质公园除了"地质遗迹景观区""自然生态区"等生态功能区域外，还包括"人文景观区""居民点保留区""综合服务区"等，其中"综合服务区"可包括公园门区、地质广场、博物馆、影视厅和提供游客服务与公园管理的区域；森林公园除了"核心景观区""生态保育区"等生态功能区域外，还包括"一般游憩区""管理服务区"等。

表2 当前各类自然保护地功能构成

序号	类型	功能分区		出处
1	自然保护区*	核心保护区	核心区	《中华人民共和国自然保护区条例》
			缓冲区	
		一般控制区	试验区	
2	森林公园	核心景观区：是指拥有特别珍贵的森林风景资源，必须进行严格保护的区域		《国家森林公园总体规划规范》
		一般游憩区：是指森林风景资源相对平常，且方便开展旅游活动的区域		
		管理服务区：是指为满足森林公园管理和旅游接待服务需要而划定的区域		
		生态保育区：是指在本规划期内以生态保护修复为主，基本不进行开发建设，不对游客开放的区域		
3	风景名胜区	生态保护区：风景区内有科学研究价值或其他保存价值的生物种群及其环境		《风景名胜区规划规范》
		自然景观保护区：需要严格限制开发行为的特殊天然景源和景观		
		史迹保护区：风景区内各级文物和有价值的历代史迹遗址的周围		
		风景恢复区：风景区内需要重点恢复、培育、抚育、涵养、保持的对象与地区		
		风景游览区：风景区的景物、景点、景群、景区等各级风景结构单元和风景游赏对象集中地		
		发展控制区：风景区范围内，对上述五类保育区以外的用地与水面及其他各项用地		
4	地质公园	地质遗迹景观区：以地质遗迹景观为主及其他重要自然景观的分布区域（可含人文景观点）		《国家地质公园规划编制技术要求》
		人文景观区：具有一定范围的历史古迹、古典园林、宗教文化、民俗风情等游览观光区域		
		综合服务区：主要包括公园门区、地质广场、博物馆、影视厅和提供游客服务与公园管理的区域		
		居民点保留区：园内规划保留的居民点用地		
		自然生态区：除地质遗迹景观区、人文景观区、综合服务区和居民点保留区以外的处于自然环境状态的区域		
5	湿地公园	保育区：除开展保护、监测、科学研究等必需的保护管理活动外，不得进行任何与湿地生态系统保护和管理无关的其他活动的区域		《国家湿地公园管理办法》
		恢复重建区：开展培育和恢复湿地的相关活动的区域		
		合理利用区：开展以生态展示、科普教育为主的宣教活动，可开展不损害湿地生态系统功能的生态体验及管理服务等活动的区域		

续表

序号	类型	功能分区	出处
6	饮用水水源保护区	一级保护区:指以取水口(井)为中心,为防止人为活动对取水口的直接污染,确保取水口水质安全而划定,需加以严格限制的核心区域	《饮用水水源保护区划分技术规范》
		二级保护区:指在一级保护区以外,为防止污染源对饮用水水源水质的直接影响,保证饮用水水源一级保护区水质而划定,需加以严格控制的重点区域	
		准保护区:指依据需要,在饮用水水源二级保护区外,为涵养水源、控制污染源对饮用水水源水质的影响,保证饮用水水源二级保护区的水质而划定,需实施水污染物总量控制和生态保护的区域	
7	水产种质资源保护区	核心区	《水产种质资源保护区管理暂行办法》
		实验区	

*注:①笔者根据相关文件梳理。
②根据《关于做好自然保护区范围及功能分区优化调整前期有关工作的函》(自然资函〔2020〕71号),原自然保护区核心区、缓冲区合并为核心保护区,原实验区转为一般控制区。

按照《三线指导意见》,本轮生态保护红线评估调整工作讲究的是生态功能的科学性,是基于功能视角开展的。然而,本轮自然保护地整合优化工作的基础仍然是已经批复的现有各类自然保护地,重点问题是解决各类自然保护地批复范围的区域交叉、空间重叠,整合优化后仍然是一个管理范围,而不是一个纯粹的生态功能区域,这与生态保护红线"重要生态功能、必须严格保护"的要求是不匹配的。

4.3 来自永久基本农田的矛盾:自然保护地内的基本农田到底要不要调出

按照三条控制线(生态保护红线、永久基本农田、城镇开发边界)不交叉、不重叠、不冲突的原则,江苏省出台了《江苏省生态保护红线自评估调整规划》,规定对于核心区以外的集中连片永久基本农田(超过15亩),经评估后对生态功能不造成明显影响的可以调整到红线外。因此在生态保护红线评估调整工作中,15亩以上较大规模的连片基本农田与生态红线的矛盾都做了协调处理。

然而,虽然《关于做好自然保护地整合优化前期工作的函》明确对于自然保护地一般控制区内的永久基本农田、镇村、矿业权,"不造成明显影响的可采取依法依规相应调整一般控制区范围等措施妥善处理。具体调整规则与生态保护红线评估调整规则相衔接"。但由于国家层面没有出台明确的政策要求,江苏省层面也迟迟未出台具体的自然保护地内基本农田的调整规则,因此,由于缺乏具体的操作规则,同时也出于"面积不减少"等相关要求,自然保护地整合优化工作实际上并未明确处理基本农田与自然保护地的冲突,间接造成永久基本农田与自然保护地依旧重叠冲突的现象。

根据《三线指导意见》,"评估调整后的自然保护地应划入生态保护红线"的要求,仍然保留有大量基本农田的自然保护地方案,如果不再做协调,一经批复就将全域纳入生态保护红线,这样就又将造成生态保护红线与永久基本农田重叠的矛盾。

4.4 来自线性基础设施的矛盾：红线内的线性设施到底如何审批

虽然自然资源部《关于做好自然保护区范围及功能分区优化调整前期有关工作的函》规定了生态保护红线内允许的各类活动，但尚未明确具体操作路径，鉴于以往涉及生态保护红线的各类建设行为审批困难，本次生态保护红线评估调整工作将有相应批复文件和选址意见书的规划线性基础设施通道均从生态保护红线范围内调出。但自然保护地对于线性基础设施的建设一直以来都有相应的审批路径，故本次自然保护地整合优化工作出于保证自然保护地的完整性，并没有对线性设施做特别处理。因此，线性基础设施成为本次生态保护红线评估调整与自然保护地整合优化两项工作对接的又一重大矛盾所在。

5 建议

5.1 自然保护地的整合优化应尽快由管理视角向功能视角转变

生态保护红线评估调整与自然保护地整合优化两项工作若不能统一从功能视角出发，统一以生态功能为考量，两者的衔接必将无从谈起。因此，对于现有的各类自然保护地需要从功能视角做一次全面的评估调整，摒弃数量、面积、牌子等的桎梏，划定真正具有生态保护价值的自然保护地，并将其全部纳入生态保护红线，真正实现将"评估调整后的自然保护地划入生态保护红线"。

此外，对于永久基本农田与生态保护红线不得重叠的问题，建议应根据生态保护红线的具体类型分类对待。如按一般控制区控制的湿地公园，其范围在不影响湿地功能的前提下应可以允许兼容一定比例的永久基本农田，比如种植水稻，这样既满足湿地公园完整性的要求，又可以保障永久基本农田的总量。

5.2 生态保护红线内各类允许建设行为应尽早明确路径

《关于做好自然保护区范围及功能分区优化调整前期有关工作的函》对于生态保护红线的核心保护区和一般控制区内的各类允许建设行为都给出了明确规定，但尚无出台操作层面的文件，这些建设行为的批准主体、认定标准、审批流程都不明确，实际操作起来无路可走。从目前来看，随着国家机构改革的完成，生态保护红线的相关职能移交至自然资源部门，但涉及生态保护红线的各建设项目生态环境部门不出具环境影响评价报告，生态保护红线实际上成了建设禁区。这不但不符合生态保护红线划定的初衷，也不符合当前国家的各项政策。这也是本次生态保护红线评估调整工作要把有相应批复文件和选址意见书的规划线性基础设施通道调出生态保护红线范围的根本原因。因此，尽快建立起生态保护红线内各类允许建设审批路径迫在眉睫。

5.3 构建国土生态安全格局的理想模式

党的十八大报告指出，要优化国土空间开发格局，促进生产空间集约高效、生活空间宜居适度、生态空间山清水秀,构建科学合理的城市化格局、农业发展格局、生态安全格局。划定生态保护红线是构建国土生态安全格局的重要举措,是对生态空间范围内具有特殊重要生态功能、必须强制性严格保护区域的保护,是保障和维护国家安全的底线。但是,国土生态安全格局仅仅通过划定生态保护红线是远远不够的。在生态保护红线以外,应将具有自然属性、以提供生态服务或生态产品为主体功能的国土空间划定为次一级的生态空间,与生态保护红线一并构成国土生态安全格局的理想模式(图4)。这一类生态空间的管控较生态保护红线要低,且应该具有一定的弹性,确保具有重要生态功能的区域、重要生态系统以及生物多样性得到有效保护,具体空间范围应结合国土空间规划划定。

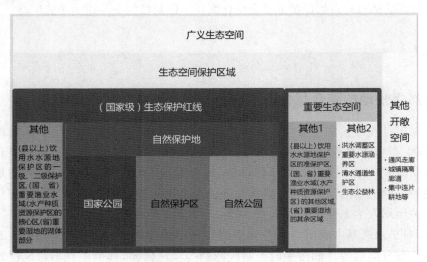

图4　国土生态安全格局理想模式

(图片来源:作者自绘)

(本文原载于《国土资源研究》2021年第4期)

从朴素生态观到景观生态观

——城市规划理论与方法的再回顾

沈 洁 张京祥

摘 要：从原始社会到后工业社会，人类的价值观经历了畏惧自然→改造自然→融和自然的过程，人与自然的关系也由主从→分裂，再走向回归。与之相应的，城市规划的理论与方法也经历了由原始、朴素的生态观→从空间上亲近自然的生态观→融功能、景观于一体的综合生态观的过程。

关键词：城市规划理论与方法；朴素生态观；形式生态观；综合生态观

Popenoe 指出，价值观是决定一个社会的理想和目标的一般和抽象的观念，价值观决定了行动，同时行动也表征了价值观。不同时代背景下主导人类行为的价值观与价值标准决定了城市规划的指导思想、主要内容和技术方法的异同，而城市规划理论与方法的演化历程也反映出人类的价值标准随时代的发展而不断变化。

1 具有生态内涵的城市规划理论与方法演化谱系

从原始部落的图腾崇拜到工业化的技术文明，再到今天的知识经济，人类的价值观经历了一个畏惧自然→改造自然→融和自然的过程，人与自然的关系也由主从到分裂，再走向回归。在这个过程中，城市规划随之发生了变化：早期的规划思想以适应自然、遵从自然为主导，城市建设水平低下，但坚持人工建筑与大自然的协调，反映出人类原始、朴素的生态观；工业革命开创了人类科技文明时代，人类改造自然的能力日益增强，自然景观不断被蚕食，但与此同时城市问题也越来越严重，规划师们从城市物质空间形态出发，提出了很多专业性、技术性的解决途径和方法，体现了一种单纯立足于从空间上亲近自然的生态观；后工业化时代，伴随生态学研究的发展，人们开始主动向生态学寻求解决城市问题的办法，出现了生态城市思想与生态规划，城市规划开始注重生态功能。发展至今，景观生态学的诞生与发展使城市规划与生态的结合又上升到了一个高度，不仅注重物质空间规划，也注重景观的生态功能及其对人的影响，城市规划由此进入由融功能、景观于一体的综合生态观引领的时代。

1.1 农业时代遵从自然的规划设计——朴素生态观

早期的城市规划将人与自然的和谐共生置于首要位置,反映出人类具有强烈的生态意识,但是当时的生产力水平极其有限,城市建设水平很低,所以,我们可以将这种生态观理解为一种迫于环境、受生产力水平制约的"朴素生态观"。

1.1.1 城市规划设计

从城市的起源来看,每一个古老城市都是因其具有优越的自然条件而逐渐发展起来的,如古埃及的孟菲斯城、底比斯城等。早期的许多城市都体现了依山傍水的选址原则:在空间布局上,这些城市大多能做到与山形水势相配合,因循自然、因地制宜地进行城市布局;在景观设计方面,农业时代的城市充分体现了"与自然相融"的原则,西方贵族崇尚自然式的田园风光,我国则通过"造园"手法来描绘理想景观,以使园林建筑与自然环境完美结合。

1.1.2 城市规划思想

农业时代的城市规划设计充分反映出"天—人"(Man-Nature)思想,即在人与自然之间谋求一种建立在"敬畏与遵从"基础之上的和谐[1]。在中国,这一思想被表达为"天人合一"。这种哲学观念深深地植根于早期的城市规划设计中,奠定了城市规划与自然融合的思想基础。中国古代的"风水学说"可以被认为是"天—人"思想于城市规划中的最集中的体现,它以"天—人"思想和阴阳平衡、五行相生相克为原则,融合了中国传统农耕的自力更生传统和风水整合、阴阳共济的乡居生态观,在一定程度上体现了生态思想的含义,是城市规划与自然生态相结合的最早、最完整的理论。

1.2 工业时代改造自然的规划设计——形式生态观

18世纪的工业革命使社会生产方式发生了改变,交通技术得到了巨大发展,但也带来了人与自然的对抗,人们以牺牲环境为代价换取经济的爆炸式增长,今天看来,这是一种背离自然的、"逆生态"的价值观的体现。路易斯·芒福德曾写道:"在1820—1900年,大城市里的破坏与混乱情况简直和战争时一样……工业主义产生了迄今以来从未有过的极端恶化的城市环境。"规划师们从物质空间的角度出发,提出了一些新的规划思想和规划方法,以应对不断出现的城市问题。这一时期的城市规划基于规划本身所具有的工程性和技术性要素及人的主观能动性,认为只要以先进的技术为基本出发点对城市物质空间变量加以控制,就可以塑造出良好的城市环境,一切政治、经济、社会问题均可迎刃而解。英国的城市规划和城市地理学家 D. Burtenshaw 等将这一理论称之为"西方城市规划传统中的技术乌托邦主义或技术决定主义"[2],也有学者称之为"物质空间决定论"[3]。

这种规划思想,在20世纪中期以前一直是规划领域的主流思想。从时代背景看,这种规划思想适应了工业社会发展的需要,在一定程度上缓解了当时的城市问题;从理论背景看,这种规划思想由建筑学衍生而来,很多规划师本身就是建筑师,他们注重空间,注重景观,注重形式。这种规划思想体现了从空间上接近自然的规划原则,在一定程度上反映出规划师们从生态角度对城市所做的思考。但是,这种规划思想衍生于规划学本身,多从形式法则出发,忽视了分析所应采取的科学方法和客观标准,所有涉及城市的演变、城市环境及其内在相关因素关系的研究仍十分薄弱,不能彻底地、完全地解决城市发展过程中遇到的复杂问题。所以,虽然这个时期的城市规划体现了生态的观念,但是这种生态观仅仅表达了人们与自然亲近的想法,仍然是简单的、流于形式的,仍然局限在营造城市绿色空间的范围内。

1.2.1　关于城市理想形态结构的研究

工业革命以后,特别是在19—20世纪的百年间,针对工厂的涌现、交通的发展、相互依赖又相互干扰的城市功能及城市用地的出现,形成了更多理想化的城市形态结构模型,反映出了工业时代规划师们针对城市规模、城市环境等问题所进行的朴素的生态思考,对后期城市规划理论的发展影响巨大,也为规划与生态的结合奠定了基础。这些思想与理论包括:"田园城市""带形城市""明日城市""指状城市"(图1)及有机疏散理论、大伦敦圈层式疏散理论(图2)。

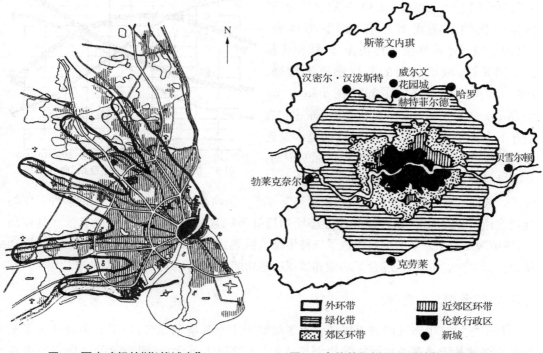

图1　哥本哈根的"指状城市"　　　图2　大伦敦规划及卫星镇的位置示意图

1.2.2　关于城市景观美化的探索

人类对艺术形式的执着追求贯穿了数千年的城市发展历程。19世纪后期,美国芝加哥世界博览会掀起了一股"城市美化运动"的热潮。宏伟的古典式建筑、奢华的游憩绿地和广场使人们感受到了规模宏大的规划和形式唯美的景观所带来的视觉冲击力。城市景观美化运动在当时一度成为城市规划的先导。很多城市在此时设立了市中心,兴建了若干宏伟的建筑物及尺度巨大的景观道,一些地方至今仍是城市的标志。这个运动成为后来"城市设计运动"的前身,引发了规划师对人的视觉感受的关注,并为后期在规划中进一步引入行为心理学、社会学和生态学等其他学科的研究奠定了基础。

这种基于景观形式美的城市规划,以人的视觉感受为出发点、以景观的外在形式为目标。可以说,它能够给人强烈的视觉冲击并留下深刻的心理印记,但是从功能的角度看,它忽略了一些城市本身及城市景观内在的、实质性的东西,正如沙里宁所说:"这项工作对解决城市的要害问题帮助不大。这种装饰性的规划大都是为了满足城市的虚荣心,而很少从居民的福利出发,考虑从根本上改善布局的性质。它并未给予城市整体以良好的居住和工作环境。"

1.3　后工业时代融合自然的规划设计——融功能、景观于一体的综合生态观

20世纪中期以来,因工业化等各种因素造成的城市问题仍在继续。J. O. 西蒙兹认为,机械化时代的人类无异于在做"生态自杀"(图3)。规划界始终被一种彷徨、迟疑和忧郁的氛围笼罩,城市规划的危机感逐渐增强。1965年,英国学者 Mcloughlin 在 *Journal of the Town Planning Institute* 上发表文章说:"规划并不主要涉及人为事物的设计,而是涉及连续的过程,这个过程起始于对社会目标的识别,并通过对环境变化的引导而谋略实现这些目

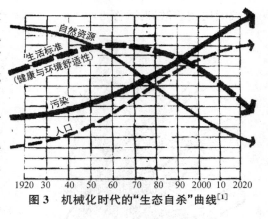

图3　机械化时代的"生态自杀"曲线[1]

标。"[3]这预示着规划师们开始主动向生态学寻求一条动态、协调、能够满足人的多种需要的规划途径。实践证明,这种建立在生态原则指导下的规划技术的应用的确有效。具体地说,城市规划与生态学的结合体现了三种生态价值观:以"景观"为目标的景观生态观,以功能为目标的功能生态观,综合了功能和景观的融功能、景观于一体的综合生态观。

1.3.1　"景观"生态观

基于"景观"生态观的城市规划引入了对城市生态环境的思考,但主要还是延续了工业时代那种基于景观外在形式的规划模式,是从景观建筑学、景观美学的角度对城市规划的生态化思考。

(1)"绿色城市"建设运动。20世纪70年代,欧美等西方发达国家掀起了一场"绿色

城市"建设运动。从保护城市公园、建设城市绿地开始，直到后来扩展至保护区域自然环境，逐步推进了城市规划建设与园林绿化工作的结合。"绿色城市"建设运动就是基于自然保护主义的原则，单纯地在城市当中增加绿色空间，体现了人类对自然环境的追求。

（2）大地景观规划。世界著名的景观建筑师 J. O. 西蒙兹在 1978 年写成了《大地景观——环境规划指南》一书。他认为，影响城市的环境因素包括土地、空气和水等自然要素，规划设计应建立在对生态决定因素的充分分析之上，综合对生态、景观及其他多方面的思考[1]。在此基础上，他总结了先进的规划技术，范围从宏观到中观再到微观，广至城镇群规划、城市与区域规划，细至各种方式的交通运输设计、社区规划，甚至包括对电线杆的布置、城市空地的处理等（图 4）。

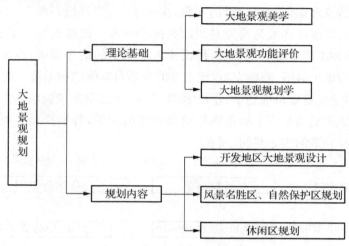

图 4　大地景观规划框图

1.3.2　功能生态观

工业时代后期的城市规划表达了人类回归自然的渴望。规划师们把生态问题作为重要的考虑因素，在规划中引入了生态学的理论和方法，形成了把城市和自然作为整体进行考虑的认识，使城市规划逐渐形成了生态功能化的发展模式。这是人类生态观的又一次进步，标志着人类生态意识的觉醒，人类开始关注规划所产生的生态效应，是从生态学角度对城市规划的改进。

（1）城市复合生态系统论。1984 年，中国生态学家马世骏和王如松提出了"城市是社会—经济—自然复合生态系统"的理论[4]，并在此理论基础上，在江西宜春规划建设了首座生态城市，此后又在江苏大丰、安徽马鞍山等地进行了一系列的生态城市规划试验。

黄光宇等人从城市复合生态系统理论出发，提出了生态导向的整体规划方法。他将生态城市所在的区域视作一个整体，对生态城市的环境容量、社会经济总负荷等方面进行了综合分析，强调空间规划、生态规划和社会经济规划的结合。他在乐山结合当地的自然生态环境条件，在城市发展范围的中心地带开辟了一个 8.7 km^2 的城市绿心，这一新模式一反传统城市结构,用大片"绿心"取代了拥挤、密集、喧闹的城市中心区,将城市生态环境与布局结构有效地结合起来[5~6]。

(2) 城乡融合设计论。1985 年,日本学者岸根卓郎在日本四次国土规划的基础上提出了"城乡融合设计论"[7]。他认为 21 世纪国土规划的目标应体现一种新型的、集约化的、体现城市和乡村优点的设计思想,即由自然系、空间、人工系综合组成三维"立体规划",并创建了一个建立在"自然—空间—人类系统"基础上的规划设计模型。这种规划设计的具体方式是:以农、林、水产业的自然系为中心,在田园、山谷和海滨井然有序地配置教育设施、文化设施、产业和住宅。该理论描绘了一个与自然完全融合的社会。

(3) 人居环境科学论。吴良镛先生借鉴希腊学者道萨迪亚斯"人类聚居学"的学科理论,结合中国国情及多年来城市建设的实践,提出了"人居环境科学"——一个以人与自然的协调为中心、以居住环境为研究对象的新的学科群。该理论综合了自然科学、社会科学及人文科学和工程学等多个学科,提出了人居规划的指导原则:在每一个特定的规划层次,都要注意承上启下、兼顾左右,把个性的表达与整体的和谐统一起来[8]。

人居环境科学是将城市规划学、建筑学、工程学、生态学等统统纳入人居环境规划的学科领域,从方法论层面指明了城市规划所要思考的问题,特别提出了要重视城市的生态功能,规划保护完整的生态空间(图 5)。

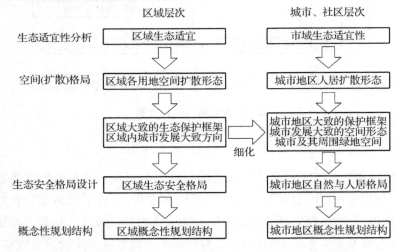

图 5　区域与城市人居环境建设的生态空间整体研究框架[8]

(4) 可持续发展观与生态城市规划。联合国等国际组织在 1970—1990 年连续发表了 4 篇重要报告(《人类环境宣言》《世界自然保护大纲》《我们共同的未来》《21 世纪议程》),使"可持续发展"观得以形成并成熟起来,并引发了一系列对城市可持续发展问题的讨论。此后,《人与生物圈计划》的报告明确提出了"生态城市规划"的概念,其基本含义就是"生态健康的城市",即把生态城市规划作为城市可持续发展的重要内容,并提出了生态城市规划的五个基本方面:①生态保护战略;②生态基础设施;③居民生活标准;④历史文化保护;⑤自然融合城市。1996 年,雷吉斯特领导的"城市生态"组织提出了更加完整的生态城市建设的十项原则[9]。

发展至今,生态城市规划已经取得了较大发展,很多国家也已积极地投入生态城市规划的实践中,巴西的库里蒂巴、丹麦的哥本哈根、新西兰的 Waitakere 及澳大利亚的怀阿拉和哈利法克斯,都是生态城市规划的试点。可持续发展已成为现代社会人类共同的目标,也是城市未来发展的最高境界,生态城市规划也将成为未来城市规划的努力方向。

1.3.3 融功能、景观于一体的综合生态观

伴随着后工业时代的进一步发展,人们对生态的理解又上升了一个高度。生态已不仅仅局限于单纯的景观形式上的生态,或单纯功能上的生态,而应是一种能满足审美需求、心理需求与功能需求的综合生态。人们希望城市规划的结果是能够为城市居民营造一个社会经济发达、与自然和谐共存、令人感到愉悦的美丽家园。近年来,景观涵义的演化及景观生态学的蓬勃发展,为城市规划与生态学的进一步结合开拓了新的道路。在城市规划中引入景观生态学,既能够实现规划本身对空间形式的要求,又能够实现生态本身对内在功能的要求,是形式与功能相结合的有效规划途径。

(1)"设计结合自然"。L. 麦克哈格是景观生态规划的奠基人,著有《设计结合自然》一书[10]。在书中,他阐述了主要的景观生态规划的观点,包括:①景观由生态决定。L. 麦克哈格认为自然环境和人是一个整体,所有景观都是顺应自然过程和环境的结果。②视发展过程为价值。任何一个地方都是历史的、物质的和生物的发展过程的总和,每个地区都有它适应于某种土地利用的内涵,可以以此指导甚至决定土地利用规划。L. 麦克哈格发明了以因子分析法和叠图技术来确定土地利用适宜度的方法——"千层饼模式"。③开放空间研究。L. 麦克哈格认为:"大城市地区最好有两种系统,一种是按照自然的演进过程受到保护的开放空间系统,另一种是城市发展系统"。④对城市形态的生态思考。L. 麦克哈格提出,在处理城市建筑和空间形式时,应把握其在地理、生态及文化的演进过程中的形态特征,注重从一种过程来揭示自然的本质形式,使人为的设计与自然、文化的选择相结合。L. 麦克哈格既强调了景观作为一个美学系统而存在,又强调了景观作为一个生态系统兼具调控城市生态环境的功能。"设计结合自然"的理论不仅仅是从艺术形式上对城市规划所做的研究,也是从生态角度对环境伦理所进行的阐释。

(2)景观生态安全规划与"反规划"。在 Forman 和 Godron 提出的最优景观格局和不可替代景观格局之上,俞孔坚提出了景观生态安全格局[11~14],并在近年又提出了"反规划"的思想。所谓"反规划",就是进行城市规划和设计时首先从规划和设计非建设用地规划着手,而不是传统的建设用地规划。基于这些理论,俞孔坚对城市景观生态规划进行了极有意义的探索。

以云南泸西县城总体规划方案为例,该方案从非建设用地规划入手研究城市总体空间发展,强调城市发展服从整体资源保护和总体形象拓展的原则,提出以"山存林、林生水、水养城、城载人、人乐林、林固山"为可持续生态安全模式的树形空间结构总体布局。

"反规划"的规划思路打破了传统城市规划的限制,在规划中首先进行生态基础设施

规划,从生态环境的角度为城市社会经济系统的发展提供了一个有效的支撑系统。从某种意义上说,这是对传统城市规划观念的一种冲击。

2 结语

从城市规划的发展历程看,人类与自然的关系在分分合合之间逐渐走向了后工业时代的和谐统一,人类的生态价值观念在经历了对朴素生态、形式生态和功能生态的追求之后,开始寻求功能与形式的统一。今天,全社会乃至整个学术界都在探讨"生态"这个课题,此时从生态的角度对城市规划的发展历程进行反思,将更有助于我们对规划与生态之间与生俱来的紧密联系形成更加深刻的认识,有助于我们更好地把握城市规划的未来发展方向。

参考文献

[1] [美]西蒙兹.大地景观:环境规划指南[M].程里尧,译.北京:中国建筑工业出版社,1990.

[2] 于涛方,王珂,涂英时.西方城市规划中的技术乌托邦主义[J].现代城市研究,2001,16(5):11-13.

[3] 吴强.现代城市规划方法论的演变和发展[J].安徽建筑工业学院学报(自然科学版),2002(1):33-37.

[4] 王如松.转型期城市生态学前沿研究进展[J].生态学报,2000,20(5):830-840.

[5] 黄光宇,陈勇.生态城市概念及其规划设计方法研究[J].城市规划,1997,21(6):17-20.

[6] 黄光宇,杨培峰.自然生态资源评价分析与城市空间发展研究[J].城市规划,2001(1):67-71.

[7] 王祥荣.生态与环境:城市可持续发展与生态环境调控新论[M].南京:东南大学出版社,2000.

[8] 吴良镛.人居环境科学导论[M].北京:中国建筑工业出版社,2001.

[9] 黄肇义,杨东援.国内外生态城市理论研究综述[J].城市规划,2001,25(1):59-66.

[10] [美]麦克哈格.设计结合自然[M].芮经纬,译.北京:中国建筑工业出版社,1992.

[11] 俞孔坚,李迪华.城乡与区域规划的景观生态模式[J].国外城市规划,1997(3):27-31.

[12] 俞孔坚.可持续环境与发展规划的途径及其有效性[J].自然资源学报,1998,13(1):8-15.

[13] 俞孔坚.生物保护的景观生态安全格局[J].生态学报,1999,19(1):8-15.

[14] 俞孔坚,叶正,李迪华,等.论城市景观生态过程与格局的连续性:以中山市为例[J].城市规划,1998,22(4):14-17.

(本文原载于《规划师》2006年第1期)

南京市城市规划信息化评估与指引之四

——从"数字规划"到"智慧规划"

王芙蓉 窦 炜 崔 蓓 周 亮 诸敏秋 迟有忠

1 背景

南京市规划局于2005年在全国范围内率先启动了"数字规划"的建设步伐,目前"数字规划"信息平台已基本建成并运转良好,较好地支撑了日常规划管理工作和规划领域不断出现的各项变革。近两年随着国内外的"智慧"战略层出不穷,以及生态城市、低碳城市、安全城市等概念的不断提出,尤其是城市规划作为一项公共政策,其服务范围、类型、层次不断被拓展和深化,这些既给城市规划提供了更为广阔的研究和服务空间,又需要规划人用更为智慧的方法和手段去积极应对这些挑战和机遇。所以,南京市规划局在2011年再次率先提出了"智慧规划"的理念,并启动了其建设框架的研究和思考。希望借助共享服务、虚拟化、云计算、物联网等技术的蓬勃发展,为我们打开一个全新的规划信息化蓝图:一个"智慧规划"的新时代正扑面而来。

2 规划信息化发展历程的考量

随着规划及其信息化发展阶段的不同,产生了不同的规划信息化特征,我们通过对"智慧"涉及的感控、交互、决策三个典型因子的分析,将"数字规划"到"智慧规划"的发展历程划分为标准化、动态化和智能化三个阶段。每个阶段的典型特征如表1所示。

表1 转型时期的城市规划法律规范一览

	标准化 →	动态化 →	智能化
感控	数字化获取	集成式数字化获取	并享交换式获取物联网感、传、知、用
交互	规划单条线内的互联互通	规划条线间的互联互通	跨行业、跨规划管理机构、跨规划层次、跨服务对象的互联互通
决策	辅助检查	辅助判断	基于云计算的智能决策类似的"集智"现象

基于新一代信息技术,结合智慧城市、智慧地球、物联网、云计算等技术建立城市规划信息化平台——"智慧规划",将全面提高城市规划及管理的科学性和服务水平,并推进城市管理的社会化、系统化和信息化。

3 智慧规划的概念与总体框架设计

3.1 智慧规划的概念

智慧规划,指充分借助物联网、云计算、PSS等新技术,通过多知识融合和挖掘实现城市规划领域更透彻的数据感控,实现规划网络、数据到功能的更全面的互联互通,以及实现城市规划信息处理的更深入的智能决策。

智慧规划具有知识融合性、网络互通性、资源池化性、数据集成性、预知主动性、服务智能性等特性。

3.2 智慧规划的特征

3.2.1 感控

更透彻的感知和控制。通过物联网技术获取更多的数据并更好地控制客观世界。

3.2.2 交互

更全面的互联互通。在数据标准、技术实现和制度保障上更好地实现了行业之间更大范围内规划相关数据和功能的交换与共享。

(1)跨服务对象的互联互通

智慧规划将针对规划编制人员、管理人员、社会公众,构建不同对象间互联互通的服务平台,为服务对象提供公众参与的渠道。

(2)跨管理机构的互联互通

对接我国现行规划体系和行政体系,以及南京市简政放权的最新管理要求,充分发挥各级规划管理机构的职能,智慧规划将构建不同管理机构之间互联互通的渠道,使各级管理机构能够从全局上把握城市或区域的规划及发展概况,便于制定、报批、监督、实施新的城市或区域发展战略和规划。

(3)跨规划层次的互联互通

通过智慧规划在空间上构建不同层次规划成果之间的联系,快捷方便地提供不同层次规划之间互通的数据接口,从而实现不同层次规划之间的有效衔接,并开展切实有效的评估。

(4)跨行业部门的互联互通

城市规划管理工作需要协助做好全市经济和社会发展中长期规划和计划、国土规划、区域规划、江河流域规划、土地利用总体规划以及相关的专项、专业规划的编制工作。通过智慧规划构建同一空间在不同行业部门规划中不同属性之间的关联性,为不同行业部门规划的编制提供技术支撑,提高工作效率,并有效协调各类规划;同时提升城市规划工作的权威性。

3.2.3　决策

在规划编制管理和规划实施管理上,采用更多的新技术,建立更加智能的规划支持系统和规划决策系统,提高质量提升效率,较好地体现了规划信息化的价值。

3.3　智慧规划的框架

智慧规划主要由数据获取层、网络层、基础设施云服务层、资源云服务层、平台云服务层、应用云服务层组成,这些层组成数据感控中心、网络交互中心和云计算中心(图1)。

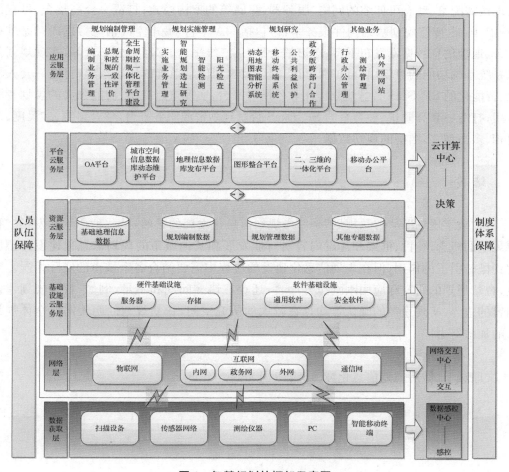

图1　智慧规划的框架示意图

4 智慧规划建设与探索

建设思路

建设思路主要包括:重视顶层设计;在服务规划上要转变思维;在关注重点上要突出公共利益;在技术手段上要及时吸纳新技术;在系统建设上要因地制宜等。

智慧规划的建设内容

建设内容主要包括:打造一套高效率、高水平的人员队伍平台;打造一套高完备、易实施的制度体系平台;打造一套多渠道、多维度的规划数据感控平台,实现更广泛、更深入的数据获取及控制;打造一套可扩展、可伸缩的 SP_IaaS 智慧规划基础设施服务平台,实现按需配给、动态可伸缩的网络、服务器、存储等的架构模式;打造一套高整合、可复用的 SP_PaaS 智慧规划基础构件服务平台,包括 OA 平台、城市空间信息数据库动态维护平台、地理信息数据库发布平台、图形整合平台、三维平台、移动办公平台等,实现规划信息系统基础功能的可复用、可扩展、可定制以及规划信息系统的快速搭建;打造一套人性化、智能化的 SP_SaaS 智慧规划应用软件服务平台,实现重点突出、功能强大的规划专题应用;打造一套高质量、种类全的 SP_DaaS 智慧规划资源服务平台,整合多源、多尺度、多时相、多类型、多结构的规划数据。

5 结论

从"数字规划"到"智慧规划"是城市规划信息化发展的必然,是一种传承和发扬。智慧规划的概念、特性、框架和建设内容对行业发展和其他城市的规划信息化建设希望能起到抛砖引玉的作用,但在规划信息化建设的过程中需要结合各个城市的实际情况。当然,智慧规划的研究和应用刚刚拉开序幕,还存在诸多问题和不足,例如,智慧规划建设内容的边界、实现途径的确认等均存在较大的研究空间,智慧规划的明天需要全体规划人的加倍努力。

(本文原载于《城市规划信息化》2015 年 8 月)

南京重要近现代建筑保护与利用探索

刘正平　郑晓华

摘　要：南京在中国近代史上有着独特的地位。百余年来南京留下了类型丰富的重要近现代建筑，成为南京历史文化名城的重要组成部分。南京规划、文物、房产等相关部门在重要近现代建筑保护与利用方面做了许多探索，使这些宝贵的建筑遗产在丰富城市景观、弘扬城市特色方面发挥了重要作用。

南京作为六朝古都，已有 2 500 余年的建城史，累计 450 余年的建都史，先后有十个朝代在南京建都。在中国近代史上南京有着重要地位，从近代史上第一个不平等条约《南京条约》的签订到辛亥革命推翻满清帝制、建立民国、孙中山在南京就任临时大总统，直至 1927 年国民政府定都南京，《首都计划》的制定实施，从此掀开了南京建设新的一页，使南京成为中国近现代建筑最集中的展示地。其历程可视作中国近现代建筑发展的缩影，已形成"隋唐文化看西安，明清文化看北京，民国文化看南京"的独特地位。

南京的近现代建筑是南京重要的城市资源，如何构建重要近现代建筑保护与利用体系，彰显城市特色，完善城市功能，提升城市核心竞争力，是当前的一个重要课题。

1　南京近现代建筑概览

1.1　南京近现代建筑的发展概况

南京近现代建筑发展过程大体可以分为三个阶段，其演变历程和中国近现代建筑的发展历程密切相关。第一个阶段从 1842 年订立《南京条约》到 1898 年南京正式在下关开埠为止，是南京近代建筑发展的早期；第二个阶段从 1898 年到 1937 年日本侵华战争开始，为南京近代建筑发展的盛期；第三个阶段是从 1937 年直至 1949 年南京解放，期间经历八年抗战、国民政府还都，是南京近代建筑发展的晚期。

1927 年，国民政府定都南京。特聘美国建筑师墨菲和古力冶为顾问，于 1929 年制订了《首都计划》。《首都计划》是中国近代史上较早的一次系统城市规划，该计划所涉及的内容范围很广，规定南京分为中央政治区、中央行政区、工业区、商业区、文教区和住宅区等，对道路骨架也制定了系统规划。其中中央行政区计划设在中山门外紫金山南麓，但由于种种原因，各行政机关主要分布在中山大道沿线，后来《首都计划》修改将中央行政区计划改在明故宫一带。

《首都计划》对南京的城市建设起了相当大的指导作用,自那以后南京出现了宽阔的林荫大道(中山大道为代表)以及街道两旁形形色色的各类行政、公共、文教、官邸建筑……使南京在 20 世纪 30 年代成为近现代建筑发展的鼎盛时期。当年《首都计划》确定并实施的道路骨架至今仍是南京的主要城市干道,当时形成的林荫大道仍是市民心目中最能代表南京的独特城市景观。

1.2 南京近现代建筑的地位及价值

南京近现代建筑风格表现出中西兼容,既有纯正的西方古典式,又有对中国传统宫殿式的继承,还有对新民族形式、西方现代派的探讨和发展。

南京近现代建筑类型可谓一应俱全,包括行政建筑、纪念建筑、文教科研建筑、宗教建筑、使馆建筑、公共建筑、官邸建筑、工业建筑、交通建筑、民居建筑等。与其他城市相比,最大的特点是作为民国政府的首都保留有大量的中央级建筑,如国民政府的"五院八部",又如中央研究院、中央体育场、中央医院、中央博物院的等级和规模均属当时全国(甚至东亚)之最。

20 世纪 20、30 年代南京汇聚了当时中国最优秀的一批建筑师,他们负笈海外,学贯中西,具有高深的专业造诣。他们在南京进行了广泛类型的建筑设计活动,从而打破了外国建筑师的垄断地位,同时也使千余年全靠经验的建造方法逐渐走上了科学设计的道路,具有重要的历史和艺术价值。从建筑师的创作活动来看,这一时期几乎集中了当时中外著名建筑师们的作品。如美国的墨菲、英国的帕斯卡等,中国第一代建筑大师吕彦直、杨廷宝、童寯、赵深、范文照、卢树森等。

在当今旅游业迅速发展的情况下,近现代建筑中有许多具有重要的旅游价值及历史文化价值,特别是国共合作、两岸交流这一特点的题材,值得大做文章,如加强宣传力度,充分利用这些文化遗产来推动两岸统一的进程,南京有着得天独厚的条件。

2 南京近现代建筑现状

2.1 现存近现代建筑的数量及分布

南京的近现代建筑分布受《首都计划》影响较大,但也受当时民国政府国力的影响,分布比较分散,主要沿中山北路—中山路—中山东路—中山陵这一民国历史轴线分布。

现存的建筑主要分布在老城,主城内现存近现代建筑数千处,近现代建筑有相当一部分已被列为各级文物保护单位。其中国家级有 11 处 23 点,省级有 53 处 55 点,市级有 102 处 111 点,遍布南京城郊,影响面较大。

2.2 现存近现代建筑的状况

在现有近现代建筑中,位于东郊风景区的纪念性建筑群、官邸及体育建筑,本体及环境均保存完好,行政办公建筑、公共建筑、宾馆饭店、教堂等保护状况也较好,老城内近现代建筑外观基本保持完整,内部有的已改造,有的已添加设施。

但是这些近现代建筑对城市特色塑造、城市竞争力提升的作用远远未得到发挥,而且随着近年来城市建设的快速发展,缺乏针对近现代建筑保护的法律和具体措施,这些近现代建筑处境不容乐观。

(1) 由于城市的快速发展,相当一部分近现代建筑已在道路拓宽、城市改造中拆毁消失,如胜利电影院、中央银行等。

(2) 近现代建筑周围环境有较大改变,有的重要建筑群轴线上或旁边新建的高层建筑对近现代建筑群造成了建设性景观破坏,如金陵大学北侧的消防大楼等。

(3) 近现代建筑的展示不够,南京有大量的民国优秀建筑处在"养在深闺无人识"的状态,老百姓"不知道""看不见"。如若没有专人介绍,普通居民和游客很难从城市建设的表象中了解近现代建筑。

(4) 近现代建筑周围存在插建、搭建,破坏建筑的整体风貌。部分近现代建筑主要立面上商业性装潢破坏了建筑原有形象,如广告、店招、室外空调机乱挂影响了立面的完整性,严重影响了建筑物的历史价值。

3 保护南京近现代建筑的意义

3.1 进一步发挥这些历史建筑的效益

应该客观地对待文化资源,不能简单地将它们看作旅游资源,只进行追求经济利益的开发利用。南京的许多近代历史建筑都与特定时代背景、历史事件和历史人物联系在一起,其中不少具有重要的教育和宣传意义,如适当整修,改建为小型纪念馆、展览馆开放,可以发挥出积极的社会效益。例如青云巷 41 号的原八路军办事处目前皆处在空关状态,房屋年久失修,周边环境脏乱差,维修改造后即可成为理想的爱国主义教育基地。

3.2 提升城市核心竞争力

南京的重要近现代建筑,是中国近现代建筑史的缩影、民国文化的重要代表,也是南京宝贵的文化资源和城市名片。保护和利用好这些重要的近现代建筑,对于记述和传承历史、保护人类文化遗产、提升城市形象、彰显城市特色意义重大。

4 保护重要近现代建筑的措施

建筑的保护和利用本身就不应该是矛盾的,保护的目的是更好地利用。《世界遗产公约》中讲到,与艺术品相反,保护文物最好的办法就是继续使用它们。对各级文物保护单位的保护,也是为了更好地展示和传承民族文化,对众多未纳入文物保护范畴的近现代建筑而言,同样需要积极有效的保护。2006 年伊始,南京市政府提出"民国建筑亮出来"的保护与利用的新思路,并在此基础上,集中人力财力,着手实施《南京市 2006—2008年民国建筑保护和利用三年行动计划》,切实保护和合理利用一批近现代建筑。

4.1　保护条例的出台

在市人大、市政府及相关部门的共同努力之下,2006 年 9 月 27 日在江苏省第十届人民代表大会常务委员会第二十五次会议批准通过《南京市重要近现代建筑和近现代建筑风貌区保护条例》,使得近现代建筑保护与利用工作有法可依。

4.2　保护对象的确定

参考国内其他城市的经验,结合南京实际情况,我们确定了从 19 世纪中期至 20 世纪 50 年代建设的,具有下列情形之一的建筑物、构筑物,可以作为重要建筑保护对象:(1) 建筑类型、建筑样式、工程技术和施工工艺等具有特色或者研究价值的;(2) 著名建筑师的代表作品;(3) 著名人物的故居;(4) 其他反映南京地域建筑特点或者政治、经济、历史文化特点的。

4.3　保护名录的公布

重要建筑和风貌区保护名录由市规划行政主管部门会同市房产、文物行政主管部门提出,征求有关区、县人民政府和单位意见,并向社会公示,经专家委员会评审后,报市人民政府批准、公布。

4.4　保护规划的编制

保护规划对重要建筑和风貌区制定了相应的保护图则,图则对保护价值进行描述,划定保护范围,并对下列要素提出保护要求:(1) 建筑立面(含饰面材料和色彩);(2) 结构体系和平面布局;(3) 有特色的内部装饰和建筑构件;(4) 有特色的院落、门头、树木、喷泉、雕塑和室外地面铺装;(5) 空间格局和整体风貌。同时根据具体情况提出管理要求。

4.5　展示体系的建立

为了更好地展示近现代重要建筑,建立标识系统,标明位置,并挖掘其历史文化内涵,介绍说明近现代建筑的历史沿革和文化艺术价值。将有特殊历史意义和艺术、技术价值的近现代建筑,开辟成博物馆、展览馆、纪念馆,或有展览空间的小型公共建筑,在赋予资源点一定使用功能的同时,详细介绍历史。

建立近现代建筑旅游线路。按照不同主题、采用不同方式串联,形成合力,放大社会影响力。利用城市道路和旅游线路串联。按照不同主题形成特色旅游线路,扩大南京近现代建筑文化在国内甚至国际的影响。

4.6　保护对策的实施

（1）拓宽保护与利用的思路采用多元化保护措施，变"死保"为"活保"。根据近现代建筑的历史、艺术价值和保存状况，采用不同的保护方式。突出重点，采用多元化保护措施，变"死保"为"活保"。

（2）整治近现代建筑的周边环境，拆除插建、搭建，使周边建筑、街道等与近现代建筑有机融合、协调。

（3）拆除近现代建筑立面上的遮挡广告，整治出新，恢复近现代建筑的外观原貌。

（4）与城市功能提升相结合，通过道路拓宽、绿地建设等将近现代建筑展示于市民。

（5）在近现代建筑周边尽量安排绿地、广场等开敞公共空间，打通近现代建筑面向公共空间的视线通道，使近现代建筑得以充分显露，并做好夜间亮化展示。

（6）结合城市重要活动空间的功能组织，适当选择部分近现代建筑，在保持外观原貌及环境尺度协调的基础上，转变内部使用功能，形成富有特色的场所空间。

5　结　语

南京市近现代建筑保护和利用是一个复杂的系统工程，其涉及城市发展、老城改造与建设、历史文化传承等多方面的工作，同时还涉及多方面的利益群体，这不是一蹴而就的工作，而是长期性的工作。

参考文献

[1] 刘先觉. 中国近代建筑总览·南京篇[M]. 北京：中国建筑工业出版社，1992.
[2] 国都设计技术专员办事处. 首都计划. 1929.
[3] 周岚，等. 南京老城区保护与更新规划. 2004.
[4] 刘正平，等. 南京近代优秀建筑保护规划. 1998.
[5] 刘先觉，周岚. 南京近现代非文物优秀建筑评估与对策研究. 2002.

（本文获第八届自然科学优秀学术论文优秀奖）

构建全域历史文化资源保护数据空间体系

——以南京历史文化资源信息平台建设为例

陈韶龄　郑晓华　石竹云　杨晓雅

摘　要：通过南京历史文化资源信息平台建设,创造性地将历史文化资源与南京历史文化名城保护框架衔接,通过数字化手段实现对全域历史文化遗产实施严格保护和管控,全面支撑南京历史文化资源保护利用及国土空间高质量发展,为全国其他城市历史文化遗产保护和管控提供借鉴。

关键词：南京;历史文化资源;空间信息;保护管控

1　研究背景

国家高度重视中华文明传承和历史文化遗产保护,党的十九大报告指出"没有高度的文化自信,没有文化的繁荣昌盛,就没有中华民族的伟大复兴"。习近平总书记强调"历史文化遗产是不可再生、不可替代的宝贵资源,要始终把保护放在第一位"。中共中央办公厅、国务院办公厅印发的《关于在城乡建设中加强历史文化保护传承的意见》要求在城乡建设中系统保护、利用、传承好历史文化遗产。自然资源部、国家文物局发布的《关于在国土空间规划编制和实施中加强历史文化遗产保护管理的指导意见》要求在国土空间规划编制和实施中加强历史文化遗产的保护管理,要求将历史文化遗产空间信息纳入国土空间基础信息平台,对历史文化遗产实施严格保护和管控等相关意见。

南京是我国著名古都和国务院首批公布的 24 个历史文化名城之一,30 多万年的人类活动史、6 000 年的人类文明史、绵延近 2 500 年的建城史、450 年的建都史,给古都南京留下了弥足珍贵的历史文化资源。一直以来南京在历史文化名城保护方面积极探索,开展保护规划编制、历史资源普查等工作,自 2005 年起,南京市规划局联合南京市文物局开展了南京市范围内历史文化资源的普查工作,建立了"南京历史文化资源普查库"。由于建设年代较早,大量数据以"档案管理"的形式存储在规划管理系统内,展示、查询、应用情况不佳,无法满足当前历史文化名城保护管理要求,需要构建一个数据经过整理、空间唯一、属性可查询、用户感受较好的历史文化资源数据库与应用平台。2018 年起,借南京国土空间总体规划、名城保护规划同步编制的契机,开展南京历史文化资源信息平台建设,创造性地将历史文化资源与南京历史文化名城保护框架衔接,并将历史文化资源规划数据加以应用建库辅助规划管理审批,并纳入国土空间基础信息平台,率先通过数字化手段实现对历史文化遗产实施严格保护和管控。

2 建设目标

2.1 延续名城保护体系,建立历史文化资源数据框架

以《南京历史文化名城保护规划》(修编)保护框架为基础,在系统中建立全新的数据框架,将历史文化资源分为古都格局风貌、历史地段、古镇古村、文物古迹以及老数据共五类,全面覆盖南京历史文化保护工作中涉及的各类保护对象。

2.2 整合提升数据质量,形成历史文化资源"一张图"

主要梳理校核历史文化名城、历史文化街区及历史风貌区、文物紫线、历史建筑等历史文化名城数据,增补古镇古村及规划控制建筑等数据内容,形成全市历史文化资源"一张图",整合后的保护对象展示其目前最高等级的状态,可查询其核心管控的属性信息,改变以往历史文化资源数据来源不清、版本不准等问题。

2.3 系统研发应用,优化规划审批辅助功能

提升工作效能,发挥历史文化资源数据库的作用,实现 GIS 综合应用、项目库管理、辅助审批三大类系统应用。GIS 综合应用实现图形展示,统计分析,按主题、区域、时间等条件进行筛选、多媒体查询、数据导出等功能。项目库管理实现项目资料的上传、下载、查看、查询及管理项目查看等功能。辅助审批实现规划审批中对历史文化资源的自动探测、自动提醒等功能。

3 经验借鉴与分析

3.1 广东省历史建筑保护与共享平台

广东省基于数字化手段的历史建筑信息共享平台,将调研获取的历史建筑位置、平面、立面、年代、保护范围等信息,以标准化的格式存储于同一信息平台,实现了不同地区数据的共享与协调。通过设置一定权限,实现了对数据的动态维护,保证了历史建筑数据信息的实时性和准确性。此外,将历史建筑信息平台与控规、土规等其他法定规划信息平台进行衔接,实现历史建筑保护与法定规划的协调,便于日常的规划实施与管理,以及对历史建筑的妥善保护。

3.2 广州市文化遗产数据库

2015年广州开展了第五次文化产业普查,通过地毯式的普查和查缺补漏,全面摸清了全市历史文化遗产的数量分布、产权归属、保存状况等情况,建立文化遗产数据库和信息平台;建立广州市不可移动文化遗产分布电子地图系统与不可移动文化遗产信息管理平台;同步绘制历史建筑及传统风貌建筑边线,将历史建筑及传统风貌建筑和广州市多级地图进行集成,形成电子化数据,由广州市房屋安全信息化普查中标单位在普查过程中同步完成相关历史建筑的安全数据收集工作;该系统将控规、用地红线等信息发布作为标准接口,通过实时预警功能避免了规划审批结果与不可移动文化遗产"一张图"的矛盾,是文化遗产管理方面的多规合一的有效尝试。

3.3 福州历史文化名城保护管理系统

福州市以智慧系统为平台,提升管理效率和效力,搭建双平台,形成名城、历史建筑双控管理。建设福州历史文化名城保护管理系统(图1),实现包括历史建筑在内的福州名城资源家底清晰,将高效、准确、精细化地支撑政府决策、日常管理。该项目提出构建"3个1",即1套福州名城保护要素数据标准,围绕福州市名城委在名城保护管理、修缮和应用过程中所需要的空间数据及产生的空间数据、非空间数据,从数据加工、数据建库、数据更新等各个环节制订相应的标准规范;1个福州名城保护数据库,收集福州市各单位在历史文化名城保护工作中积累的各类规划和研究资料,提炼保护要素数据;1个福州历史文化名城保护管理系统,辅助管理者解决历史名城保护要素的数据管理与业务管理问题。

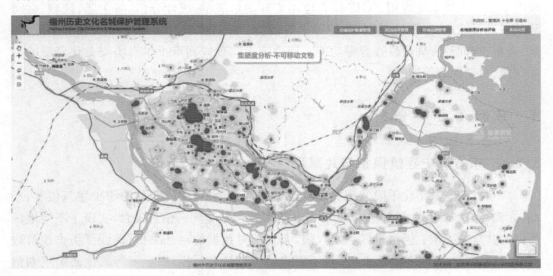

图1 福州历史文化名城保护管理系统应用界面

国内先进省市在历史文化资源数据平台建设与应用方面的经验为南京市历史文化资源信息平台提供借鉴与参考。广东省历史建筑信息共享平台侧重于全过程的信息互通、数据处理和管理，以及与其他规划，特别是法定规划的协同和衔接；广州市构建了全要素的文化遗产数据库和信息平台，并将文化遗产数据库的管理要求与相关规划审批衔接，保证了在规划过程中，文化遗产的保护要求能够得到落实；福州通过协同保护要素信息数据库、福州名城保护管理平台，逐步实现各部门的对接封闭环，形成从受理、审批办理到结果反馈的全流程电子化政务服务。

4　建设成果

南京历史文化资源信息平台形成"1＋1＋2"的成果形式，包括"一套体系"即首次建立南京历史文化名城保护数字管理体系；"一张图"即核心要素重点管控，为规划管理提供内在支持；"两个库"即历史文化资源规划数据库、历史文化资源法律法规库。

4.1　"一套体系"——首次建立南京历史文化名城保护数字管理体系

结合"五类三级"的南京历史文化名城保护体系框架，针对整体格局风貌、历史地段、古镇古村、文物古迹梳理出其对应的内容、数量情况、法定地位、规划层次等，基于此搭建起南京历史文化名城保护数字管理体系（图2）。现状数据及新编规划数据均可依据标准纳入数字体系中，实现南京历史文化资源数据全数字化管理。

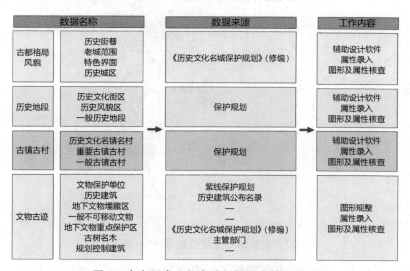

图2　南京历史文化名城保护数字管理体系

全面摸清了全市历史文化遗产的数量分布、保护要求等情况，建立全覆盖、全要素、可持续更新的历史文化资源数据库。目前南京历史文化遗产的"家底"已经比较清晰——共有4片历史城区（共计 21.5 km²）、11 片历史文化街区（共计 142 hm²）、28 片历史风貌区（共计 505 hm²）、38 片一般历史地段（共计 354 hm²）、1 个历史文化名镇、2 个历史文化名村、16 个传统村落、9 个一般古镇古村、841 处各级文物保护单位、297 处历史建筑、27片地下文物重点保护区、1 397株古树名木。建立历史文化资源历史资料库,为历史文化名城保护研究提供重要史料。

4.2 "一张图"——核心要素重点管控,满足历史文化资源保护的刚性管控要求

建立历史文化资源保护"一张图"(图 3),并纳入国土空间规划一张图的重要组成部分,确保国土空间可以更高质量地保护开发。依据历史文化名城保护体系建立历史文化资源数据库框架及数据标准,对各类资源的图形、属性进行整合。再将不同类型的不同级别保护对象分别叠合在历史文化名城保护规划底图上,明确保护对象和保护要求,同时建立保护对象之间的关联性,并明确区分出保护重点的点、线、面要素。

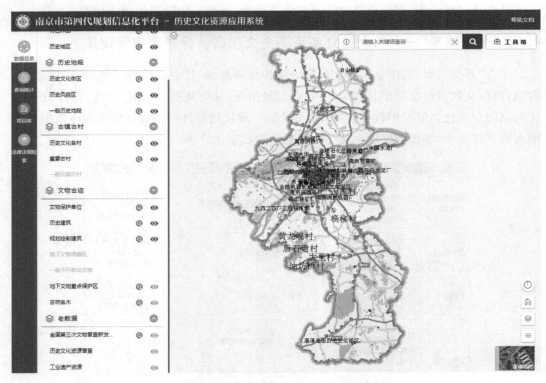

图 3　南京历史文化资源保护"一张图"

整合建库后的每一处资源点在图形展示界面显示其最高等级的状态,并可查询其相关历史数据,同时建立了数据动态更新的相应机制,历史文化资源相关的规划修编、新编、调整均能及时反馈到"一张图"上,确保系统使用者在规划审批过程中获取到有关该资源点的准确管控信息,为各类历史文化资源点制定多元化的保护措施提供了技术依据。

历史文化资源"一张图"的建立,解决了业务人员手工查阅规划成果效率较低的问题,并且解决了因规划成果变动造成资料错误的问题。通过历史文化资源"一张图"的应

用,辅助审批人员快速、有效地进行资料查阅、图形比对分析,同时也便于将标准成果提供给相关单位,确保历史文化名城保护的统一标准。

4.3 "两个库"——历史文化资源规划数据库、历史文化资源法律法规库,提供全面丰富的技术支撑

加强与历史文化保护相关规划的衔接,建立一套历史文化规划数据库(图4)。针对每一处资源点将相关规划编制成果进行梳理和归档,均形成一套相关规划成果以支持文件搜索、预览、批量下载等,建立起每处保护对象的历史数据"全生命周期"管理。

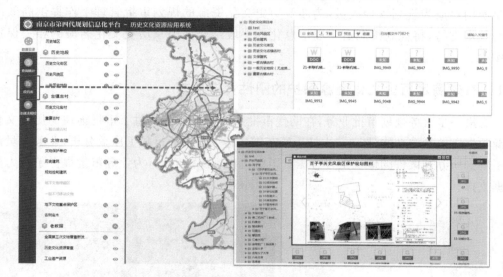

图4 规划项目库展示(以百子亭历史风貌区为例)

加强历史文化资源的法定保护,建立历史文化资源法律法规库(图5)。按照人大法律,国务院、江苏省及南京市不同层面梳理行政法规、部门规章、技术标准及规范、政策文件等内容,建立法律法规库,大大提升了用户的规划管理审批效率。

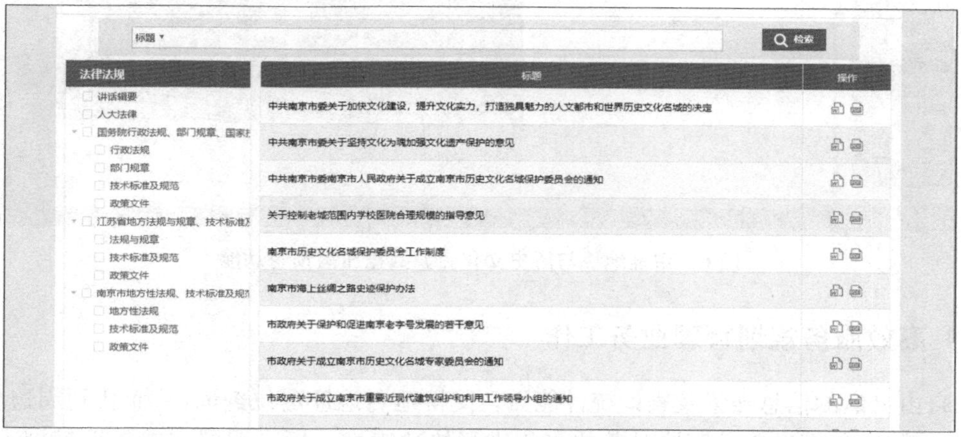

图5 法律法规库展示

以项目库资料联动为例,图形属性查询过程中同时与文档资料进行关联,在查看属性时,如果想要了解该保护对象的项目资料,那么可以点击"附件材料"关联到的目录名称,系统便会跳转到资料库,资料库中包含了该保护对象的所有项目材料。为了便于用户查看资料,系统支持 PDF、图片格式的数据在线浏览。

5 创新与特色

南京历史文化资源应用系统由资源目录、查询统计、法律法规检索、项目库组成,主要使用对象为规划管理人员,为涉及历史文化资源的规划审批管理工作提供高效准确的技术支持,将规划编制成果以信息化的手段结合到南京历史文化名城的相关保护工作中。

5.1 有效满足历史文化资源保护的刚性管控要求

为进一步服务规划审批业务,在四代审批系统 CAD 端,提供了审批地块与历史文化资源数据压盖预警功能(图 6),支持手绘范围压盖分析。通过数据压盖分析,业务人员能够了解到所办理案件的地块是否有压盖历史文化资源的问题,为业务审批提供了有力的数据支撑。

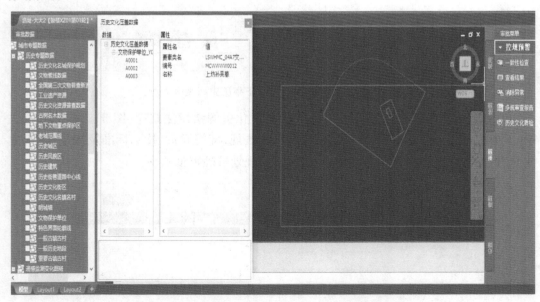

图 6 审批地块与历史文化资源数据压盖预警功能

5.2 高效服务规划管理业务工作

自由灵活的信息搜索及查询统计能力。支持地名地址定位查询,从而找到周边相关的保护对象,也可以通过保护对象的名称进行快速查询。所有图层支持属性模糊查询、范围查询。自定义查询提供了多范围、多角度的信息查询及统计的能力，满足用户精准查询的交互要求。面向不同部门的查询统计需求，系统提供了以不同范围面作为查询范围，如行政区范围、常用范围、手绘范围以及导入范围，全方位满足不同用户的统计、查询需求（图 7）。

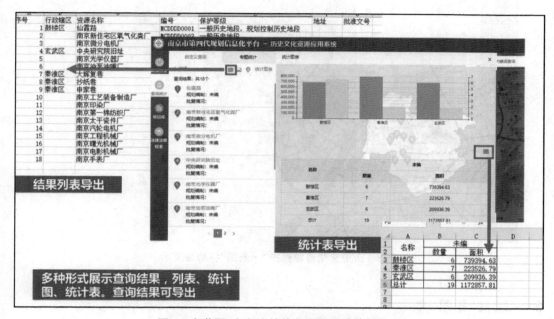

图 7　多范围、多角度的信息查询及统计的能力

图文交互信息全覆盖，掌握保护对象的所有信息。系统在设计过程中，在图形属性查询过程中同时与文档资料进行关联，在查看属性时，如果想要了解该保护对象的项目资料，那么可以点击"附件材料"关联到的目录名称，系统便会跳转到资料库，资料库中包含了该保护对象的所有项目材料。为了便于用户查看资料，系统支持 PDF、图片格式的数据在线浏览。

5.3　移动端发布

目前历史文化资源保护"一张图"已发布在"南京规划"移动端进行可视化展示，确保历史文化保护管理可以更常态化地开展，为未来历史文化保护的公众参与、部门共建共享提供了技术准备（图 8）。

图8 历史文化资源保护"一张图"移动端展示

6 总结与思考

2023 年是国家建立历史文化名城保护制度 40 周年,也是南京获首批"国家历史文化名城"称号 40 周年。南京名城保护的基础理论研究、保护实践探索都在不断完善,此次南京历史文化资源信息平台建设通过信息技术手段确保了南京重要城乡历史文化遗产得到系统性保护。站在新的历史方位,我们要做好新时期城市工作和历史文化保护,坚持以文化传承为主线的规划实践,探索以新技术手段全面支撑南京历史文化资源保护利用及国土空间高质量发展。

参考文献

[1] 胡明星,董卫. GIS 技术在历史街区保护规划中的应用研究[J]. 建筑学报,2004(12):63 - 65.

[2] 熊焰,石华胜,陈正富. GIS 技术在古城资源保护与利用中的应用研究:以扬州古城保护为例[J]. 测绘通报,2012(8):79 - 82.

[3] 陈硕. 历史文化名城规划与保护信息系统的研究探讨[J]. 福建建筑,2006(2):149 - 152.

(本文原为 2022 年中国城市规划信息化年会论文)

宁镇扬同城化视角下南京东部地区功能重组①

官卫华　叶　斌　王耀南

摘　要：后金融危机时代，随着国家战略导向由对外开放转向内外并重，区域竞合与城市发展掀起了新一轮的高潮。借助新一轮南京城市总体规划修编的契机，从南京都市圈的发展要求出发，南京中心城市功能作用亟待进一步强化和发挥。东部地区作为南京竞合长三角的东向前沿阵地，并且在空间上正处于宁镇扬经济板块的地理重心，区位优势显著。应对区域一体化发展的新形势，必须抓紧对地区功能重组、空间整合、区域对接等问题进行深入研究，积极探索提升南京中心城市功能的可行路径，一方面对内产生较强的反磁力，推促老城疏散；另一方面对外则形成较强的辐射力，带动宁镇扬同城化，进而不断壮大南京都市圈、竞合长三角。

关键词：同城化；功能重组；都市圈；空间管治；宁镇扬；南京；东部地区

1　引言

1.1　中国城市正迈向区域战略合作新时代

改革开放 30 年，我国社会经济发展所取得的成就令人瞩目，但世界金融危机使我国外向型经济遭受巨大冲击，以往"内紧外松"式的发展道路越来越难以为继。"内紧"是指我国城市对内开放水平不高，甚至存在设置种种壁垒限制对内开放的情形；"外松"是指我国城市开放型经济更多地表现为注重与海外合作，走外引驱动型发展道路。在科学发展观的战略指引下，在我国社会主义市场经济体制改革不断深化的新形势下，国家主导战略思想正在发生重大转变，从强调出口导向转为内需驱动，从强调对外开放转为内外兼顾。目前国内广佛、郑汴等城市已纷纷提出同城化发展要求，通过强化对内开放，推进区域一体化进程。

1.2　南京城市总体规划修编的新要求

南京城市总体规划（2007—2020）提出了构建"南京都市圈、协作联动圈和战略联盟圈"三大区域协调发展圈层的总体设想，以充分发挥南京长三角西部中心城市的承东启

①　《南京市城市总体规划（2010—2020）》和《南京市城市规划工作"十二五"规划》项目资助。

西作用(图1)。其中,南京都市圈是指以南京为核心的一小时通勤圈,跨两省涉及6地市9县市1 500余万人,2万余 km²,以推进同城化发展战略为主导;协作联动圈是指以南京为核心的一日生活圈,跨两省涉及9地市28县市近3 500万人,5.5万 km²,主要推进区域内各城市在产业功能、城镇体系、基础设施、生态环境等方面的全面协作与协调;战略联盟圈则主要为泛长三角西部,跨三省涉及27地市11 500余万人,23万余 km²。

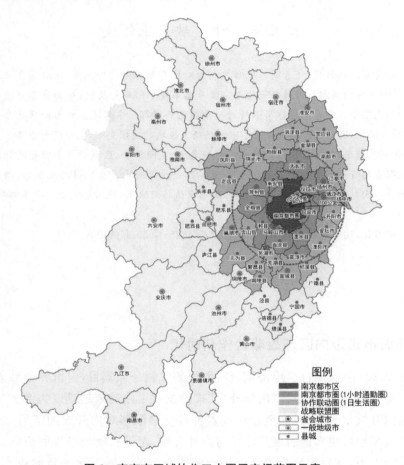

图例
■ 南京都市区
▨ 南京都市圈(1小时通勤圈)
▨ 协作联动圈(1日生活圈)
▨ 战略联盟圈
⊙ 省会城市
⊙ 一般地级市
▫ 县城

图 1　南京市区域协作三大圈层空间范围示意

1.3　南京中心城市功能建设的新需求

　　目前南京都市圈的发展虽已得到圈内城市的广泛认同,但总体来看,南京中心城市的功能还不完善,综合实力还有待提高。在当前国家战略转型、对内开放升级、区域竞合发展等新形势下,南京必须加快探索南京中心城市功能提升的可行路径。南京东部地区作为中心城市的重要组成部分,占据承接和传递南京主城东向辐射的优势区位,成为加快推进都市圈同城化的重要战略空间。其空间范围北至长江,西至绕城公路,南至宁常高速,东至市域行政边界(图2),土地总面积约488.8 km²,主要涉及栖霞、江宁、白下、玄武等4个行政区。

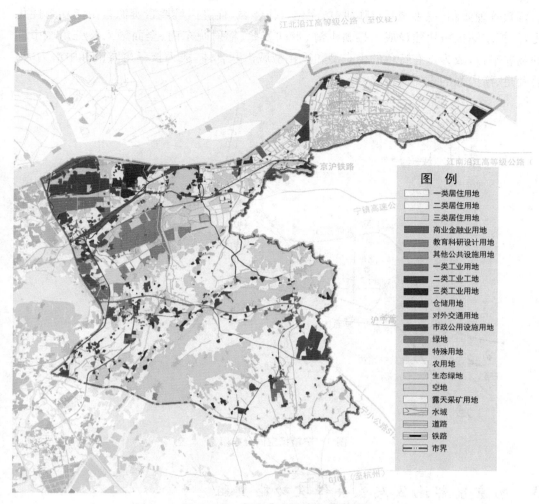

图 2　2007 年南京东部地区用地现状

2　宁镇扬同城化发展趋向

宁镇扬三市空间邻近效应明显,南京相距镇江、扬州分别约为 70 km、100 km(图 3),且三市具有相似的历史文化渊源,均为国家历史文化名城。目前三市已签署全面合作框架协议,启用公交一卡通,并在长三角地区内率先实现医保互通。而且,随着长江四桥、沪宁城际铁路、宁通城际铁路、沿江高等级公路等一批区域交通基础设施的建设,地区交通可达性将进一步提高,同城化效应将更为凸显。2008 年宁镇扬地区 GDP 总量达到约 6 769 亿元,土地总面积为 17 063 km²,常住人口 1 510 万人。与上海、苏锡常和杭绍甬板块相比,宁镇扬地区经济总量与地均产出仍较落后,地区发展亟待整合与优化。本着功能互补、空间整合、区域协调、对接周边的原则,宁镇扬同城化总体发展导向为:创新行政管理体制,完善城际合作机制,深化合作领域,促进区域要素资源自由流动与优化配置,把宁镇扬板块建设成为接轨上海、带动苏北、辐射皖东南、全面融入长三角城市群的重要平台,成为富有特色的生态型和文化型城市联合体,成为长三角城市群中潜力大、后劲足、活力强的重要区域之一。

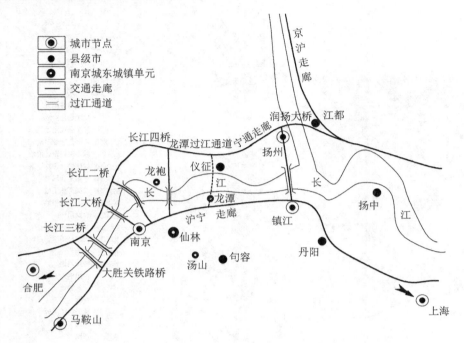

图3　宁镇扬空间分布示意

3　南京东部地区发展条件及功能重组

3.1　优势与机遇

比较周边地区,东部地区具有以下竞争优势与发展机遇:(1)优越的区域交通条件。沪宁、宁芜、宁铜、312国道、长江二桥、地铁2号线等一大批公路和轨道干线及京沪高铁穿越本区。目前在建的有绕越二环和长江四桥,并规划有7条地铁线、2条都市圈轨道交通线以及3条过江通道。龙潭港还具有建设深水枢纽港的巨大潜力。(2)优美的自然生态环境。西靠钟山风景区,东邻宝华山和汤山风景区,南抵青龙山—大连山风景区,地区环境优良、生态宜居。(3)雄厚的科教文化基础。南京大学等10所高校已入驻仙林大学城,成为服务地方经济发展的人才储备基地和智力资源库,再加上地方优良的自然山水环境,具备发展知识经济的优越条件。(4)丰富的土地资源。2007年东部地区已建设用地为104.4 km²。扣除基本农田、河湖水系、湿地、风景(名胜)区、潜在地质灾害防护区等不宜集中建设地区,地区内尚有适宜建设用地近100 km²,可满足城市重大建设项目的用地需求。(5)城市空间结构调整契机。伴随老城功能的更新,老城内一大批医疗、教育、文化、体育等优质资源将到外围新区寻求新的发展空间。(6)地区资源整合联动开发契机。2009年初南京市政府做出以国家级开发区带动东部地区发展的战略决策,将栖霞经济开发区、三江口工业园、龙潭物流基地、仙林高科技产业园整体托管并纳入南京经济技术开发区(国家级),实现产业发展整合和一体化服务管理。(7)国家区域发展的最新趋势。目前国家区域政策指向由大区域推动向重点地区集中,更为强调区域经济增长极的推动作用。南京东部地区正处于长三角城市群、浦东新区国家综改试验区、江苏沿海开发等国家级政策区多重叠合影响的交汇之处,应当与主城乃至周边城市实现更深层次、更大范围的联动,整合资源、联合市场,合力提升区域竞争力。

3.2　问题与挑战

当前南京的区域地位面临巨大挑战。其间,其东部地区则成为区域竞争最为激烈交错的敏感地带,面临的问题错综复杂,可概括为"五个化":(1)战略思想分散化。南京中心城市功能发挥不佳主要与南京区域服务与辐射战略不明确、缺乏区域联动发展机制密切相关。回顾东部地区发展历程:各时期地区实际发展仍偏于局域,总体缺乏整体的、长远的战略指引。(2)组织实施离散化。2000年以来,在以河西开发为标志的南京城市建设重心西移的政策导向下,地区内除沿江和仙林大学城外的其余地区,发展动力以自下而上为主,表现为市级开发权下放和地方管理主体多元化,形成市、区、街道、各类管委会等条块分割、多头管理的局面,造成各片区独立发展、资源内耗、产业低质、配套不足等问题。(3)产业发展简短化。地区产业体系发展不齐全,工业发展以石化、能源等大用水量和大用地量的重工业为主导,固定资产投资量大,专业化分工协作系数小,地方化效应不强;商贸物流、公共服务、基础设施、文化旅游等三产发展水平不高,服务能力不足。(4)资源利用低质化。由于机制体制不健全,投资创业的政策保障欠佳,缺乏科技创业园和中小企业发展的激励机制、利益分享与风险共担的产学研合作机制等,造成高质量、高技术含量的优质项目难以引进,同时地方优秀科研成果转化为现实生产力的通道与路径不畅通,科技就地转化率低。(5)城际合作形式化。虽然城市间已签署了诸多合作框架协议,但是实质性推动不足。龙潭港并未充分发挥出其深水良港优势;与句容、宝华、仪征等邻接地区在基础设施、产业载体、旅游发展等方面缺乏有效对接,且存在同质竞争问题。

3.3　目标与定位

按照国务院批准的《长三角地区区域规划》,南京城市总体定位为"两基地两中心一门户",即先进制造业基地、现代服务业基地;长江航运物流中心、科技创新中心以及长三角辐射带动中西部地区发展的重要门户。作为南京竞合长三角的东向前沿阵地,作为宁镇扬板块的地理重心,南京东部地区必须在城市总体定位的指导下,合理分解和细化,尤其是在区域一体化方面承担起更大的责任,其发展目标为:进一步做大做强地区综合服务功能,对内产生较强的反磁力,推促老城疏散,对外则形成较强的辐射力,带动宁镇扬同城化,进而不断壮大南京都市圈、竞合长三角。具体来讲,主要体现为"三城定位":(1)产学研一体的科技创新城。以推进国家科技体制综合改革试点城市和创新型试点城市①建设为契机,进一步整合优化地区科技资源,打破体制分割、力量分散、封闭运作的配置格局,实施开放式创新,推动产学研一体化创新载体(园区)和平台建设,健全自主创新的制度机制,以科技创新推动发展转型。(2)服住游一体的生态宜居城。以青奥会、地铁、高铁、过江通道等重大项目建设为契机,依托地区山水城林港桥等景观资源,与主城相协同,积极发展信息服务、现代物流、教育培训、研发设计等生产服务业,商贸商业、科教文卫、休闲旅游等生活服务业以及高新技术产业,建成功能独立、配套齐全、职住平衡、充满活力、特色鲜明的宜居城市。(3)港产城一体的交通枢纽城。以龙潭江海联运枢纽港和铁路货场建设为契机,充分利用东进主城的门户区位,加快港口后方腹地的基础设施、集疏运体系(含线路、场站)建设,形成以信息化为支撑、多种运输方式无缝衔接、承东启西的交通物流枢纽,形成从港口至纵深腹地的港口直接产业→港口共生产业和港口依存产业→港口关联产业的完整产业链条,实现以港带产、以产促城。

3.4 结构与功能

结合地区现有发展基础以及绿色生态廊道分布格局,空间组织应遵循"点线面"结合的总体布局思路:"点"即城市中心,以提升中心功能为核心,积极培育和建设由副城综合性反磁力中心和片区中心组成的城市中心体系;"线"即城市发展轴线,集中城市建设地区沿主城为核心的放射状交通走廊两侧呈串珠式分布;"面"即城市组团,体现一种通过有机分散而达到选择性集聚、组团空间优化的理念,组团之间以交通走廊和绿色开敞空间相间隔,形成尺度适宜、布局紧凑、指状串珠、轴向组团、拥江发展的空间布局结构。具体来讲,主要包括"二轴、三环、六组团"(图4)。其中,"二轴"即沿江城镇发展轴和沪宁城镇发展轴;"三环"即绕城公路、绕越公路和汤铜公路;两轴、三环串联起区内六大功能组团,包括仙林副城②三个片区、龙潭和汤山两个新城③以及青龙山—大连山生态廊道组团。

根据地区功能定位,本着选择性集聚的原则,结合上述空间布局要求,明确六大组团的主导功能,并采取差别化管治措施。具体来讲,各组团功能配置为:(1)仙林副城沪宁铁路以北新尧—栖霞地区组团。是仙林副城以加工工业为主体,兼顾生活配套服务的北部片区。以南京经济技术开发区为基础,整合尧化门、南京炼油厂和栖霞老镇区,建设片

---

① 2009年4月南京被科技部批准为全国唯一一个科技体制综合改革试点城市和全国首个"中国软件名城"创建试点城市。2010年1月南京又与全国其他19个城市(区)一起被科技部批准为我国首批"全国创新型试点城市"。

② 《南京市城市总体规划(2007—2020年)》中明确了1个主城—3个副城—9个新城—34个新市镇的市域城镇体系。其中,东部地区涉及1个副城,即仙林副城。副城是南京中心城市功能的集中承载地,是现代都市区功能的核心区,重点发展现代服务业和高新技术产业。

③ 东部地区空间范围内规划有2个新城,即龙潭新城和汤山新城。新城是一定地区内产业、城市服务功能和城市化人口的集聚区。

区中心,形成产城一体的发展格局。严格控制污染企业发展,鼓励发展与外贸港口相关的保税加工、高新技术产业加工和其他先进制造业。(2)仙林副城沪宁铁路以南、沪宁高速公路以北之间的仙林地区组团。是仙林副城产学研一体发展的中部片区,主要依托仙林大学城科教资源,加强高新技术产业研发、无污染和科技含量高的加工配套产业发展,并鼓励发展商务服务、文化体育、休闲娱乐等第三产业,服务周边地区。(3)仙林副城沪宁高速公路以南的麒麟地区组团。是仙林副城以科技创新、物流服务、居住配套为主体的南部片区,积极发展科技创新产业,并保护好青龙山与紫金山的生态联系。(4)龙潭新城组团。是长江下游重要的港口工业新城,引导发展现代物流、外贸加工以及临港型先进制造业。加强与句容的协调发展,联合句容相邻地区发展成为"江港城山"融为一体的现代化滨江新城。(5)汤山新城组团。是长三角重要的旅游休闲新城,引导发展休闲度假、旅游服务、会议会展等产业,建设全国知名的温泉旅游度假基地,禁止发展环境污染性产业。(6)青龙山—大连山非建设地区组团。以生态涵养功能为主,允许适度发展生态兼容性项目,加快废弃矿山的植被恢复、郊野公园建设、垃圾填埋场环境整治与生态修复等,恢复生物多样性。

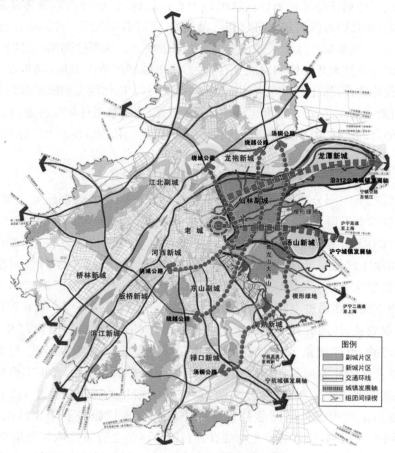

图 4 南京东部地区空间结构分析

4 带动宁镇扬同城化发展策略及行动建议

南京东部地区应在城市中心体系、产业空间整合、区域交通设施和区域协调机制等重点领域和关键环节率先突破,加快地区功能重组与结构调整,引领、带动宁镇扬同城化进程。

4.1 强化中心体系,提升区域辐射能力

在大规模全面铺开东部地区开发前,必须加快建设城市中心体系,形成"强核",辐射带动周边地区;而在建设强大的综合性反磁力中心之前,要先期启动各片区和新城中心的建设,形成南京东部都市区鲜明的中心城市意象,以提振地区开发的信心。(1)仙林副城要重点推进新尧、栖霞、仙鹤、青龙、白象的片区中心建设。在完善片区中心综合服务功能的同时,可适当向中心周边推进居住和产业配套,重点加快白象片区国际大学园区和科技产业建设,加快新港经济开发区产业升级,有效改善新尧地区人居环境水平。(2)在灵山地区规划预留并控制好仙林副城中心区用地,保证对高端服务功能和重点项目的空间储备,加强中心区的规划研究和行动策划,适时启动开发。(3)结合地铁 8 号、16号线站点布局,加快麒麟片区中心建设。(4)龙潭新城结合龙潭港四期、五期扩建工程,充分利用南京市经济技术开发区的发展平台,大力推进临港产业的发展,同步推进新城居住和配套服务设施建设,强化对句容、宝华的辐射作用。(5)以休闲度假旅游和科技研发为重点,推进汤山新城的发展,加快配套建设综合服务设施,大力推进休闲旅游业的发展,并促进与句容县城的合理衔接,特别是在道路、轨道交通线位走向和接口预留上做好跨市协调。

4.2 聚合产业空间,实现产业转型升级

目前地区产业空间分布较为零散:沪宁铁路以北地区主要为制造业主导发展地带,有南京经济技术开发区、南京炼油厂、栖霞经济开发区、龙潭物流园、三江口工业区、金箔产业园等;312 国道沿线地带主要为产学研一体化发展的科技智慧谷,分布有若干科技"孵化器",如徐庄软件园、马群科技园、液晶谷、金港科技园、南京大学科技园等;312 国道以南主要为科教文化区、人居环境区和休闲旅游区。按照市场经济规律和创新发展要求,地区产业空间必须通过空间串联、制度整合等有机组织(图 5),才能发挥出应有的规模效益和集聚效益,从而提高产业发展层次与水平。(1)借鉴美国"硅谷"和波士顿 128号公路发展经验,近期侧重 312 国道沿线区域,以沪宁城际站点为据点,打造科技孵化带,成为沟通北部沿江制造业带和南部科教文化带的纽带和桥梁,真正实现南部科技有效转化并应用于北部加工制造,强化各类产业空间的相互关联性。通过 312 国道发展轴线东延,实现与主城内模范马路软件基地等主城一批现代服务业集聚区的联动发展。(2)建立空间准入机制,使各类产业均能在各自适宜区位上有条件地分类集聚,促进园区特色化发展。(3)在大学城内部,鼓励利用富余土地,创办科技园,吸引科技研发企业到

园区内租地、设置研发机构,加强企业与高校的技术联系。(4)对传统产业发展空间,强调"关小限大",实行技术改造、节能减排,近期重点推进南京炼油厂周边小化工整治工作。(5)改变开发区与行政区各自为政的局面,创新开发实施组织机制。实行"大带小"模式,近期重点结合栖霞区、南京经济技术开发区和仙林大学城体制调整,加强对栖霞经济技术开发区、龙潭物流园、三江口工业园和仙林高科技产业园的整合力度,引导各类要素向省级以上开发区集中,延伸产业链、培育产业集群;实行"园区带街道"模式,近期重点推进南京经济技术开发区与尧化街道、仙林大学城与马群街道的整合,将周边街道捆绑纳入园区管理,实行规划、用地、项目及政策的一体化管理,同步改进考核方式和招商方式,促进开发区向城市功能区的实质性转变。(6)着力控制和预留好远期弹性发展空间,如龙潭、汤山等。在不具备开发条件和开发能力时,应严格控制此类地区的低水平开发,禁止小规模、零碎、低效开发,做好应对未来重大项目和突发事件的空间准备。

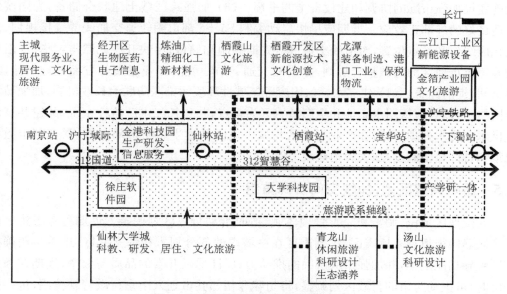

图5 南京东部地区产业空间组织示意

4.3 加大交通投入,建立同城交通网络

以南京、镇江、扬州三个中心城区为核心,加快包括轨道交通、高快速路系统、航运、航空和过江通道等在内的现代化综合交通体系建设。(1)加快禄口国际机场、南京南站与镇江、扬州的快速联系通道建设以及绕城公路城市化改造,扩大服务范围;(2)积极推进长江四桥和龙潭过江通道建设,预留好仙新路(新港—玉带)、七乡河路过江通道,鼓励多种过江交通方式复合共用通道,同时加快都市圈快速轨道交通 S5 线(龙潭—仪征)的建设,加强与扬州的联系;(3)加快宁常高速公路建设和 312 国道、宁杭公路快速化改造以及都市圈快速轨道交通 S6 线(汤山—句容)、宁常沪城际铁路的建设,加强与镇江方向的联系;(4)加快建设区域公共交通网,实现区域客运公交化;(5)加强南京港、扬州港、

镇江港的合作与整合,组建区域港口联合协作体,并加大芜申运河、滁河等内河航道疏浚力度,充分发挥江海联运、水陆联运中转港口群的作用;(6)调整沪宁高速、312国道等收费站位置,尽量位于绕越公路城市出入口西侧,促进区域交通无障碍衔接与通畅运行。

4.4 完善协调机制,全面深化区域合作

全方位、多层次开展区域合作,完善协调机制。(1)在省统筹指导下,由宁镇扬三市共同筹建"宁镇扬同城化领导小组"。成员主要由各市党政一把手组成,负责重大区域事项的决策和协调。领导小组下设城市规划、交通基础设施、产业协作、环境保护等专责小组,落实具体事项。(2)建立跨行政区、多元化、多形式的"公共财政与金融联动"的同城化基础设施投融资机制,联合组织招商引资活动。按照"谁受益、谁投资"的原则,通过转让土地收益、共同开发建设等模式,建立宁镇扬同城化基础设施建设基金,就区域性基础设施建设加强市际的协调和建设资金的平衡。(3)加强跨区域土地联合储备,为同城化创造良好的外部正效应。近期应尽快启动编制S5、S6都市圈轨道交通线的衔接规划,落实相应线位和站点位置,对沿线土地进行先期控制和储备;尽快开展龙潭与宝华、汤山与句容等重点地区的同城整合规划,在道路交通、城市功能、产业发展等方面充分对接,预留空间、提前储备。(4)建立水、气、固废等区域性环境污染联防联治长效机制,加强城际协同执法;以长江饮用水源地和生态敏感区为重点,共建长江水源监控系统,共建共享区域供水和污水处理设施;在产业集中区与城市之间共建生态防护隔离带,联合制定激励政策和特许经营制度,加大绿地建设力度。

4.5 适时调整区划,加快空间资源重组

匹配地区定位,调整和完善管理体制,适时推动行政区划调整。近期可考虑将区内江宁区麒麟街道划入栖霞区,将栖霞区在主城内的部分划入相邻玄武区,进一步明确栖霞区主导功能定位,并加强市级层面的推动力,保证地区开发的品质与效率;远期在条件许可时,可推动跨市的行政区划调整,将句容等相邻县市划入南京行政管辖范围,进一步拓展南京发展腹地。同时,加快建立、健全差别化的考核制度,对区、街道不再完全进行经济指标考核,还必须兼顾民生福祉、社会管理、环境保护等方面。

5 结语

目前,国家主导战略思想正在发生转变,"拘于行政区而各自为政发展"的热潮正渐趋消退,区域合作与一体化发展正成为新一轮大发展的内生动力。因此,南京东部地区的发展不能仅"就东部而论东部"或"就南京而论东部",而应该放到更大的区域范围统筹考虑。应以宁镇扬同城化为导向,积极协同主城,建设反磁力中心,同时强调体制创新、强化开放、跨界整合、深化合作,争当南京转型发展的实践区、创新发展的试验区和跨越发展的先行区,带动宁镇扬同城化、壮大都市圈、竞合长三角。

参考文献

[1] Chung C, Gillespie B. Globalisation and the environment：New challenges for the public and private sector [M]//OECD E. OECD Proceedings：Globalization and the environment. Paris：OECD Publications,1998.

[2] Friedmann T L. The world is flat：a brief history of the twenty-first century [M]. New York：Farrar,Straus and Giroux,2005.

[3] Hall P G. An intellectual history urban planning and design in the twentieth century[M]. Srd ed. Oxford, UK：Blackwell Pub. ,2002.

[4] Wu Chungtong. Chinese socialism and uneven development [M]//Forbes D,Thrift N E. The socialist third world：Urban development and territorial planning. New York：Basil Blackwell,1987.

[5] Lin G C S. Toward a post-socialist city? Economic teriarization and urban reformation in the Guangzhou metropolis,China[J]. Eurasian Geography and Economics,2004,45(1)：18-44.

[6] Shieh L,Friedmann J. Restructuring urban governance [J]. City,2008,12(2)：183-195.

[7] 仇保兴. 我国城镇化中后期的若干挑战与机遇：城市规划变革的新动向[J]. 城市规划,2010,34(1)：15-23.

[8] 国家发展和改革委员会. 长江三角洲地区区域规划[R]. 2010.

[9] 陈爽,姚士谋,吴剑平. 南京城市用地增长管理机制与效能[J]. 地理学报,2009,64(4)：487-497.

[10] 南京市规划局,南京市城市规划编制研究中心. 2007年南京城市规划年度报告[R]. 2008.

[11] [民国]国都设计技术专员办事处. 首都计划[M]. 南京：南京出版社,2006.

[12] 崔功豪. 长三角城市发展的新趋势[J]. 城市规划,2006(12)：41-43.

[13] 于涛方,吴志强. 长江三角洲都市连绵区边界界定研究[J]. 长江流域资源与环境,2005,14(4)：397-403.

[14] 陆玉龙. 宁杭城市带发展战略研究[M]. 南京：河海大学出版社,2006.

[15] 官卫华. 国家级风景名胜区管理体制创新研究[J]. 现代城市研究,2007,22(12)：45-53.

[16] Simmie J. Citizens in conflict：the sociology of town planning [M]. London：Hutchinson,1974.

[17] Bounds M. Urban social theory：city,self and society [M]. Melbourne：Oxford University Press,2003.

[18] Miller Z L. Pluralism Chicago school style：Louis wirth,the ghetto,the city[J]. Journal of Urban History,1992,18(3)：251-279.

[19] 周岚,张京祥.江苏城乡规划建设:集约型发展的新选择[J].城市规划,2009,33(12):16-20.

[20] 张兵.保护规划需要有更全面综合的理论方法[J].国外城市规划,2001,16(4):1-2.

[21] 邹建平.郊区城市化发展的动力新模式:江宁区"园区带镇"模式研究[J].现代城市研究,2007(1):46-50.

[22] 王旭,黄柯可.城市社会的变迁:中美城市化及其比较[M].北京:中国社会科学出版社,1998.

[23] 钟坚.世界硅谷模式的制度分析[M].北京:中国社会科学出版社,2001.

[24] 杨明俊,林坚,李延成.港城模式与港口城市发展战略探讨:以潍坊滨海经济开发区为例[J].城市规划,2010,34(4):80-85.

[25] 欧向军.江苏省城市化发展格局与过程研究[J].城市规划,2009,33(2):43-49.

[26] 陈前虎,吴一洲,郭敏燕.杭州城市服务业及公共建筑的空间分布[J].城市规划学刊,2010(6):80-86.

(本文原载于《城市规划》2011年第7期)

国土空间规划背景下专项规划与
控规一张图融合工作新思考

——基于南京的实践

皇甫玥　苏　玲　郑晓华

摘　要：南京自2016年开始探索专项规划与控规一张图融合工作，目前已经形成了一套较为科学的技术方法，对建立全信息、多属性、多角度的控规一张图起到了重要作用。在国土空间规划时代"多规合一"的总体要求下，笔者基于南京近几年专项融合工作方面的实践经验，对未来专项融合工作可能的新发展提出大胆的畅想，以期在这个空间规划体系大变革的时代为建立科学、高效、实用的国土空间规划体系提供思想火花。

关键字：专项融合；专项规划；控规一张图；国土空间规划；南京

0　引言

十八大以后，我国进入了社会主义生态文明建设时代。2015年9月，中共中央政治局召开会议审议通过《生态文明体制改革总体方案》，明确空间规划体系是生态文明制度体系的重要组成部分，并要求编制统一的空间规划，实现规划全覆盖。2018年2月，十九届中央委员会第三次全体会议通过《深化党和国家机构改革方案》，组建自然资源部，着力解决空间规划重叠等问题。宏观政策背景、行政管理体制的变化迫切需要整合目前各部门分头编制的各类空间性规划，重构空间规划体系。作为一名一线城乡规划师，当我们还在对原城乡规划体系下各类规划的技术方法、相互关系、实施路径等进行讨论研究时，空间规划体系的重构为这些讨论提供了拓展思路的契机及突破框架的可能。

自从《城乡规划法》颁布实施以来，作为城乡规划编制体系重要组成部分的控规的法律地位得到了确认。南京作为国内践行控规较有特色的城市之一，随着两轮控规全覆盖工作的完成，控规工作重点已经从"编制全覆盖"转向了"执行法定化"，控规一张图建设也基本完成，控规编制的科学性、修改的合法性、执行的严肃性都得到大大提高。与此同时，为不断提高控规对城市社会经济发展的引领作用，南京从2016年开始探索专项规划与控规一张图融合（简称专项融合）工作，并已完成绿线、养老、派出所、商业网点、献血设施等多个专项融合工作，形成了一套较为科学的技术方法。融合后的控规一张图作为规划实施管理的最直接许可依据,为各行业的健康发展提供了科学的空间保障。

随着国土空间规划时代的到来,专项融合工作也面临更加广阔的天地,笔者基于南京近几年专项融合工作方面的实践经验,对未来专项融合工作可能的新发展提出大胆的畅想,以期在这个空间规划体系大变革的时代为建立科学、高效、实用的国土空间规划体系提供思想火花。

1 "多规合一"的新内涵

一般认为,针对不同地理区域和不同问题,我国已经制定了诸多不同层级、不同内容的空间性规划,组成了一个复杂的体系共同进行经济、社会、生态等政策的地理表达,主要包括城乡建设规划、经济社会发展规划、国土资源规划、生态环境规划、基础设施规划等系列[1]。总体上看,2018年行政管理体制调整前我国各类空间性规划在不同部门主管下自成体系,且每一体系又有诸多不同层级、不同深度的具体规划类型,既存在交叉重复又存在矛盾冲突。因此,有学者认为我国迄今尚未建立严格意义上的国家空间规划体系[2]。纵观20世纪90年代以来我国学界和业界关于空间规划体系反思改革的研究成果,无非集中在体制上的变革与技术上的协调两大方面。2018年后,随着我国机构改革的完成,对于空间规划体系的重构,国家已经从体制构建层面做出了重大而根本性的改革[3]。2019年1月,中央全面深化改革委员会第六次会议审议通过《关于建立国土空间规划体系并监督实施的若干意见》,要求将主体功能区规划、土地利用规划、城乡规划等空间规划融合为统一的国土空间规划,实现"多规合一"。至此,"多规合一"成了编制国土空间规划的基础和前提,其内涵也得到了大大地丰富。

作为学界和业界研究空间规划体系重构的一个主要方面,"多规合一"的概念是由最初的"三规合一"延伸而来的。"多规合一"是指将国民经济和社会发展规划、土地利用规划、城乡规划以及其他空间规划中涉及的相同内容统一起来,并将空间管制的内容落实到一个共同的空间规划中,实现优化空间布局、高效配置资源、提高政府空间管控水平和治理能力的目标[4]。由此可见,"多规合一"最初主要是为了协调不同主管部门条线的各类规划。随着自然资源部的成立以及全国统一、相互衔接、分级管理的国土空间规划体系的明确,"多规合一"已经突破了原先相对狭隘的技术探索,成了国土空间规划编制的一种理念、一套方法和一项目标。具体来说,"多规合一"就是要求在"五级(国家—省—市—县—乡(镇))三类(总体规划—专项规划—详细规划)"的国土空间规划体系下,实现各级各类规划的上下传递与反馈、相互衔接与融合,统筹山水林田湖草系统治理。

2 国土空间规划背景下专项融合工作的必要性

2.1 国土空间规划时期控规作用的延续

2008年的《城乡规划法》确立了控规在土地出让、项目建设管理中的核心地位,明确了其作为土地使用和空间管理的基本依据之一[5]。根据《城乡规划法》，以划拨方式提供国有土地使用权的建设项目，需依据控规核定建设用地的位置、面积、允许建设的范围，核发建设用地规划许可证；以出让方式提供国有土地使用权的建设项目，需依据控规提出出让地块的位置、使用性质、开发强度等规划条件，作为国有土地使用权出让合同的组成部分，签订国有土地使用权出让合同是领取建设用地规划许可证的必备条件。2019年，《中共中央 国务院关于建立国土空间规划体系并监督实施的若干意见》（中发〔2019〕18号）明确了详细规划是对具体地块用途和开发建设强度等做出的实施性安排，是开展国土空间开发保护活动、实施国土空间用途管制、核发城乡建设项目规划许可、进行各项建设等的法定依据。可以看出，"五级三类"国土空间规划体系建立后，控规的作用将通过详细规划得到明确和延续。

2.2 国土空间规划时期专项规划地位的明确

国土空间规划提出"五级三类"的体系，其中专项规划是"三类"中的一类。一般认为，专项规划是指对以经济社会发展的特定领域为对象编制的规划。根据其具体内容，对应国土空间规划的不同层级，专项规划也应有不同的层级，满足不同层级上专项设施空间布局的引导要求及专项内容的控制要求。

2.3 控规层面的专项规划是对控规的有效补充

鉴于当前控规组织单位、编制单位、编制重点、编制深度等方面的局限性，控规对各类专项设施只能做到控规层面上的一般性控制，而对各自的专业属性往往关注不够，对其空间布局的引导往往不够科学。随着各专业部门规划意识的不断增强，近些年不少专业部门都编制了专项规划以期落实其行业发展的空间需求。这一类专项规划的编制层级多为控规层级，其空间控制深度达到用地四至边界的控制。因此，这一类专项规划实际上是对控规中专项设施规划的一种深化与补充。

2.4 专项融合是践行"多规合一"的重要举措

实现专项规划与控规一张图的融合不仅是确保专项规划成果能够指导规划实施管理的必要步骤，更是当前国土空间规划体系下对各级各类规划"多规合一"的内在要求。专项融合后的控规一张图作为规划实施管理的最直接许可依据，在对专项设施的布局引导和控制要求上更加科学有效。通过专项融合工作，控规与其对应层级的专项规划实现了衔接与融合，是同一层级不同类规划"多规合一"的一个代表。

3 当前南京专项融合工作实践情况

2014年后，南京控规一张图逐步建立起来。随着控规执行法定化时代的到来，南京从2016年开始开展专项融合工作。目前，已经建立起符合南京实际情况的专项融合工作方法,并完成了多项专项融合工作,有效尝试了控规层面的"多规合一",保障了专项成果的落实,形成了具有全信息、多属性、多角度的规划"一张图",提高了依法行政能力,加强了规划的引领作用。

3.1 确定以控地类专项规划为融合对象

根据南京近些年专项规划编制情况及控规一张图建设情况,南京先期开展以控地类专项规划为对象的专项融合工作。所谓控地类专项规划,是指按照控规的深度,将各类专项设施落地的专项规划,包括独立占地和不独立占地两种。其中,独立占地设施指专项设施有明确的四至边界,如中小学、医院等;非独立占地设施指专项设施与其他设施复合设置在一个地块内,没有明确的四至边界,如部分派出所、居家养老设施等。

3.2 明确"空间十属性"两类专项融合的内容

3.2.1 空间融合主要要素

1)专项设施空间位置

针对独立占地和非独立占地两种类型的专项设施,南京采用"实位"和"点位"两种控制类型。独立占地的专项设施,应采用实位控制的形式,需表达准确的边界及相关属性。实位控制的又具体分为独立地块的实位控制和多个地块共同组成区域的实位控制两种形式。非独立占地的专项设施,应采用点位控制的形式,需表达其位置及相关属性。此外,考虑到专项设施在规划编制阶段的不可预见性和不可确定性,对于在规划编制阶段尚无法准确确定其空间位置的专项设施,南京通过虚位控制增加设施布局的弹性。

2)专项设施服务范围

对于一些明确了服务范围的专项设施,其服务范围也是专项融合主要的空间要素。服务范围可以分为准确服务范围和相对准确服务范围两类。其中,准确服务范围是指由道路、河流等准确地物围合的服务区域,其边界的控制达到控规深度。相对准确服务范围是指由服务半径确定的服务区域,其边界表达的是示意性范围。

3.2.2 属性融合主要要素

南京的专项融合工作将专项设施的属性分为通用属性和专项属性两类。其中,通用属性指控地类专项设施在专项规划以及控规里都有的属性,包括用地性质、用地面积、容积率、建筑密度、建筑高度、绿地率等。专项属性指各类控地类专项规划针对专项设施提出的专项控制内容(表1,表2)。

表 1　养老服务设施布局规划与控规一张图融合专项属性

序号	属性名称	类型
1	编号	GL-A-01
2	名称	文本
3	所属街道	文本
4	类型	枚举(机构养老、居家养老)
5	用地措施(针对机构养老设施)	文本
6	规划措施(针对居家养老设施)	文本
7	总床位数(张)	数字
8	建筑面积/使用面积(m²)	数字
9	地址	文本
10	规划控制要求	文本
11	备注	文本

表 2　商业网点规划与控规一张图融合专项属性

序号	属性名称	类型
1	名称	文本
2	级别	枚举(一级/二级/三级/四级/五级)
3	所处地区	文本
4	属性	文本
5	范围划定	文本
6	指标引导	文本
7	业态引导	文本
8	建设引导	文本

3.3　确定基于控规一张图的专项融合方式

3.3.1　单个地块独立占地专项设施

单个地块独立占地专项设施的地块四至边界即为控规地块边界,通用属性挂靠在地块属性块上(同控规一张图),专项属性挂靠在各类专项设施图章上。若专项设施明确了服务范围,则应绘制服务范围线,相关内容挂靠在服务范围线上。若该设施在规划编制阶段位置尚不能确定,需要进行虚位控制,则在用地边界上附加虚线框予以表示(图1)。

3.3.2　多个地块共同组成区域的专项设施

多个地块共同组成区域的专项设施应根据道路、河流、地块等地物在区域外绘制区域边界,通用属性挂靠在各个地块属性块上(同控规一张图),专项属性挂靠在区域边界上(图2)。

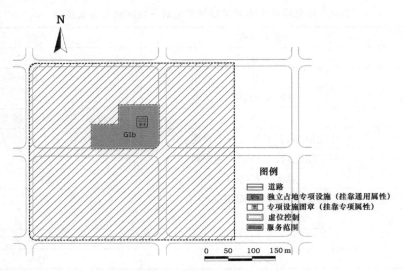

图1 单个地块独立占地专项设施

(图片来源:作者自绘)

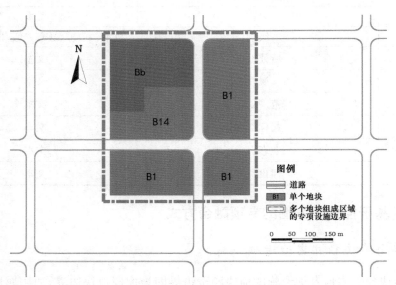

图2 多个地块共同组成区域的专项设施

(图片来源:作者自绘)

3.3.3 非独立占地专项设施

非独立占地专项设施通过专项设施图章进行表达,即将设施的专项属性挂靠在各类专项设施图章上。若该设施在规划编制阶段位置尚不能确定,需要进行虚位控制,则在专项设施图章外附加虚线框予以表示(图3)。

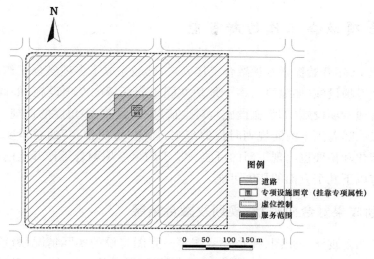

图3 非独立占地专项设施

（图片来源：作者自绘）

3.4 区分不同情况确定融合途径

基于"空间""属性"两类专项融合内容，南京的专项融合工作区分不同情况设计不同的融合路径。对于地块边界、通用属性这类控规一张图上已有的信息，若专项融合工作对其进行了调整，则应先按照控规调整程序进行调整。对于其他属性，可直接与控规一张图进行融合（表3）。融合工作中涉及的数据标准参照《南京市控制性详细规划计算机辅助制图规范及成果归档数据标准》等相关标准文件执行。

表3 各类属性融合途径一览表

属性类别		对象	类型	与控规一张图融合方式
空间位置信息	地块边界	单个地块独立占地专项设施	线	若涉及调整，则应先按照控规调整程序进行调整
	区域边界	多个地块共同组成区域的专项设施	线	直接融合
	虚位控制线	单个地块独立占地专项设施/非独立占地专项设施	线	直接融合
服务范围信息		单个地块独立占地专项设施/非独立占地专项设施	线	直接融合
属性信息	通用属性	独立占地的专项设施	地块属性	若涉及调整，则应先按照控规调整程序进行调整
	专项属性	单个地块独立占地专项设施/非独立占地专项设施	专项设施图章	直接融合
		多个地块共同组成区域的专项设施	线	直接融合

4 未来专项融合工作的新可能

南京自2016年开始探索专项融合工作以来,已经完成了多项融合工作,既涉及单个地块独立占地专项设施(如绿线)、多个地块共同组成区域的专项设施(如商业网点),又涉及非独立占地专项设施(如献血设施),对全信息、多属性、多角度的控规一张图的建立起到重要意义。随着国土空间规划时代的到来,面向"多规合一"的总体要求,未来专项融合工作的深化和拓展也出现了新的可能。基于南京专项融合工作开展的现状,笔者认为未来主要有以下几个方面的拓展可能。

4.1 从规划成果融合向现状、规划双融合拓展

鉴于南京当前现状一张图、控规一张图等一张图建设的实际情况,目前南京的专项融合工作主要针对的是规划成果。究其原因主要是,随着控规法定地位的确立以及依法行政要求的不断加深,南京控规一张图建设取得了显著成效,已经成为南京规划管理工作的直接依据。相对于控规一张图的建设,原城乡规划时期由于对于现状的认定一直以来存在所有权、使用权、地表、地籍等多个概念的交叉,城乡规划现状一张图的建设一直缺乏法定性的支撑,其法定地位尚不明确。加之在当前的规划管理工作中现状一张图不直接指导管理工作,故从紧迫性上看,现状数据的专项融合工作尚不如规划成果的专项融合工作来得紧迫。因此,南京近些年率先实践的是规划成果的专项融合工作。

进入国土空间规划时代后,国家明确未来将以第三次全国国土调查成果为基础,整合规划编制所需的空间关联现状数据和信息,形成坐标一致、边界吻合、上下贯通的一张底图,用于支撑国土空间规划编制。借此契机,专项融合工作应积极谋求专项规划现状数据融合工作的途径,引导专项融合工作从规划成果融合向现状、规划双融合拓展。

4.2 尝试建立动态更新机制

随着专项融合技术的日趋完善,为了确保融合成果的时效性,迫切需要建立动态更新机制。适逢空间规划体系改革,在"五级三类"国土空间规划体系下,国家明确要求相关专项规划的主要内容要纳入详细规划。因此,专项融合工作应在全面顺应宏观政策背景的前提下,积极应对"多规合一"的各种要求,尝试建立与南京控规一张图动态维护机制、土地利用现状图年度更新机制等与现有机制有效衔接的专项融合动态更新机制,不断提高专项融合工作的科学性,保障国土空间规划体系下专项规划与控规一张图的有效融合。

4.3 探索"现状—规划—现状"的规划全流程数据体系建立的可能

随着自然资源部统一行使所有国土空间用途管制职能的确立,至此多部门分别管理空间数据的情况得到改善。这为打通不同环节空间数据,建立"现状—规划—现状"规划全流程数据管理体系提供了可能。"现状—规划—现状"规划全流程数据体系的建立不

仅是当前大数据时代对国土空间规划的必然要求,更可以大大提高国土空间规划的科学性、指导性,对于规划实施的评估、规划结果的预测都有着非常重要的意义。

参考文献

[1] 王向东,刘卫东.中国空间规划体系:现状、问题与重构[J].经济地理,2012,32(5):7-15.

[2] 许景权,沈迟,胡天新,等.构建我国空间规划体系的总体思路和主要任务[J].规划师,2017,2(33):5-11.

[3] 张京祥,林怀策,陈浩.中国空间规划体系40年的变迁与改革[J].经济地理,2018,38(7):1-6.

[4] 马晓冬.面向"多规合一"的人文与经济地理若干问题思考[J].地理研究与开发,2018(2):177-180.

[5] 姚凯."两规合一"背景下控制性详细规划的总体适应性研究:基于上海的工作探索和实践[J].上海城市规划,2011(6):21-27.

(本文原载于《城市发展研究》2021年第1期)

南京河西低碳生态城指标体系构建与实践

郑晓华 陈韶龄

摘 要:低碳生态城市成为未来城市发展的趋势,南京作为生态优良的绿色城市,为河西低碳生态城的发展建设提供了有力支撑。河西低碳生态城目前正处于发展探索阶段,其指标体系的建立引导了低碳生态城市规划、建设、管理等各环节,并获得实施成效。通过对指标体系构建的研究,促进了河西低碳生态城的发展,并为国内城市转型提供经验借鉴。

关键词:低碳生态城;指标体系;南京

0 引言

目前,全球每年增加人口数量保持在 8 600 万以上,到 2025 年将超过 80 亿,且将有75%以上的人口居住在城市。尽管城市面积只占地球表面积的 2%,每年却要消耗掉地球 75%的资源。城市规模越建越大,大城市的过度扩张使得资源过度消耗、环境污染加剧和人居环境恶化等问题愈演愈烈。大多数国家都在通过利用或者日益透支异地的生态资本来维持现有的生活方式和经济增长。有足够证据表明,20 世纪的城市模型将无法满足 21 世纪的城市化需求①。在这样的背景下,构建可持续的"低碳生态"城市逐渐成为人类应对多重威胁的发展趋势。

低碳生态城市旨在解决因人类生存而造成的生态、环境破坏的问题,充分利用可再生能源,实现资源的循环利用,降低能源消耗,将低碳目标与生态理念相融合,实现人、城市、自然环境之间和谐共生。

国内外许多城市已经意识到构建生态城市的重要意义,纷纷加入到构建生态城市的实践中,包括阿联奠的马斯达尔生态城(Masdar City, United Arab Emirates)、英国贝丁顿零能耗区(Beddington Zero Energy District)、瑞典哈默比湖生态城(Hammarby),以及我国中新天津生态城、曹妃甸生态城等。这些城市的发展经验值得研究和借鉴。总的来说,低碳生态城市的发展建设需具备以下条件:① 制定可持续的指导思想、具体目标及实施措施;② 有先进的科学技术作为支撑;③ 有开放的政策和持续的资金支持。

---

① Angel S, SHeppard S C, Civco D L, et al. The dynamics of global urban expansion[R]. Washington D C: Department of Transport and Urban Development, The World Bank, 2005.

面向未来，发达国家和地区把对绿色的追求摆在了战略位置。国际经验启示我们，南京的价值追求应该是可持续发展，发展方向应该是建成绿色都市。南京市政府提出，力争 2013 年将南京创建成为国家生态市和国家生态园林城市，到 2014 年办好南京青奥会，到 2015 年基本建成经济生态更高效、环境生态更优美、社会生态更文明，自然生态与人类文明和谐统一的独具魅力的绿色都市，展现出绿色特质鲜明、绿色生产高效、绿色空间延展、绿色文化浓厚的新形象，为到 2020 年建成现代化国际性人文绿都打下坚实基础。

低碳生态城市建设是一项综合而复杂的系统工程，目前国家尚未出台全国性的低碳生态城指标体系，各地纷纷制订了适合自身发展的指标体系。生态城指标体系是通过多个指标进行有效的分组、描述后，反映某个特定权限或辖区的方位及管理程度[①]。河西必须在总结国内外建设低碳生态城市实践的成功案例的基础上，建立一个符合南京河西发展需求、能指导低碳生态城市建设和更新的评价标准，来指导与推进河西低碳生态城市的发展，成为城市可持续公共管理的重要工具。

1 河西低碳生态城概况

1.1 河西低碳生态城区位及范围

河西低碳生态城与南京老城一河之隔，距老城中心区新街口最短距离仅 2 km，与老城的联系最为紧密，交通便捷，濒临长江，生态环境优越，是南京城市空间向外拓展的首选地区。河西中部和南部地区为河西低碳生态城重点发展地区，共计 51 km²（不计水面），规划期限近期至 2014 年，远期至 2020 年（图 1，图 2）。

1.2 建设低碳生态城的优势

（1）优厚的自然资源条件。河西新城具有丰富的水资源环境和滨江生态湿地系统，陆域水网密布，约有 31 条水系，且沿长江拥有由北至南约 15 km 的滨江岸线，是南京的主要"绿肺"之一。

（2）优越的政策集成条件。为了促进低碳生态城市的发展，国家在可再生能源和绿色建筑等方面出台了相应的鼓励政策，包括鼓励可再生能源建筑应用、可再生能源示范城市和绿色建筑规模推广示范区等。同时，住房和城乡建设部国家绿色生态示范城区的申报，为河西低碳生态城的发展带来有利的驱动力量。

南京是国家可再生能源试点城市，具有多种政策资源的集合优势。河西新城区是省市共建的唯一的绿色生态示范城区，是商务部命名的绿色商务区，是国家绿色生态示范城

---

① 中新天津生态城指标体系课题组. 导航生态城市：中新天津生态城指标体系实施模式[M]. 北京：中国建筑工业出版社，2010.

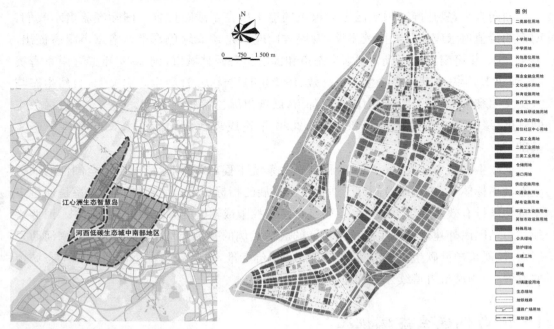

图 1 河西新城低碳生态城范围   图 2 河西新城土地利用规划图

区和国家智慧城区。2014年青奥会将在南京举办,河西新城区作为青奥会主赛场和青奥村所在地,进入了新一轮开发建设的关键期,迎来了第三次历史性机遇、功能的成型期和产业的集聚期。

(3)适中的用地规模。河西低碳生态城重点发展区域拥有 51 km² 的规划面积。适中的用地规模,为实现低碳生态城所秉承的理念(如绿色交通、绿色能源利用、健康的宜居模式等)提供了便利。

(4)较优的产业结构。河西新城目前的企业基本为低能耗企业,未来的产业发展方向为低能耗的绿色、高科技和创意产业。目前河西新城既有碳排放基数较南京其他区域低,这为实现低碳目标和碳交易提供了良好的基础,也为打造一个特色鲜明的低碳生态园区——"技术创新型"和"绿色产业主导型"的低碳生态城提供了可能。

(5)成熟的配套设施。经过十年多的集中规划建设,河西新城取得了阶段性成果,已快速建设发展成为投资潜力巨大、人居环境优良、文化品位浓厚的新城区,包括城市道路、教育设施和医疗设施等在内的配套设施按照较高水准配置,为打造低碳生态城提供了良好的物质基础。

2 河西低碳生态城指标体系的构建

河西低碳生态城指标体系是根据生态城市的理念,结合河西新城区的特点因地制宜制定的,基本涵盖了低碳生态城市建设的各个方面。不仅如此,河西低碳生态城指标体系还实现了实施过程系统化、规划目标定量化、生态技术本地化和技术要求具体化,是河西新城区规划编制、技术应用、管理调控、政策引导和行动实施等所有工作的重要纲领，是河西低碳生态城建设的核心内容，是生态城生态理念的量化要求。

2.1 低碳生态城的发展目标

坚持"人文、宜居、智慧、绿色、集约"的理念，突出"现代化、国际化、创新型"的品质定位，致力于将河西低碳生态城打造成为高端产业繁荣，城市功能完善，服务体系发达，创新活力迸发的现代化国际性城市新中心。

2.2 指标体系构建原则

指标体系构建需要综合考虑多方面的因素，通过总结和借鉴国内外低碳生态城市的指标体系，并根据南京河西低碳生态城的实际需求对各项指标进行选取。选取原则为：

（1）科学性原则。指标的选择要有明确的科学定义与实际意义，具有科学的计算方法，并有相应的专项研究、资料数据作为指标支撑，吸收借鉴国家、省、市的相关指标数据。

（2）可操作性原则。指标的选取应从河西低碳生态城实际出发，指标选取需具有代表性，易于获得与统计，充分考虑规划编制和实施的引导，强化可操作性。

（3）因地制宜原则。充分考虑河西的区位条件、发展目标和功能定位，指标需体现河西低碳生态城的特色，塑造国内领先的滨江新城。

（4）可考评原则。指标作为一种管理工具，能够帮助管理者制定近、远期的发展目标，并在低碳生态城市建设的过程中，强调指标的定量分析和评价，找到差距和问题，对指标体系进行修正。

2.3 指标体系选取的技术路线

（1）确定低碳生态城的范围及规划期限。首先，借鉴国内外低碳生态城市的规模大小，以自然水域、现状道路等作为边界，确定河西低碳生态城范围；其次，确定近、远期的规划期限，以便按照实现时序合理设定指标数值。

（2）确定指标体系横向、纵向的层级。根据河西新城自身特点以及未来的塑造重点，确定纵向的指标类别；对指标类别进行任务分解，明确指标的内涵解释、量化数值及实施时序等，以确保指标的顺利实施。

（3）确定指标体系的标准。按照指标的选取原则进行选取，即科学性原则、可操作性原则、因地制宜原则和可考评原则。

（4）确定初步指标。建立与低碳生态城有关的数据库，数据库的指标来源于国内外值得借鉴的低碳生态城市指标体系，并根据河西新城的特点，着重关注绿色生态、绿色交通和绿色建筑等方面的指标，筛选出初步指标。

（5）征询多方意见。初步形成的指标体系需征询多方意见，包括城市管理者、专家学者、相关部门和城市居民等方面的意见，对指标体系的结构、数值等进行修正。

(6) 确定最终指标体系。通过前面的工作流程确定最终指标体系,并运用于低碳生态城市的建设及管理工作。在城市运营中,指标体系将是一个动态更新的过程,根据城市的发展需不断进行优化与调整(图 3)。

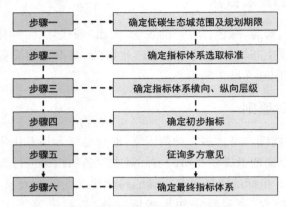

图 3　指标体系选取的技术路线

2.4　河西低碳生态城指标体系的具体指标

河西低碳生态城指标体系按照"一级指标、指标层、二级指标、指标要求、指标说明、指标类型、时序、实施部门"9 个指标因子对各级指标进行控制,包括 9 个一级指标、66 个二级指标(表 1)。

表 1　河西低碳生态城指标体系部分内容一览表

一级指标	指标层	二级指标	指标要求
1. 低碳经济可持续发展	产业结构	第三产业占 GDP 比重	≥80%
	产业能耗	单位 GDP 能耗	≤0.2 t 标煤/万元
		单位 GDP 用水量	≤70 m³/万元
2. 紧凑混合用地模式	开发强度	新城建设用地人口密度	≥1.4 万人/km²
		建成区净容积率	≥1.5
	混合用地	混合用地面积比例	≥15%
		职住平衡指数	≥100%
	地下空间	地下空间	1. 城市过街通道与周边基地地下空间的联系度 100% 2. 城市中心区形成连续的地下商业街,形成 1~2 处地下商业城 3. 地下停车数量占停车总数量的比≥80%

续表

一级指标	指标层	二级指标	指标要求
3. 友好绿色生态环境	生态基底	自然湿地等生态保育区净损失	≤10%（中南部地区），江心洲零损失
		水面率	≥4.5%
	绿化环境	绿地率	≥35%
		人均公共绿地	≥12 m²/人
		本地植物指数	≥70%
		立体绿化	制定立体绿化鼓励政策
	地表生态化处理	生态化河道驳岸	100%
		室外地面透水率	≥45%（住宅） ≥40%（公建）
	声环境	环境噪声平均值	≤55 dB(A)
4. 绿色资源能源利用	水资源利用	日人均生活耗水量	120 L/人·日以下
		非传统水源利用率	≥35%（江心洲）
		节水灌溉普及率	100%
	绿色能源利用	可再生能源利用率	≥85%（建筑数）
		分布式能源站建设以及同变电站、公交站的综合利用	2处及以上
		生活垃圾处理率	生活垃圾无害化处理达100%，资源化利用率≥60%
		建筑垃圾再利用率	≥80%
5. 健康宜居生活模式	开放空间可达性	开放空间500 m覆盖率	100%
	公共设施可达性	社区中心500 m步行覆盖率	≥90%
		社区中心复合利用率	100%
		幼儿园300 m步行覆盖率	≥90%
		小学500 m覆盖率	≥90%
	住房保障	住房保障比	≥90%
	无障碍设施	无障碍设施率	100%
	智慧社区	智慧社区覆盖率	100%

续表

一级指标	指标层	二级指标	指标要求
6. 绿色高效便捷交通	路网密度和尺度	综合路网密度	≥12 km/km²
		中心地区街区长度	≤180 m
	绿色交通	绿色交通出行率	近期为≥65% 远期为≥75%
		公共交通分担率	≥60%
		公交线网密度	≥3.5 km/km²
		公共交通站点覆盖率	500 m 覆盖率达到100% 300 m 覆盖率≥70%
		公共交通站点步行可达率	100%
		步行、自行车慢行交通系统规划	建成较为完善的步行、自行车专用道和公用自行车租用系统;方便自行车安全出行的三块板以上道路≥60%; 开放空间内独立慢行交通路网密度≥4.2 km/km²
	智能交通	智能交通系统覆盖率	智能交通系统覆盖率≥90%;实施绿波系统的道路总长度≥20 km
	道路质量	城市道路完好率	近期为80%;远期为90%
7. 绿色节能环保建筑	绿色建筑	新建绿色建筑比例	新建建筑100%为绿色建筑,其中,国家二星绿色建筑达标率为30%以上
	建筑节能	新建建筑实施节能65%设计标准的比例	100%
		新建12层以下住宅应用太阳能热水系统比例	100%
		新建公共建筑应用浅层地热能等项目比例	近期为10%,远期为15%
		新建建筑节水器具普及率	100%
		既有建筑节能改造率	50%
		公共建筑能耗分项计量率	100%
	住宅装修	商品住宅全装修比	≥60%
	绿色施工	绿色施工达标率	15%的工地达到省级标准;3%的工地达到绿色施工工程标准

一级指标	指标层	二级指标	指标要求
8. 低碳市政设施配置	市政管廊	综合管廊	2 条及以上
		市政管线地下敷设率	100%
	低碳市政	智能电网	100%
		供水管网漏损率	≤8%
		雨水泵站与引水设施同步建设	2 处及以上
		雨污分流率	100%
		污水集中处理率	100%
	土方平衡	场地控制实施就近实现土方平衡	≥45%
	绿色照明	绿色照明高效节能灯具应用率	近期为 85%;远期为 100%
		绿色照明智能化控制比例	100%
	数字城市	数字城市	数字化城市管理全覆盖比例为 100%
9. 管理保障机制健全		管理机构和管理办法	成立河西低碳生态城领导小组及专家委员会,组建南京新城生态技术工程中心,制定河西低碳生态城年度行动计划,明确行动目标、任务、实施主体和考核主体
		资金保障	实施河西低碳生态城必需的配套资金和专项引导资金
		各项任务完成率	100%
		低碳生活方式	按照低碳生活理念,通过宣传教育、制度管理和政策引导等方式,对市民生活方式进行引导

3 创新与亮点

3.1 创造性的指标体系

与国内外其他已开展建设的低碳生态城相比,河西低碳生态城正式起步较晚,但这为河西低碳生态城发展提供了足够的思考、提升空间。在总结其他城市经验与不足的基础上,河西低碳生态城指标体系的独特性更好地推动了本地区的发展建设。

(1)网架式。河西低碳生态城指标体系从 9 个指标因子对各级指标进行控制。其中,一级指标包含低碳经济可持续发展、紧凑混合用地模式、友好绿色生态环境、绿色资源能源利用、健康宜居生活模式、绿色高效便捷交通、绿色节能环保建筑、低碳市政设施配置和管理保障机制健全 9 个方面。

指标体系系统性较强,横向的 8 个指标因子确保了指标的完成度,纵向的指标子项确保了指标的全面性,在"横向"+"纵向"的指标构成下,形成网架式的指标体系,全面引导生态城建设。

(2)全面而高效。河西低碳生态城指标体系包含了 9 个子系统和 66 项具体指标,基本涵盖了建设河西低碳生态城的各方面。国内其他城市,如中新天津生态城指标体系含 22 项控制性指标和 4 项引导性指标;曹妃甸生态城指标体系含 7 个子系统,共 141 项具体指标;无锡中瑞低碳生态城含 7 个大子系统和 28 项主要指标。

在借鉴比较国内主要低碳生态城市的指标体系下,河西低碳生态城立足于自身,形成实际可行的指标,既涵盖本地区发展建设的主要方面,又避免了一味地追求全面而忽略可操作性。

(3)关注细节。河西低碳生态城指标体系关注体系构建中的细节部分,在城市地下空间、立体绿化、公共交通和公共设施等方面加大关注力度,明确具体的指标要求、建设内容、责任部门和考核部门等,确保这些指标能在实际的低碳生态城市建设中得到实现。

在这样的指标体系的指引下,加上较好的实施,将能更好地展现河西低碳生态城自身的特色,避免"千城一面"的尴尬局面。

3.2　因地制宜的指标体系

河西低碳生态城秉承一切从实际出发的观念,将经验与实际有机结合,探索出了一系列因地制宜的新模式。

(1)因地制宜的规划方案。低碳生态的土地利用方案是低碳生态之根本,河西低碳生态城采取紧凑混合用地模式,充分利用地下空间资源,建立小网格、高密度的路网体系,构筑生态开敞空间体系,形成了一套适合高密度城市中心地区的低碳生态规划方案。

(2)因地制宜的能源方案。可再生能源比例是低碳生态城市的重要指标之一。河西低碳生态城基于地区可再生能源禀赋和滨江特点,以及周边紧邻热电厂和污水处理厂的区位条件,提出以利用电厂余热实现热、电、冷三联供,以浅层地源热泵、江水源热泵、污水源热泵和太阳能光热光电等为辅助能源系统的能源方案。该方案虽可再生能源比例不高,但却是在综合比选经济、社会和环境效益之后的切实可行的方案。

(3)因地制宜的水资源方案。再生水利用率是低碳生态城市的重要指标之一。河西低碳生态城立足于地处长江之滨、水资源较为丰富的实际情况,提出了近期以雨水回用为重点,远期适当考虑污水回用的再生水利用方案。

(4)因地制宜的绿色建筑方案。新建建筑实现绿色建筑 100% 全覆盖是国家对低碳生态试点城市的强制性要求。河西低碳生态城立足地处夏热冬冷地区,国家层面的绿色建筑评价标准和技术导则不完全适用于本地区的实际情况,制定河西地方性的绿色建筑设计导则、施工导则和验收导则,以此作为河西地区绿色建筑的适用技术指引。

(5)因地制宜的工程方案。河西新城区通盘考虑地区竖向关系,基本实现了区域内部的土方平衡,既减少了土方的长距离运输,也解决了城市景观问题和社会问题。在道路设计中,根据当地地下水位较高的实际情况,不盲目采用渗水路面,而是通过提高道路绿化率、建立道路雨水收集系统、依托建筑场地雨水收集系统等方式，共同实现降低径流系数，实现雨洪的有效管理。

3.3　完善性的实施系统

完善的实施系统确保了已制定出的指标体系能够得到完整的表达，不因外力的作用而背离初衷，能够充分体现指标体系制定的意义与实施的成效。

（1）实施层次。分为管理类和规划类指标，对于非规划可控制的管理类指标（15 项）进行单列，需要由多个相关部门共同落实。剩余 51 项规划类指标分为总体层面、街区层面和地块层面来分层落实，以形成立体式的实施层次（图 4）。

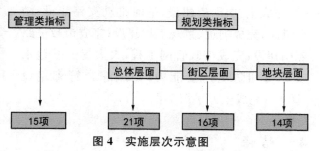

图 4　实施层次示意图

（2）实施时间。根据低碳生态城市实际建设情况来安排指标体系落实的时间顺序，分为近期落实指标（2014 年前落实，共 50 项）和远期落实指标（2020 年前落实，共 16 项）。

（3）实施保障。按照生态城的要求，在控制性详细规划图则中对土地、交通、资源、建筑、地下空间及生态环境提出控制要求。

（4）实施要求。根据指标不同的落实的要求分为引导落实指标与控制落实指标。其中，引导落实指标共 34 项，控制落实指标共 32 项。

（5）实施主体。分为实施部门和验收部门，明确各部门的职责，避免实施与验收部门重复，影响指标的实施效果。

3.4　主要实施方案

在指标体系的引导下，河西低碳生态城的建设逐步推进，已在绿色建筑、绿色交通和低碳市政等方面制定出了实施方案并积极开展实践工作。

（1）成立生态低碳研究中心。按照指标体系的要求，指挥部迅速成立了生态低碳研究中心，专门负责河西生态城生态指标的实施、管理与验收，以及新技术应用等，推进生态城健康、有序发展。

（2）实施绿色交通。按照指标体系的要求，目前已完成有轨电车 1 号线建设、基本完成轨道交通 12 号线建设，同时结合道路步行系统、绿化带和河道沿岸建设独立的慢行系统，以及推动有轨电车、地铁、公共交通和慢行网络"零换乘"建设（图 5）。

（3）实施绿色建筑。按照指标体系的要求，在河西低碳生态区内大力推行绿色建筑，并要

图 5　已实施自行车租赁系统实景照片

求在 2012—2015 年期间,河西新城区国家低碳生态试点城新开工示范项目总面积约为 200 万~300 万 m²,新建建筑 100%达到绿色建筑标准,其中二星级及以上绿色建筑比例达到 30%。

（4）实施绿色市政。为加快低碳生态城的建设,相应的市政设施作为基础,按照指标体系的要求全面展开建设,包括加快河西南部路网建设,完成主、次干道建设,适时推动支路建设;结合道路,完成河道、景观工程建设;完成市政道路照明建设;完成市政管网工程;大力提升基地水质环境和防洪排涝能力;完成综合管廊建设（图 6）;完成土方平衡工程。

图6 综合管廊建设示意图

4 结语

河西低碳生态城将健康绿色的生活环境、方便智能的生活方式、节能经济的先进技术合而为一,真正做到了"以人为本,和谐发展"。目前,河西低碳生态城的发展建设处于起步阶段,以指标体系的构建推广为初始,要求指标体系随着低碳生态城的建设动态更新,探索出了一条符合河西自身特色的低碳生态城之路,为我国城市转型发展和低碳生态城建设提供了一个可借鉴的示范。

参考文献

[1] Angel S, SHeppard S C, Civco D L, et al. The dynamics of global urban expansion[R]. Washington D C:Department of Transport and Urban Development, The World Bank,2005.

[2] 中新天津生态城指标体系课题组. 导航生态城市:中新天津生态城指标体系实施模式[M].北京:中国建筑工业出版社,2010.

[3] 中国城市科学研究会.中国低碳生态城市发展战略[M].北京:中国城市出版社,2009.

[4] 栗德祥.欧洲城市生态建设考察实录[M].北京:中国建筑工业出版社,2011.

[5] 张泉,叶兴平,赵毅,等.低碳生态与城乡规划[M].北京:中国建筑工业出版社,2011.

[6] 李爱民,于立.中国低碳生态城市指标体系的构建[J].建设科技,2012(12):24－29.

[7] 刘琰.低碳生态城市:全球气候变化影响下未来城市可持续发展的战略选择[J].城市发展研究,2010,17(5):35－41.

[8] 蔺雪峰,叶炜,郑舟,等.以目标为导向的中新天津生态城规划及发展实践[J].时代建筑,2010(5):46－49.

（本文原载于《规划师》2013 年第 9 期）

老城控规到底控什么？

——以南京老城控制性详细规划为例

沈　洁　郑晓华　王　青

摘　要：结合南京老城控制性详细规划的编制，探讨老城控规的核心控制内容。从居住人口总量、历史文化的保护、公共资源的标准化和均等化、建筑高度和开发量的控制等几个方面，分析老城现状存在的问题，提出具体的规划应对策略。

关键词：控制性详细规划；南京老城；疏散；保护；控制

1　引言

南京是 1982 年国务院首批公布的 24 座历史文化名城之一，也是中国著名的四大古都之一，先后有 10 个朝代或政权在此建都立国。悠久的城建史，尤其是十朝都会的历史，给南京留下了众多珍贵的历史文化遗产。历朝都城均位于以明城墙围合的老城范围内，大部分与南京相关的重要历史事件发生地在此，大部分至今尚存的文物保护单位也位于此，因此，老城是南京历史文化名城保护和城市特色彰显最为集中和最具代表性的地区。延续历史发展、演变的格局，长期以来，老城也成为各种城市功能和资源汇聚的中心。

虽然 2001 年版的南京城市总体规划已经提出"一城三区"和"一疏散三集中"的城市发展战略，并且在此战略引导下的城市发展已经拉开框架，但在当前经济快速增长、城市化快速提高以及社会快速转型的背景下，新区集聚和老城疏散的效果很难在短期内显现出来。在相当长的一段时间内，老城依然不可避免地继续承担着城市现代功能中心的职能。政治、经济和文化中心，以及历史文化保护的中心，这两个中心的重叠，客观上导致老城的人口和建筑高度密集，环境和交通压力不断加大，老城原有的空间尺度、历史风貌和肌理不断改变。现实中，保护与发展的矛盾时有出现，也因此成为老城规划亘古不变的话题。

2 对老城控规的理解

2.1 面临的压力

2005 年版的南京老城控规曾对当时的老城发展发挥了积极作用,包括人口的增长和开发建设的速度都得到了一定程度的控制,历史文化资源也获得重视和保护。但是伴随城市发展的转型,以及新一轮城市总体规划和名城保护规划的出台,老城必须面对新的社会政治经济环境以及上位规划的要求,老城规划也必须修编。控规作为规划许可和实施管理的法定依据,对老城未来的发展具有举足轻重的作用。面对老城这样一个特殊而又复杂的对象,规划面临的压力也十分巨大。

首先,历史保护的要求更加严格。近年来关于老城的人地矛盾、保护与更新的矛盾、经济发展与功能疏散的矛盾等一直是讨论的热点,南京也相继出台了《南京市历史文化名城保护条例》《关于进一步彰显古都风貌提升老城品质的若干规定》等政策,以及《南京市历史文化名城保护规划》等,其间对于历史保护,特别是老城,都提出了很多全新的、具体的严苛规定,需要在城市规划中落实。

其次,发展的要求更加强烈。一方面是城市发展的速度更快,经济发展给老城带来各种压力和冲击;另一方面是人口结构的变化也带来数量更多、种类更多的公共服务需求。

最后,规划面临的法制要求更高、实施更加困难。根据 2010 年住房和城乡建设部出台的《城市、镇控制性详细规划编制审批办法》,控规被明确作为规划行政许可和实施管理的依据,特别是规定了严格的修改程序,前所未有地获得法定地位的肯定和严肃性的提高。控规如何较好地预测未来发展,提供一个既符合法定刚性,又适应发展弹性的方案,成为对编制者水平和智慧的考验。同时《物权法》《拆迁条例》等法律法规的覆盖,加之公民自身维权意识的提高,也使老城的更新改造更加敏感和困难。

在上述压力下,要提交一个着实有效的老城控规的方案,就必须抓住规划的重点,即"老城控详到底控什么?"

2.2 规划的思考

首先,就南京老城的现状,概括地说,即"资源最集中、矛盾也最突出",既是南京历史文化风貌最集中的展示区域,又是现代化城市功能最发达的中心区域;既是各类设施最为便利的城区,又是环境最为拥挤的城区;既是最具活力的区域,又是发展最为敏感的区域。"疏散"仍然是老城控规面临的首要问题,包括人口、功能(工业生产、传统服务)、空间三方面,只有疏散才能从根本上改善老城的环境,提升老城的品质。其次,历史文化是老城最具价值和特色的资源,历史风貌的保护、展示和利用仍然应被列为规划的重要内容。再次,在未来一段时间里,老城的人口与开发容量仍将持续增长,相关公共设施配套仍需加强。围绕上述三方面的考虑,本次控规在编制过程中拟订了四项重点"控制"内容。

3 控制"居住人口的增长"

3.1 现状人口增长的特征

南京老城总面积约 43 km²，涉及鼓楼、下关、玄武、白下、秦淮 5 个区（2013 年南京行政区划调整后变为鼓楼、玄武、秦淮 3 个区）。2010 年，老城常住人口达到 151 万人，人口密度约 3.5 万人/km²，高于纽约曼哈顿区 2.7 万人/km² 的密度。并且，2000—2004 年年均增加 1 万人，而自 2004 年以来，年均增加超过 2.5 万人，人口增速不断提高（表 1）。

表 1　南京老城 2010 年常住人口数量统计　　　　　　　　　　（单位：万人）

片区	2000 年（五普）	2004 年	2010 年（六普）	2010 年较 2004 年增减
鼓楼（含下关）	52	56	63	7
玄武	25	23	24	1
白下	37	41	45	4
秦淮	16	15	19	4
老城（总计）	130	135	151	16

从土地的使用情况来看，居住用地的数量有一定程度的下降，主要是得益于城中村、危旧房改造等项目，但用地的减少并没有带来人口的疏散，人口总量持续快速增长的实际情况反映出居住密度不断攀升（图 1、图 2）。

由于人口总量增加较快，老城各项人均指标，特别是居住、公共设施、绿地等分项指标，都比 2004 年有所下降，也表征了老城宜居度的持续降低（表 2）。

图 1　2004 年南京老城土地利用现状　　　　　图 2　2010 年南京老城土地利用现状

表 2　2004、2010 年南京老城各类用地人均指标比较　　　　　单位:㎡/人

用地类型	2004 年现状人均指标	2010 年现状人均指标
居住用地	12.2	10.8
公共设施用地	8.5	7.9
绿地	2.3	2.0
城市建设用地	31	28

3.2　通过用地调整控制人口增长

居住人口的疏散是本次规划需要首先解决的问题。控规对居住人口的调节,主要通过用地功能的置换来实现。一是对于老城内居住环境较差的三类、四类居住用地内的居住人群实施逐步搬迁,以改善其所处的生活环境;二是对于所有可改造用地,包括现有三类、四类居住用地、工业用地等进行功能置换时,首先考虑将其转换为商务商业、文化设施、绿地等用地。同时,未来还要严格限制在非居住用地上建设"公寓"类建筑,进一步控制由居住用地的增加导致的居住人口的增长。

通过对三类、四类居住地块的功能调整,规划将减少住宅用地约 160 hm²,初步估算将疏解居住人口约 10 万人,使老城的居住人口由现状的 151 万人下降至 141 万人。由此,老城居住人口过度集聚的问题将获得实质性的解决,同时也将在一定程度上缓解环境品质下降、资源供给不足等一系列问题(图 3、图 4)。

图 3　2011 年南京老城居住用地现状分布　　　　图 4　2011 年老城居住用地规划分布

4 控制"老城历史文化的保护"

4.1 老城历史保护的现存问题

老城是古都南京的核心,南京历代都城的遗址、历史文化遗存的精华大都分布在老城内。老城集聚了全市 2/3 的历史文化遗存。此次控规将老城内的历史文化资源做了全面的梳理,对 1 200 余处历史文化资源点做了一一落实,包括 8 片历史文化街区、15 片风貌区、7 片历史地段,以及 32 处国家级文物保护单位、50 处省级文物保护单位、122 处市级文物保护单位、108 处历史建筑、870 处第三次全国文物普查(以下简称"三普")的新发现和 386 棵古树名木(图 5、图 6)。

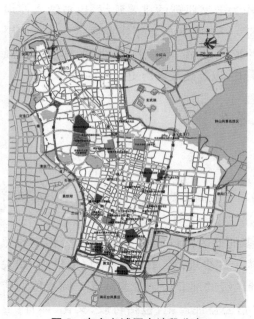

图 5 南京老城历史地段分布　　　　　　　**图 6 南京老城历史文化资源分布**

第三次全国文物普查的结果也被纳入现状调查的重要内容。三普中所有列为复查对象的文物保护单位和南京市已经公布的重要近现代建筑,因为已被作为法定保护的对象,都在规划和实施中获得有效保护。除此之外,历史空间的主要格局以及文物成片分布的历史地段,也获得规划的明确保护。但是大部分新发现的文物,特别是一批具有较高历史文化价值的名人居址等,因为尚未获得明确的法律法规的覆盖,所以现存状况令人担忧。这部分新发现的资源被淹没在城市的各个角落,既缺乏良好的修缮,更没有得到展示和利用。从这个角度来看,丰富的历史文化遗存是老城宝贵的财富,但这些遗存数量多、类别多、分布散,质量、风貌和价值参差不齐,特别需要分门别类地进行科学评价,确定其特色价值,除采用文物保护单位的保护方法以外,还需要探索更加多元的保护、展示和利用方式。

与此同时,类似街巷以及其他一些环境要素也在被动地发生着变化,老城的肌理在与时俱进的现代化建设中逐渐改变。

4.2 应保尽保,健全保护体系

针对非法定保护对象保护缺失的问题,本次规划除了对名城保护规划确定的整体格局和风貌、历史地段等进一步在控规中明确和深化相关的保护要求外,还特别针对历史文化资源建立起全面的保护体系,明确相关保护要求。各级文物保护单位及历史建筑要严格按照《文物保护法》《南京市历史文化名城保护条例》等法律、法规的要求进行保护,在执行细则中落实紫线规划内容。对于三普中新发现的历史文化资源,规划要求原则上按《文物保护法》中对"不可移动文物"的相关要求进行保护。控规对各类资源点划定保护范围,并在图则中明确保护控制要求。

在对资源点进行保护的基础上,传统街巷作为老城肌理的重要延续,也被纳入控规的保护要素。规划特别提出在图纸中增设"街巷"一层,将9 m以下贯穿性街巷纳入该层加以表达,同时在数量上纳入道路交通用地一并统计,并在执行细则中强调,即使涉及周边用地功能的改造和更新,也要尽量保留传统街巷,以延续老城历史空间的肌理。

5 控制"公共服务的标准化和均等化"

5.1 公共资源的缺乏

本次控规对公共服务现状进行了数据分析和实地调研两种途径的调查,结果都显示老城在公共服务方面存在的问题:一是标准不明;二是分配不均。

首先,对于老城这样一个历史遗留问题众多的地区,南京至今并没有出台相应的配套设施建设标准,所以在设施的配建门类和规模上缺少规范。其次,区级以上设施,如大型医院、体育和文化场馆等设施充裕,但基层社区级的配套设施普遍缺乏。调查特别结合各行业部门对街道和社区级公共设施(主要指公益性设施,包括行政、文化、体育、卫生、福利、派出所,以及菜场等,不包括银行、餐饮等其他营利性设施)的配建要求,综合得出,街道级公共设施的人均配建面积应至少达到0.26 m²/人,社区级应至少达到0.28 m²/人,但规划区内现状人均配建水平远不能达到上述要求(表3)。

表3 南京老城鼓楼片区街道级、居委会级公共设施统计

类别	数量/处	用地面积/m²	建筑面积	
			建筑面积/m²	人均建筑面积/m²
街道级公共设施	46	74 657	98 596	0.16
基层社区级(居委会级)公共设施	128	40 958	41 761	0.07
共计	210	393 333	268 889	—

5.2 明确配建标准，鼓励多元配建方式

配建标准的明确是控详面临的重要问题。对此，笔者首先有针对性地征询了各个行业、各个部门的意见，综合多项行业标准、部门规章等，同时考虑规划实施与行政管理的空间对应关系，按照实际管理单元，即街道和社区（居委会）两个级别，在2004年版南京《新建地区公共设施配套标准规划指引》的基础上，确定了老城公共设施的配建准则。在此过程中，还充分借鉴了上海老城按新区70%的规模进行配建的经验，以及新加坡邻里中心的做法。

对于街道级的设施，即街道服务中心，其服务人口约10万人，服务半径约800 m。从提高规划可操作性的角度，控规提出应提倡"捆绑开发"，尽量将街道级设施与其他建设项目统筹在一起。例如，在一定规模的商业用地中，将街道服务中心的建设作为强制性要求，对其规模、内容、时序、建设形式等予以明确，并作为出让条件一同挂牌，将更有利于在市场经济环境下公益性设施的建设和实施，也在一定程度上为社会节省资源和资本。对这类设施的配建只提出空间位置和建设规模的要求，不强求单独占地，这也是本次控规针对老城所做的一个创新。

对于具体的配建内容，规划关注的主要是公益性设施，包括行政（办公和服务）、文化、体育、卫生医疗、福利（养老）、派出所，以及菜场等。根据"参照新区、集约集聚"的思路，本次老城控规提出，1个街道级的服务设施总建筑面积应达到35 000～45 000 ㎡（表4）。

表4 南京老城控详街道服务中心设置内容及标准

级别	设置项目		内容	建筑面积/㎡	备注
街道级	行政管理与社区服务设施	街政管理中心	包括街道办事处及市政、环卫等管理用房	2 800～4 000	按行政区划配置，按新区标准千人指标再结合老城实际情况后确定规模
		社区服务中心	提供家政服务、就业指导、中介、咨询服务、代客订票等服务	2 300～7 000	
		派出所	—	2 560	参考中华人民共和国建设部公安派出所建设标准，按80人编制规模配置
	文化娱乐设施	文化活动中心	包括小型图书馆、科普知识宣传与教育；影视厅、舞厅、游艺厅、球类/棋类活动室；科技活动、各类艺术训练班以及青少年和老年人学习活动场地、用房等	9 300～11 700	（1）按服务半径配置（保证每个街道1～2个），按新区标准千人指标再结合老城实际情况确定规模，若半径范围内有可利用资源，则适当扩大半径范围；（2）关于社区医院，根据国家标准，要达到1 500 ㎡/所，江苏省相关文件要求达到2 000 ㎡/所，示范院达到2 500 ㎡/所，本次规划所提标准均超过上述要求
	体育设施	体育活动中心	室外健身场地、慢跑道、篮球场、羽毛球场、小型足球场、健身房和游泳池等设施项目	3 500	
	医疗卫生设施	社区卫生服务中心	含残疾人康复服务中心、残疾人托养所	5 800～8 200	

续表

级别	设置项目		内容	建筑面积/m²	备注
街道级	社会福利与保障设施	养老院	为老年人综合福利设施,提供老年人全托、日托服务	3 500	在居住用地集中的地区按服务半径配置,按新区标准千人指标再结合老城实际情况确定规模,若半径范围内居住用地偏少,则适当扩大半径范围
	商业金融服务设施	菜市场	包括蔬菜、肉类、水产品、副食品、水果、熟食、净菜等售卖	4 700	
		总计		35 000~45 000	

在具体方案中还需遵循以下原则:

(1)派出所、社区卫生服务中心、菜场等一般单独设置。

(2)因为体育设施对场地规模要求较高,实施较为困难,所以本次规划结合老城用地紧张的实际情况,提出如果街道辖区内有对外开放的高等院校等大单位附属的体育场馆及设施,建议按照资源共享的原则,实行对外开放,将其作为街道级体育设施进行使用,规划不再另行设置。

(3)根据部门调研的实际情况,街道级养老设施并不作为强制性要求进行配建,规划提倡在有条件的街道进行建设。在具体的操作模式中,可以借鉴先进地区的做法,考虑将医疗和养老结合起来。

所以,如果不含派出所、医疗、体育、养老、菜场等设施,1个街道服务中心(主要包括行政办公、社区服务、文化活动等)的总建筑规模要求达到15 000~23 000 m²(表5)。

表5 南京老城控规街道服务中心设置内容及标准

级别	设置项目		内容	建筑面积/m²	备注
社区级	文化体育设施	文化活动站	书报阅览、书画、文娱、音乐、棋类等青少年、老年活动室	300~400	包括老年、青年、儿童活动
		体育活动站	室内健身用房		室外健身结合绿地布置
	行政管理社区服务	行政管理服务站	社区居委会、服务站、居民学校、警务室等	250~400	
			家政、就业、中介、咨询等		
	医疗卫生	社区卫生服务站	医疗保健、健康宣传、常见病防治	100~200	宜靠近老年设施设置。根据部门调研的结果,社区卫生服务站并不作为强制性要求,规划提倡结合空间布局和实际需求,在有条件的社区进行建设
	社会福利	托老所		400~700	
		总计		1 050~1 700	

对于社区级的设施，即居委会，规划明确其服务人口约 1 万人、服务半径约 300 m。在开发模式上，也建议与居住类项目"捆绑开发"。具体到 1 个社区中心，其公益设施的总建筑规模应达到 1 050～1 700 m²。

在明确了配建准则的基础上，控规对老城目前存在的基层社区配套的缺口进行全面的补足。

6 控制"建筑高度及开发量"

6.1 现实发展的压力

高度是关乎老城形态与风貌最关键的要素，也是本次控规重点控制内容之一。由于老城的惯性集聚发展，老城建筑高度有一定程度的突破，改变了老城的空间形态和历史格局，加大了道路交通和历史文化保护的压力。以鼓楼片区为例，目前沿中山北路、中山路、中央路已经分布有较多的高层建筑，在一定程度上改变了老城原有的历史风貌。

6.2 规划的应对方案

在现实的压力下，控规仍提出严格控制老城新建建筑的高度。按照名城保护规划的要求，规划将三片历史城区内新建建筑的高度控制在 35 m 以下，保持老城现状"近墙低、远墙高；中心高、周边低；南部低、北部高"的总体空间形态。同时，规划对已经明确的老城历史空间格局的重要构成要素也提出严格的保护要求。以鼓楼片区为例，控规进一步明确了对明城墙及其周边地区、狮子山—石头城景观视廊、鼓楼清凉山历史城区及各个历史地段和资源点的控高要求。其中关于明城墙的控高，按照《南京名城保护条例》的要求应进行分段控制，控规的作用是首次完成了各段落空间位置的具体界定。关于狮子山—石头城景观视廊、鼓楼清凉山历史城区及各类历史地段和资源点，规划则严格按照上位《南京市历史文化名城保护规划》的要求全部控制在 24 m 和 35 m 以下。通过对新建建筑高度的严格规定，控规将进一步发挥对老城内开发建设总量的控制作用，使老城的开发量回归理性。

7 结 语

老城控规本身是一个很大的课题，任何一个细节或角度都可以做大量探讨，本次控规在编制过程中也开展了相当多的研究，包括文中所涉四个方面，以及道路交通、景观等多个专题、专项。限于篇幅，笔者仅仅选择了上述四方面做了简单的论述。坦诚地说，上述内容在内在的逻辑性和关联性方面并不是太强，但确实是笔者认为老城控规最为核心的目标和内容，也是"老城控规到底控什么"这个问题最直接的回答。文中的阐述不尽全面和深入，希望能为各位同行提供一些有用的思路。

参考文献

[1] 中华人民共和国住房和城乡建设部. 城市、镇控制性详细规划编制审批办法[Z]. 2010.

[2] 南京市人民政府. 南京市历史文化名城保护条例[Z]. 2010.

[3] 南京市人民政府. 南京历史文化名城保护规划(2010—2020)[Z]. 2012.

[4] 南京市规划局,南京市城市规划编制研究中心. 南京老城控制性详细规划(2011 年修编)[Z]. 2012.

(本文原载于《城市规划》2013 年第 9 期)

高质量发展导向下"城市双修"工作路径创新

——南京"城市双修"试点工作经验总结

官卫华　叶　斌　宋晶晶　陈韶龄

摘　要："城市双修"工作顺应新时代生态文明建设和城市高质量发展要求应运而生，是实现城市可持续发展、解决"城市病"的重要手段。为此，要正确认识"城市病"产生的根源、原因以及"城市双修"的范围、对象、方法和重点。本文以南京"城市双修"试点工作为实证，采取综合评估、问卷调查等多种方式，充分体现"以人民为中心"，坚持问题导向，深入分析"城市病"症结，以此确定"城市双修"工作任务重点和行动举措，并总结提炼相应的实施成效和工作经验，可为其他城市提供参考借鉴。

关键词：高质量发展；城市双修；生态修复；城市修补；路径

1　对新时代"城市双修"工作的认知

自 2015 年以来，为贯彻国家生态文明建设、中央城镇化工作会议和中央城市工作会议精神，住房和城乡建设部先后公布了三批 58 个"城市双修"试点城市，旨在探索和总结可复制、可推广的经验。"城市双修"即生态修复、城市修补，是当前治理"城市病"和保障改善民生的重大举措，是推动供给侧结构性的有效途径，是城市发展由量的扩张转向质的提升的重要标志。党的十九大做出了"我国社会主要矛盾已经转化为人民日益增长的美好生活需要和不平衡不充分的发展之间的矛盾，经济已由高速增长阶段转向高质量发展阶段"的重要论断。然而，不同规模、职能类型和发展阶段的城市所面临的城市问题不尽相同，进而对"城市双修"工作的理解认知各有差异。为此，必须正确认识"城市双修"工作的对象和范围、方法和重点，避免走入误区。

1.1　系统治理"城市病"的内在逻辑

刘易斯·芒福德（Lewis Mumford）认为 19 世纪工业城市问题丛生的根源是功利主义思想主导下过重物质空间建设而忽视人文关怀的结果[1]。简·雅各布斯（Jane Jacobs）认为城市问题并非城市发展的必然结果，而人才有序聚集、技术进步创新、巨大生产能力和多样发展机会才是城市行为的结果，是乡村不能替代的优势，城市自我再生的动力是"充满活力、多样化和用途集中"[2]。2017 年我国城镇化率为 57.35%，正处于快速发展阶段,同时面对全球化、工业化、信息化、城镇化、市场化等多重环境叠加并存的复杂局面,已然面临"城市病"集中爆发的情况,表现为人口膨胀、交通拥堵、环境污染、资源短缺、城市贫困等。目前,国内对"城市病"治理已开展了大量研究,主要集中于其表象及机理、治理路径和制度机制等方面[3-7]。实际上,"城市病"是城市既行生长机制与社会经济发展不适应所引致的病症,与城市规模大小并无关联,大城市会有"城市病",小城市和乡村也同样会出现问题,但大城市的规模效应和成本分摊反而更有利于治理城市病。因此,治理"城市病"的关键,是要客观认识到城市是一个有序复杂性的有机体,"城市病"是城市系统性缺陷影响城市整体性运行所致,因此"城市病"不会单独表现,会分化为多个互为关联、有机联系的问题[8]。因此,现代城市规划应强调对病理过程的系统研究,以人本主义思维,系统考虑多元因素内在关联逻辑,才能找到解决有序复杂问题的方法和路径,塑造城市的多样性和包容性。

1.2 强调自然恢复与人工介入双向协同的生态修复方法

党的十九大提出"建设生态文明是中华民族永续发展的千年大计。要实施生态系统保护和修复重大工程,优化生态安全屏障体系,构建生态廊道和生物多样性保护网络,提升生态系统质量和稳定性"。2004 年国际生态修复学会明确"生态修复是协助退化、受损或被破坏的生态系统恢复的过程",主要是针对传统自然生态语境下的大尺度原生生态系统,涉及生物多样性、生态系统结构等恢复与重建。为解决快速城市化进程中的生态环境破坏问题,人居科学、规划设计等领域引入了生态修复理念,关注人为干预生态系统过程中"人工—自然生态系统"的修复,涉及被破坏的山体、河流、湿地、植被以及采矿废弃地修复、污染土壤治理等[9-12]。修复方法包括自然恢复和人工修复,强调通过生态系统自我恢复与人为工程手段协同实现生态修复。人工介入侧重于点状地域,自然恢复则主要应用于大规模面状地域。其间,关键还在于加强过程监测、动态评估和规范管理,建立"规划—实施—评估—考核—维护—再实施"的工作机制。在有效发挥人的主观能动性的同时,突出"低扰动"和"过程控制",恢复生态系统自组织能力。

1.3 重在"微更新、微改造"而非"大拆大建"的城市修补导向

改革开放初期,为解决城市历史欠账问题,我国许多城市政府主导开展了大规模旧城改造,缓解了"住房难"等问题;进入 20 世纪 90 年代后伴随着土地和住房制度改革,市场力量开始介入旧城整体搬迁式改造,提升了城市功能品质,但社会分化、居住分异、公共配套忽视等问题也随之而来;党的十八大以来,国家开始强调高质量发展要求,突出"以人为本",倡导"小规模、渐进式、有机更新"的旧城改造模式,"城市修补"应运而生[13]。其源生的社会经济背景与西方国家"城市重建""城市更新"和"城市复兴"发展历程截然不同,价值取向也存在较大差异:并非是市场经济部门和高收入阶层对旧城优势区位的争夺,而是强调在多元协同治理框架内,体现人本主义思想,形成多方利益均衡和城市活力发展格局。所以,城市修补是我国的专有名词,广义上是对城市的保存、修复、翻新和

再生,就是"修旧如旧、补新以新"[14]。其工作范围主要是城市建成区,以解决人居环境品质下降、风貌特色缺失、历史文化遗产损毁等问题为导向,重在对老旧城区、城中村和棚户区在空间环境、公共设施、街道风貌和绿化景观等方面加以修补以及完善管理制度、社会文化等软环境[15-18]。

2 南京试点工作组织及重点任务

2.1 高点站位、政府推动

2017年3月南京被住房和城乡建设部列为第二批"城市双修"试点城市之一,并要求2017年制订实施计划,完成调查评估和重要地区城市设计,推进一批有实效、有影响、可示范的项目;2020年工作初见成效,城市环境质量明显提升,风貌特色初步显现。南京市委、市政府高度重视"城市双修"工作,将其作为统筹落实近期各项重点部署的强力抓手。先行制定出台了《南京市"城市双修"试点实施方案》,成立了试点工作领导小组,由市领导挂帅,全市26个部门、11个区政府、15个开发区管委会(平台)主要负责同志组成。领导小组下设办公室,设在规划部门,负责牵头组织协调工作。这样,建立起"市区联动、部门协同、规划引领、公众参与"的工作机制(图1)。

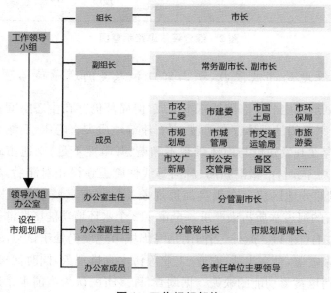

图1 工作组织架构

2.2 综合评估、找准症结

结合城市总体规划实施评估工作,采取生态环境评估、城市建设状况评估、社会问卷调查和部门意见征询等多种方式,应对当前人民日益增长的美好生活需要和发展不平衡不充分的问题,找出社会各界最为关心和亟待解决的"城市病"症结,不是面面俱到,而是突出重点。例如,通过采取微信、微博等方式开展社会问卷调查,涉及南京城市印象、生态修复和城市修补存在的问题及改善建议,被调查对象覆盖了各年龄阶层、多类人群,共6 000多名本市居民和外地游客(图2)。

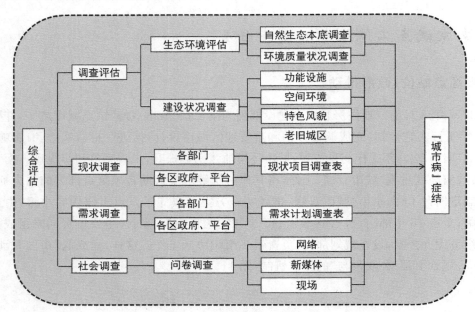

图2　综合评估思路示意图

2.2.1　结构性绿地局部被侵占,矿山宕口和黑臭河道亟待治理

城市总体规划所确定的生态网架基本形成,但局部仍存在生态空间被无序侵占的现象。特别是,因开采受损的山体存在滑坡、泥石流等地质灾害隐患,而结合旅游开发整治后的矿山宕口也存在开发建设与山体景观不和谐、开敞性不足、交通市政和用地布局不合理等问题(图3)。同时,沿秦淮新河、滁河等线性廊道建设相对滞后,尽管南京水环境质量日趋稳定,但部分地区仍存在黑臭河道现象。目前南京城市建成区内有392条河道,其中15%左右的河道水质污染严重。全市112个水环境功能区监测断面中处于5类水质的约占9%左右(图4)。此外,当前南京海绵城市建设仍处于试点阶段,大部分地区雨污分流管网尚未覆盖,存在生活、农业、工业等污水直排现象,同时河渠断面过度硬化、快排模式也带来河道蓄渗功能的缺失。据调查,许多市民认为当前水系治理亟待加强控源截污、解决积淹水和河岸生态修复等方面工作(图5)。

2.2.2　低效工业用地土壤污染治理亟待加快

据问卷调查,在老工业区环境整治中除了绿化景观、文化传承、资源利用等传统治理手段外,对土壤污染治理也开始引起重视(图6)。目前南京主城内已完成了小南化地块

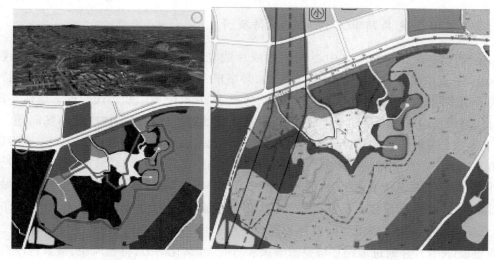

规划调整前　　　　　　　　　　　　规划调整后

图3　南京某矿山宕口规划调整前后

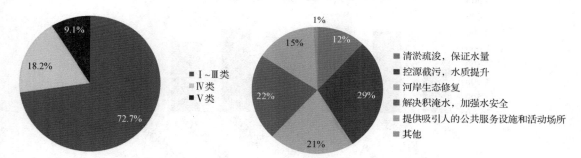

图4　南京市水环境功能区水质状况分析图(2017)　　**图5　城市水系治理亟待解决问题调查**

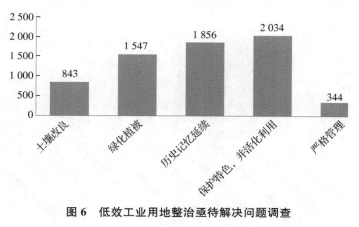

图6　低效工业用地整治亟待解决问题调查

土壤修复工作,但对其他大面积老工业搬迁改造地区的土壤治理工作仍处于起步阶段,多停留在土壤质量调查和监测领域。而且,由于缺乏土壤污染评估标准、治理手段和管理机制,对土地再开发实施操作带来较大难度和风险。

2.2.3 老旧小区品质和居住环境亟待提升

据统计,846 km² 的南京中心城区内成片的老旧小区和零星的城中村、棚户区约 47 km²,一直以来存在功能混杂、配套滞后、环境脏乱差、街道挤、停车难、社区风貌特色缺失等诸多问题。特别是位于南京老城内、建成于 20 世纪 80、90 年代的许多居住小区,受时代局限普遍未布置机动车停放场所,目前大量的路边停车已造成交通不畅问题。而且,老城内公共服务设施过度密集、服务水平不高,如人均绿地面积仅为 2.2 m²,远低于全市平均水平。受利益主体多元、空间约束、开发模式等因素影响,城市更新难度较大。另外,街巷空间缺乏精细化组织,例如对慢行系统缺乏空间分配和设计,街道绿化及城市家具缺失,小微空间设置不足,沿街界面形象单调而缺乏特色。问卷调查结果充分印证了上述问题,许多市民要求当前要补齐医疗卫生、社会福利、社区服务、文化体育等民生设施短板(图 7),并通过道路环境整治解决步行安全、文化活力、特色风貌、微景观改造等问题,提高人居环境品质(图 8)。

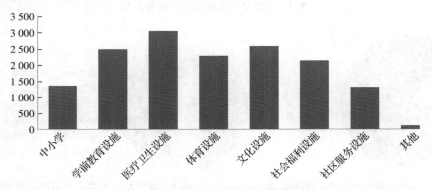

图 7 公共设施完善亟待解决问题调查

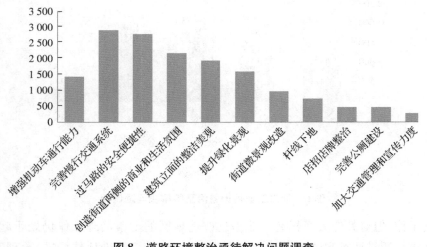

图 8 道路环境整治亟待解决问题调查

2.2.4 交通拥堵亟待治理，慢行系统和停车设施有待完善

通过问卷调查发现，断头路和支路不健全、停车设施缺乏等问题是造成交通拥堵的主要原因（图9）。现状建成区内尚有77条断头路，而且中心城区现状停车泊位与汽车拥有量比例仅为0.2∶1，停车设施缺乏和布局不尽合理，例如，在道路上设置路内停车、挤占人行道等现象客观存在，对城市动态交通正常运行造成干扰。此外，2016年南京公交分担率仅达59％，在机动化需求迅速增长、城区潮汐交通压力日益增大的背景下，市民公交出行条件还有待改善，突出表现为公交与其他交通方式换乘不畅，如轨道交通站点与路面公交、慢行系统等接驳不合理，缺乏停车配建，出入口与行人立体过街设施一体化设置不足等。

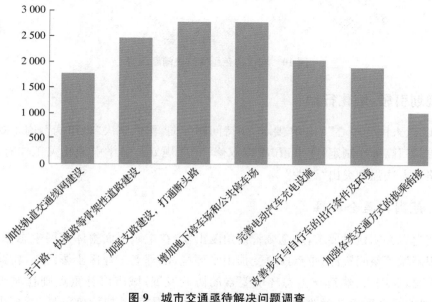

图9　城市交通亟待解决问题调查

2.2.5 历史地段、历史轴线、山水格局等重要特色要素亟待彰显

多年以来，南京以"找出来、保下来、亮出来、用起来、串起来"为工作路径，名城保护工作逐渐从被动保护转向积极主动，在城市特色风貌塑造方面取得了良好成效。通过问卷调查发现，南京"兼容并蓄、平和包容"的城市气质得到广泛认可，而且多数人认为南京城市特色就在于古都文化，但是城市建设还应重视协调好与周边自然山水环境的关系，特别是要加强城市景观通廊和建筑形体的控制，加强历史地段、历史轴线、沿江沿河沿山等特色要素资源挖掘和展示利用，并实现与周边的整合，强化与城市生活的融合度，展现出高水平的城市公共艺术环境品质，如老城南、明城墙、内外秦淮河等（图10）。然而，许多特色地区现状仍存在违章搭建、市政设施杂乱、配套设施缺乏、景观品质不高、店招店牌混乱等问题，空间环境品质有待提升。

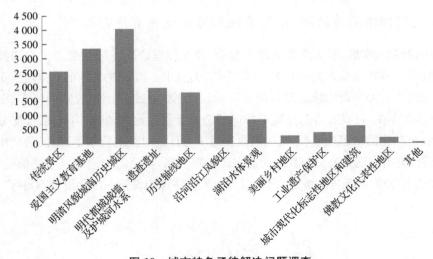

图 10 城市特色亟待解决问题调查

2.3 规划引领、细化行动

落实"以人民为中心"的工作要求,坚持问题导向,聚焦解决"城市病",南京规划部门联合相关部门高标准制定《南京市"城市双修"专项规划》,科学引领相关工作有序开展,工作思路和方法强调突出"四性"。

2.3.1 范围覆盖全域性

落实生态文明建设要求,从全域管控角度出发,在市域层面整体开展生态修复,统筹山水林田湖城等空间资源,重点修复受损山水环境,治理老工业区土壤污染,构建城市生态廊道系统,促进人、建筑与生态环境要素的协调发展;城市修补重点则在城市建成区内,突出老旧小区微更新微改造、公共设施补齐短板、古都风貌特色彰显、背街小巷环境整治、城市交通拥堵治理等内容,避免大拆大建和城市绅士化倾向。

2.3.2 对象聚焦公共性

强调面向公众服务,而非针对特定个人或群体服务,要在维护城市公共利益和整体利益的前提下,面向全人群、全生命周期,重点以公共空间、公共设施、公共交通等公共事务为治理对象,细化工作类型和实施举措。

2.3.3 规划引导差异性

结合各市辖区的空间区位、资源禀赋、主要问题等现实条件,明确分区分类差异化规划指引,提高规划实施的操作性。例如,所辖11个区中,针对现代化新城区定位的建邺区,重点明确公共设施完善、公共空间品质提升、道路环境整治、海绵城市建设等规划行动指引(图11);针对公共品质提升又细分了沿江沿河类项目等规划行动指引(图12)。

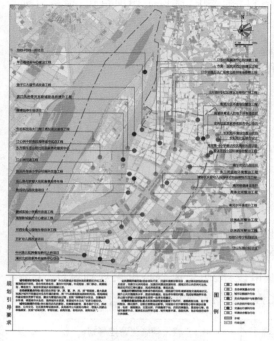

图 11　建邺区分区规划指引

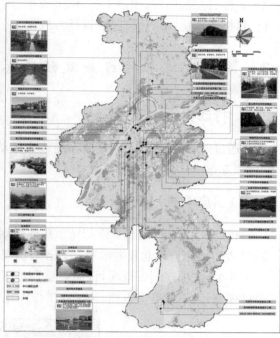

图 12　沿江沿河空间品质提升类项目规划指引

2.3.4　行动实施长效性

　　建立工作推进的长效机制,明确部门协同、任务分解、考核评估、督查追责、公众参与等工作机制,助力加快南京城乡治理体系和治理能力现代化建设。同时,在工作方法上强调从过去的单一要素组织转向多元要素系统整合。结合南京城市政府正着力推动的城市品质提升、民生重点工作、精细化管理、环境综合整治等专项工作计划,制订8大类、387项具体项目,形成任务可分解落实、责任主体明确的行动计划(图13),明确项目类

图 13　南京"城市双修"行动计划

型、名称、位置、内容、建设主体、资金筹措、时间进度等要求,确保工作项目化、项目目标化、目标节点化、节点责任化、责任考核化。

3 南京试点工作成效及经验总结

3.1 行动实施、成效显著

通过两年的试点工作,南京实施八大行动,完成一批有实效、有影响、可示范的"城市双修"重点项目,取得良好成效。

3.1.1 城乡规划引导行动

将"城市双修"试点工作与城市总体规划改革试点、城市设计试点工作同步推进和协同联动①,将相应理念和要求贯穿到各层次规划中,实现试点工作"三联动"(图14)。共确定了6类32项规划设计项目,涵盖重点地区城市设计、历史风貌特色类规划设计、美丽乡村规划、规划标准等方面,为试点工作深化完善了规划管理依据。

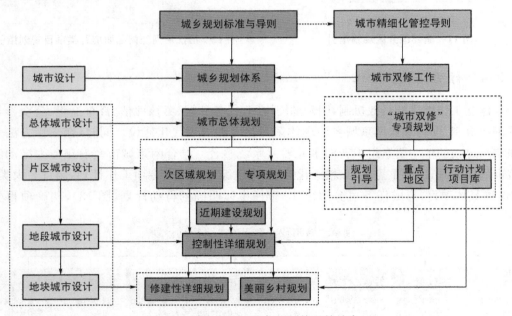

图14 城市双修工作与规划体系的结合

---

① 2017年3月住房和城乡建设部将南京等20个城市列为第一批城市设计试点城市,重点开展管理制度创新、技术方法探索、历史文化传承和城市质量提升;2017年8月住房和城乡建设部将江苏、浙江两个省以及南京等15个城市列为城市总体规划编制改革试点,要求以"统筹规划""规划统筹"为原则,强化城市总体规划的战略引领和刚性控制作用,使城市总体规划战略成为城市党委政府落实国家和区域发展战略的重要手段。

3.1.2 生态修复重点行动

细化为山体生态修复、水体综合治理和修复、棕地治理和生态区域保护提升4类工作,完成了铁路沿线12个宕口废弃露采矿山地质环境治理任务,清退违法建设;开展秃尾巴河等109条黑臭河道整治任务,完成1 246个排口整治,清淤357万 m³;开展丁家庄保障房片区、江心洲中部片区海绵城市示范区建设;推进燕子矶地区化工企业等项目的土壤修复工作;推动全市美丽乡村、省特色田园乡村和田园综合体等建设;自然湿地保护率、湿地保护目标等均达年度标准。以牛首山山体修复为例,落实国家生态文明建设要求,以消险减灾为前提,以合理利用为目标,以生态绿色为导向,修复废弃铁矿坑,结合传统佛禅文化打造特色旅游景区,再现"金陵梵刹图"的盛景,成为南京重要的城市名片之一(图15)。以秃尾巴河黑臭水体治理为例,通过整治提升黑臭河道水质,改善水生态环境,并且进一步提升沿岸土地整理及城市设计水平,同步规划建设沿河步道、小型绿地和休闲设施,加快宜居社区建设,使市民获得感大幅度提升(图16)。

改造前 改造后

图15　牛首山山体修复和综合利用

改造前 改造后

图16　秃尾巴河黑臭水体治理和品质整合提升

3.1.3 城市功能提升行动

细分为城市功能完善、低效用地再开发和老旧小区微更新等3类工作。严格实施

《南京市公共设施配套规划标准》,补齐短板并适应养老、社区等服务新需求,推进城乡公共服务设施均等化;推进 167 宗约 872 hm² 闲置土地再开发项目;开展五马街小区、红山路 190 号等 176 个老旧小区微更新、微改造工作,既有住宅增设电梯项目累计完工 332 部,施工 393 部,其余协议签订及设计中共 6 178 部。以燕子矶老工业基地改造提升为例,优先开展化工企业搬迁及土壤修复、滨江风光带打造、十里长沟西支河道整治、明外郭百里风光带建设、和燕路快速化改造、公建配套和保障房建设等工程,将孤岛式的老工业区重新融入城市系统。以玄武区红山路 190 号老旧小区微更新为例,强调"内外兼修",通过二次供水、强弱电下地等市政改造,并采取拆除违建、建筑立面出新、道路整治、见缝插绿、停车配建等举措,推动老旧小区微更新、微改造,做好"绣花"功夫,大幅提升人居品质,使城市建设"既重面子,更重里子"(图 17)。

改造前　　　　　　　　　　　　　　改造后

图 17　玄武区红山路 190 号老旧小区微更新

3.1.4　历史风貌保护与彰显行动

包括彰显城墙整体特色、城南历史城区保护与复兴及彰显近现代建筑特色3类工作。目前,明城墙沿线环境综合整治等工程已全面完工;完成中华门、老门东及其周边"城、河、山、塔、寺、民居"融为一体城市文化景观综合整治,并且有机更新城南片区;颐和路片区等近现代建筑和片区完成保护更新规划。以老门东地区保护与复兴项目为例,采取"小规模、渐进式、院落单位修缮"的有机更新方式,注入金陵刻经等非物质文化遗产精髓,重现老城南传统街巷肌理和历史风貌,再现老城南居民传统生产生活气息,成为感受南京老城南文化的绝佳体验地,实现传统文化与现代生活的融合,让城市留下记忆。

3.1.5　公共空间升级行动

涵盖老城添绿、沿江沿河空间品质提升和公园景区品质提升3类工作。围绕建设宜居城市,开展主城63个广场游园绿地新改建工程;开展秦淮河滨水风光等河道岸线提升工程;完成玄武湖景区、石头城遗址公园等公园景区品质提升工程,加快南京绿色都市建设,市民公共活动空间品质得到显著提升。

3.1.6　交通出行便利行动

包括交通拥堵治理、公交服务能力提升、增加城区停车泊位3类工作。开展扬子江隧道江北连接线快速化改造、红山路—和燕路快速化改造、长江五桥等工程,大大提高道路通行效率;推进聚宝山换乘中心地下停车场、人民中学人防地下停车场等停车场建设。以宁高城际轻轨高淳站综合交通枢纽建设为例,强调与轻轨站点融合,集长途客运、公交、出租车、自行车、旅游集散中心等功能于一体,实现无缝衔接、零换乘。

3.1.7　环境综合整治行动

包括道路环境整治、背街小巷及片区整治、绿雕、公厕改造4类工作。开展北京东路、太平南路等38条道路综合整治工程;推动9个重点片区中南湖、水佐岗等506条街巷整治、供电管线下地等工作;完成130多处花境、9处绿雕、69个绿道(288 km)建设;实施公厕革命,翻改建及出新公厕748座。

3.1.8　制度保障行动

制订出台《南京市街道设计导则》《南京市公共空间设计导则》《南京市老旧小区整治工程设计导则》《南京市居住区公共配套设施规划建设监督管理办法》等系列制度规范,进一步强化"城市双修"工作的法制保障和规范运行。

总体来看,南京试点工作实施成效主要表现在三个方面:(1)以惠民利民为主旨,建设宜居幸福都市。试点工作涵盖全市众多建设任务,因此本着好事办好、惠民利民的要求,由试点工作领导小组总体统筹,规划部门牵头组织,各责任部门狠抓落实,实现以人民为中心的"城市双修"工作,更好推动人的全面发展和社会全面进步。(2)以系统联动为核心,聚力彰显城市特色和发展活力。在各类专项行动的推进过程中,不是千篇一律、简单地复制拷贝,而是从地区实际情况出发,注重自然生态、历史人文等多元要素潜力的挖掘,把传统文化基因传承与现代文明生活有机结合起来,营造出一批具有国际国内影响力的南京新名片,彰显出更为鲜明的城市特色,营建更有活力的发展环境。(3)以制度创新为保障,完善长效工作机制。结合南京"对标找差""高质量发展"等工作,将"城市双修"的评价指标纳入全市对标找差核心指标体系,作为部门工作考核的重要指标,并将八大行动项目纳入城建计划等全市各类专项计划。同时,建立老城等重点区域激励清单和减负的负面清单,充分保障"城市双修"工作落到实处。

3.2 总结经验、示范带动

贯彻党的十九大精神,南京市党委政府高度重视推进试点工作,成立领导小组,统筹推进试点工作,充分解决城市发展阶段性问题,提出体现城市资源禀赋特色,形成可供复制推广的工作经验。

3.2.1 规划统筹、规范管理

试点工作启动初期,就由规划部门牵头组织,强调依托城市双修、城市设计、城市总体规划等"三试点、三联动",积极发挥空间规划的统筹引领作用。其中,制订相应的专项规划,注重与城市总体规划、土地利用规划、生态保护规划等"多规融合",切实增强规划的战略性和操作性。围绕南京城乡品质提升要求,制订了一批"城市双修"相关规划建设标准,开展更为精细和有针对性的城市设计,为试点工作提供更为科学、高质量的管理依据。倡导社区协同式规划,鼓励和要求规划师、设计师和建筑师走入社区,对社区环境进行诊断和专业咨询。

3.2.2 公众参与、过程控制

以人民为中心,多方式、多渠道征求人民群众意见,着力解决反映最强烈、最突出的问题。面对真实的人和需求,重点以公共领域为工作对象,积极营造市民公平共享的环境和服务,并且健全公众广泛深度参与、共谋共治的工作机制,健全社区治理多元协作机制,推进城乡治理能力现代化。

3.2.3 部门协同、同步落实

"重过程、重组织",细化明确试点行动项目计划,包括项目类型、内容、责任主体、进度控制等要求,并纳入城市政府整体工作之中。各项重点行动任务与各相关部门专项行动计划紧密衔接,要求部门通力协作,同步进场、同步施工、同步验收,以此优化工程组织,实现交叉立体作业,最大限度地提升工程建设效率。

3.2.4 问题导向、重点突破

积极与其他试点城市分工和协作,位于东部发达地区的南京更加重视解决当前城市发展所面临的阶段性矛盾,聚焦宜居城市和高质量发展导向下的水体和山体联动修复、低效用地再开发、老旧小区微更新微改造、历史城区复兴等重点领域,聚力创新、重点突破,形成可复制、可推广的试点经验,发挥好示范带动作用。

4 结 语

"城市病"并非城市局部的问题,而源生于城市整体系统性失衡,是由城市原有生长格局和自愈机制与社会经济发展不适应所致。因此,必须以系统思维,抓住问题本质和主要矛盾,重点突破,解决"城市病"症结,"既治标又治本"。"城市双修"工作即生态修复和城市修补,正是我国新时代生态文明建设和城市高质量发展背景下应运而生的新理念、新方法和新工具,是实现城市可持续发展、解决城市病的重要抓手。两者之间是相互依存、相互补充的关系。一方面,城市修补重在"微更新、微改造"而非"大拆大建",促进城市人工建成环境和设施的使用效率和良好运转,以此降低对自然资源的开发利用强度和对生态环境的负面影响。另一方面,生态修复强调自然恢复与人工介入双向协同的生态修复方法,统筹山水林田湖城等各类要素系统修复和综合治理,恢复生态系统自我组织能力,以此提高城市的资源环境承载能力,促进可持续发展。

以南京"城市双修"试点工作为实证,工作组织上遵循"市区联动、部门协同、规划引领、公众参与"的原则,总体要求上充分体现"以人民为中心",通过综合评估、问卷调查等多种方法,找准南京"城市病"症结,以此聚焦试点工作任务重点。同时,强调规划引领,工作思路突出"四性",即工作范围全域性、对象聚焦公共性、规划引导差异性、行动实施长效性,工作方法强调从单一要素组织转向多元要素系统整合,确定分类分区差异化规划指引,并细化制定和实施项目行动计划,高水平推进试点工作。总体来看,党委政府高度重视、规划高位统筹协调、公众参与机制完善、多部门协同计划落实、聚焦重点聚力突破等是南京试点工作的经验所在,可供其他城市借鉴和推广应用。

参考文献

[1] [美]刘易斯·芒福德. 城市发展史:起源、演变和前景[M]. 宋俊岭,倪文彦,译. 北京:中国建筑工业出版社,2005.

[2] [加]简·雅各布斯. 美国大城市的死与生:纪念版[M]. 2版. 金衡山,译. 南京:译林出版社,2006.

[3] 中国城市规划设计研究院. 催化与转型:"城市修补、生态修复"的理论与实践[M]. 北京:中国建筑工业出版社,2016.

[4] 石忆邵.城市规模与"城市病"思辨[J].城市规划学刊,1998(5):15-18.

[5] 熊柴,邓茂,蔡继明.控总量还是调结构:论特大和超大城市的人口调控:以北京市为例[J].天津社会科学,2016(3):99-104.

[6] 于涛,买静.构建有机疏散与集中的城镇体系:对医治我国城市病的思考[J].城乡规划,2012(6):8-11.

[7] 李天健.城市病评价指标体系构建与应用:以北京市为例[J].城市规划,2014,38(8):41-47.

[8] 杨保军,陈鹏.城市病演变及治理[J].城乡规划,2012(6):55-63.

[9] 舒波,申浩,高智威.人居环境视野下的生态修复理论与实践进展研究[J].南方建筑,2017(3):46-50.

[10] 沈清基."城市双修"中的生态修复[J].环境经济,2017(15):12-14.

[11] 魏巍,冯晶.城市生态修复国际经验和启示[J].城市发展研究,2017,24(5):13-19.

[12] 张绍良,张黎明,侯湖平,等.生态自然修复及其研究综述[J].干旱区资源与环境,2017,31(1):160-166.

[13] 李晓晖,黄海雄,范嗣斌,等."生态修复、城市修补"的思辨与三亚实践[J].规划师,2017,33(3):11-18.

[14] 常青.城市修补与设计挑战[N].建筑时报,2016-7-4(6).

[15] 程则全."城市修补"之老旧小区综合整治:价值、实践与路径探析[C]//2017城市发展与规划论文集.北京:中国城市规划协会,2017.

[16] 沙朝勇.城市修补为背景下的城市风貌提升研究:以奎屯市为例[J].小城镇建设,2017(4):72-76.

[17] 王伟娜."城市双修"规划背景下谈城中村改造的技术路线[J].小城镇建设,2017(6):63-67.

[18] 门晓莹,徐苏宁.城市治理是实现城市修补的基础:违法建设治理的多方联动机制研究[J].城市建筑,2017(1):117-121.

(本文原载于《现代城市研究》2019年7月)

国内外耕地保护补偿实践及其启示

官卫华　江　璇

摘　要：文章总结了国外耕地保护在立法保障、空间管制和经济补偿等方面的先进经验，随后系统回顾了我国耕地保护补偿实践的演进历程，剖析各阶段的特点和存在的问题，并以南京为例，针对地方耕地保护状况及影响因素，在优化空间治理、细化差异补贴、强化提质增效和深化体制改革等方面提出建议。文章认为目前国内耕地保护补偿在空间层次、制度设计、管理内容等方面的研究视野、方法和对象范围尚显不足，难以满足国家体制改革和国土空间规划改革的新要求，有待进一步深化研究。

关键词：耕地保护；补偿；机制；国土空间规划；乡村振兴；南京

0　引言

2020年1月1日，新修订的《中华人民共和国土地管理法》正式施行。其中，合理划分中央和地方土地审批权限、破除集体经营性建设用地入市的法律障碍，以及完善农村土地征收、宅基地和土地督察制度等是这次土地管理制度的重大变革与亮点。可以说，国家在打破城乡二元体制并逐步建立健全城乡统一的建设用地市场、赋予集体经营性建设用地与国有建设用地"同权同价"使用权能的同时，进一步深化"放管服"改革，树立耕地严格保护、土地节约集约利用和推进城乡融合发展的政策导向，而非刺激城市盲目扩张。在价值取向上，通过制度创新，既要求加强对农民土地权益的保护，又要求有效盘活农村土地资源，助力推动乡村全面振兴。2020年3月，国务院印发《关于授权和委托用地审批权的决定》，赋予省级人民政府更大的用地自主权，将永久基本农田以外的农用地转为建设用地的审批事项授权各省、自治区、直辖市人民政府批准，并且将永久基本农田转为建设用地及土地征收的审批事项委托北京、天津、上海、江苏、浙江、安徽、广东和重庆等首批试点省、自治区、直辖市人民政府负责。随后，国内各地纷纷开展实践探索，致力于突破体制束缚，深化农村综合改革。例如，南京全面完成了农村承包地"三权"分置和农村承包地土地确权登记颁证、村组集体资产清查核资、农村产权交易市场建设等工作，正在推进农村宅基地房地一体不动产确权登记工作，同时农村产权权能和流转政策的创新为其激发农村发展活力和乡村振兴夯实了制度基础。这一轮改革红利的释放必将大大推动乡村全面振兴和城乡融合发展。

为了贯彻落实国家生态文明建设要求,深入践行习近平总书记提出的生态文明思想,我国必须建立健全以国土空间规划为基础,以统一用途管制为手段的国土空间开发保护制度,并服务于国家新发展格局的建立。该制度的首要任务就是要与国家治理体系和治理能力现代化相匹配,严守耕地保护红线,着力解决耕地无序占用、过度和分散开发、政策缺位等问题,保障国家粮食安全、生态安全和社会稳定。2020 年,在中央农村工作会议上,习近平总书记一再强调:"全面推进乡村振兴,是'三农'工作重心的历史性转移……必须加强顶层设计,以更有力的举措、汇聚更强大的力量来推进""要严防死守 18 亿亩耕地红线,采取'长牙齿'的硬措施,落实最严格的耕地保护制度。要调动农民种粮积极性,稳定和加强种粮农民补贴,提升收储调控能力,坚持完善最低收购价政策……"由此,为了顺应农业发展规律、立足国家资源禀赋、加快农业农村现代化,当务之急是推进农业供给侧结构性改革,完善耕地保护和利益补偿机制,抓好粮食和重要农副产品生产供给,优化农业布局和壮大乡村产业,为乡村振兴夯实发展基础。

21 世纪以来,我国采取了减免农业税、农业"三合一"补贴等激励政策,广东、江苏和上海等省市也先后实施了农田保护现金补贴政策,在快速城镇化进程中对提高地方和农户耕地保护的积极性具有一定作用,但也面临着补偿面窄、规模小和保护力度不足等突出问题。相比之下,西方发达国家对耕地保护补偿的政策设计更为系统、全面和成熟,实时操作性较强,特别是将经济手段与空间规划、生态保护、社会治理等紧密结合,值得借鉴和参考。南京作为长三角世界级城市群的特大城市和我国东部沿海发达地区的省会城市,其步入城镇化后期的人地矛盾较为突出,应充分发挥大都市地区乡村的多元价值,以完善利益联结机制为核心,严守耕地保护红线,并加快农村一二三产业融合发展,推动乡村特色发展、多元发展和创新发展,以保障乡村振兴走在全国前列。

1　国外耕地保护补偿实践经验借鉴

国外实施耕地保护补偿的起源基本上是为解决快速工业化和城镇化背景下耕地急剧减少的问题,而建立起涵盖立法保障、经济补偿和空间管制等多维度的政策体系。该体系较为系统、完善和成熟,强调强制约束与绩效奖励相结合、经济补偿与空间管制相结合、直接补贴与间接投入相结合、基础保障和差异调控相结合,并综合应用多元化手段,根据发展阶段问题和趋势动态进行优化调整[1-7]。

1.1　立法保障

西方各国由于土地资源状况和政治体制不同,耕地保护立法体系也各有差异,但核心要义均为清晰界定各类保护主体的责权关系和管理程序,加强法制保障。对于美国、加拿大等幅员辽阔、耕地资源丰富的国家来说,尽管经济发展已经进入后工业化时期,但农业的基础性地位依然十分稳固,这虽然与其广袤的耕地存量、规模化生产经营和高农业生产率相关,但也离不开其完善的耕地立法保障。美国强调中央和地方适当分权,联邦政府侧重农地保护,州政府则具体管理农地交易和转用[2,7]。20 世纪 30 年代以前,美国中西部地区进行农地掠夺式开发,使得联邦政府紧急出台《水土保持和国内生产配给法》等相关法律;第二次世界大战后,为适应战后重建和复兴,耕地相关立法侧重于农地流转和优质农地保护;20 世纪 80 年代,美国出台《联邦农业发展与改革法》,开始实施农业备用地保护补贴等经济补偿政策。目前,美国国家和州政府的立法内容主要涉及强制性规划控制、税收调控计划、耕作权激励、土地征用权规定和土地发展权转移等多方面内容[1]。例如,俄勒冈州成立土地保护与发展委员会专门负责相关耕地保护事项,若土地为农用地则不强制出售发展权,若为非农用地则由政府征购发展权,发展权不得转让;有的州还通过公债或政府拨款来购买农户的土地发展权,以此永久保留农地的农业用途,限制农地转用,同时允许农地发展权在市场上转让交易,但禁止农地建设开发行为。与此类似的有,法国设立政府优先购买权来限制农地的非农化转移,保障特定农地的用途不变,但耕地保护立法权仅由中央行使[2];加拿大在国家层面出台《农地保护和农业活动法》《土地利用规划和发展法》等保护类法律,在地方层面通过立法侧重保护私有耕地的税收和交易,并对基本农业区进行识别和保护,实行土地利用管制,控制农地流转等[1]。

对于日本、韩国等耕地资源匮乏的国家,法律约束多侧重于提高耕地质量和产出效益。第二次世界大战后,日本立法重点为土地资源利用和权属调查,由保护农地总量转向重点保护优良农地及农地所有权流转和规模经营,并相继出台了《农业发展地域整备法》《农业基本法》《农业利用增进法》等法规,伴随着城市化进程的加快,又相继出台了《农地法》《国土利用规划法》《城市规划法》等法规,严格规范耕地非农转用,确立土地用途管制政策,明确只有发展公益事业才可征用土地,相应补偿按市场价值计算,农地非农化过程中的土地自然增值部分收归国有,对土地出让者征收土地转让所得税,并鼓励农地所有权流转以促进农地规模经营,提高农业生产力[7]。与此类似,韩国实施《农地扩大开发促进法》《土地开发公社法》等,鼓励荒地开垦,随后又颁布了《耕地法》,对耕地的获取、耕地利用的监督、转用限制、协议转用和申报转用、耕地转用费用征收等做出规定[2],并授权政府严控耕地利用和流转,从"扩容保量"走向"质量并重"。

1.2　空间管制

西方国家在倡导自由市场经济的同时,也注重通过政府行政管制来加强耕地保护。美国马里兰、俄勒冈等州通过划定城市增长边界(UGB),利用规划分区和用途管制手段保护农地。加拿大魁北克省采取类似于对划定专属农业生产保护区域进行控制的措施。日本、韩国等人口密度大、人地矛盾突出的国家,也采取类似西方国家的行之有效的空间管制手段。日本实行典型的中央集权式土地管理体制,倡导集中城市化发展道路,有效减少了耕地保护的压力,并把确保优质农地而非农地总量作为其政策导向[1,7]。为了解决耕地破碎化问题,日本通过町村合并和耕地整理,成片划定农业发展区域,同时出台各项法规确立土地用途管制政策,将城市划分为城市化区域和城市化调整区域。在城市化区域鼓励城市化发展,区域内的农地可分为永久保护农地、成片的适合机械化生产的优质农地、规模较小且未来城市发展需占用的耕地(20 hm² 以下)及鼓励引导进行非农建设的零散农地等;在城市化调整区域抑制城市化发展,区域内的农地则分为不得转用的高产良田和可转用的其他农地,并确定了农地转用须经各级政府许可的严格程序。韩国将国土分为城市、准城市、农林、准农林和环境保护地区 5 类,其中将农林地区的全部耕地、城市和环境保护区的部分耕地划为农业振兴地区(约占耕地总量的 50%),限制非农建设,除公共设施外不得转用农地,加强耕地整理和农田基础设施投资;而准农林和准城市地区内的耕地则作为非农业振兴地区,保护价值小的耕地可转为农民生活和生产用地[2]。

1.3　经济补偿

　　如果说立法和行政管制是刚性约束,国外多元化耕地保护激励补贴政策则是从需求侧提供的柔性控制。常见的经济补偿分为财政直补、税收优惠、金融补贴和智力补贴等多种类型。国外的耕地保护补偿方式与各级政府事权基本匹配,如美国联邦政府采取直接补贴的方式,包括耕地租金的直接补贴、退耕还林还草的成本补贴,前者根据近些年的土地相对生产率并结合当前市场价格评估计算出实际经济效益作为一年的土地租金补贴价格,后者则以不超过休耕农民付出成本的 50% 的现金补贴方式进行补贴。同时,美国联邦政府还通过金融补贴、财政刺激等方式出台公众参与农地保护的激励政策,农户还可享受来自农业部等部门的技术援助和智力补贴,得到维持耕地保护责任的鼓励金和项目经济补助,部分州政府还通过农业税收优惠(如对农地保留农业用途的退税、减税等方式)实施农地保护。德国联邦政府通过向发展有机农业的农户和企业提供一定现金补贴来弥补环保成本,与此同时还积极开拓有机产品的消费渠道,努力使有机农产品优质优价,发动社会力量资助基础设施建设等[7]。加拿大以省为单位,因地制宜地制定耕地补偿项目和配套补偿方案,政府是保护资金的主要来源,同时积极引导金融公司和工商企业参与,拓展融资渠道。日本则创新性地利用"环保标志认定""环境标识"等制度方法,通过市场竞争激励环保型农业的发展[7]。并且,日本政府持续扩大农业生产环境的公共投入,确保农地质量和保护优质农田。除此之外,西方发达国家都注重对农户进行免费教育培训和技术指导,智力补贴是激励补贴组成中不可或缺的一部分。总体来说,发达国家通过完善立法体系、合理界定耕地保护的责权关系、合理划分央地事权,并确定与之相匹配的空间管制和经济补偿方式,构建起高质量发展导向、多维度差异化保护的耕地政策体系。

2　国内耕地保护补偿实践历程及实施评估

　　改革开放以来,我国耕地保护补偿政策伴随着社会主义市场经济体制改革的深化而逐步演进,发展至今可分为以下 4 个阶段[3-8]。

2.1 约束性保护阶段（1978—1989 年）

改革开放初期,城乡经济快速发展带来了旺盛的建设用地需求,在"按需定供"的政策导向下,以乡镇企业为代表的乡村非农产业发展占用农地及城镇外延占用耕地问题较为突出,这主要归结于当时国内尚缺乏农用地"非农化"约束和建设用地调控机制,存在多部门分散管理土地而缺少统一的土地管理机构等原因。因此,1986 年国家成立国家土地管理局,同年全国人大常委会颁布实施《中华人民共和国土地管理法》(以下简称《土地管理法》),次年编制完成《全国土地利用总体规划纲要(1986—2000 年)》,这标志着我国耕地实现了专门机构、统一体制保护和管理(图 1)。这一阶段的土地利用规划重点关注农地的合理利用,其中对有效保护优质耕地提出了划定基本农田保护区的设想。1994 年国务院出台《基本农田保护条例》,具体明确了基本农田的定义和基本农田划定、保护和监督管理办法。

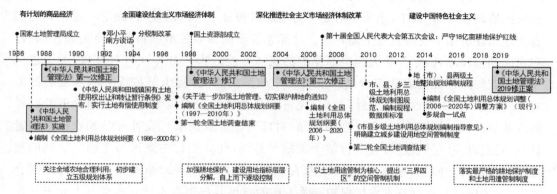

图 1 我国土地利用规划体系发展历程

2.2 建设性保护阶段（1990—2003 年）

1990 年后,国家开始陆续实行土地有偿使用制度,实施分税制和住房制度改革,出现"房地产热""开发区热"并衍生出大量耕地无序占用的问题。1988 年国家第一次修正《土地管理法》,主要是明确国有土地有偿使用制度,为国有土地入市奠定法律基础。这一时期,国家由有计划的商品经济向市场经济逐步过渡,开始兼顾农用地的保护和有序开发利用,并陆续发布了《关于严禁开发区和城镇建设占用耕地撂荒的通知》(国办发〔1992〕59 号)等一大批有关耕地保护的政策文件。1998 年国家成立国土资源部,同年对《土地管理法》进行了修订,明确保护耕地是我国的基本国策,要求"实现耕地总量动态平衡",并从单纯的农用地管控转向土地用途管制。由此,国家建立起以耕地保护为核心,自上而下逐级控制、指标控制与分区管制相结合的土地利用规划体系。该体系所体现的内容有:由单一的农用地管理转为城乡全部土地利用安排,由单一的土地开发利用转为土地开发、利用、保护和整治的综合规划,由注重微观土地利用组织转为土地宏观调控和政策管理,由强调生产发展转向统筹部署。补偿资金基本直接用于改善耕地质量和配套设施建设,而非直接补贴农民,对农民收入和提高农民积极性影响不大,农民对耕地保护的动力不足。这一时期,因为耕地保护目标单一,实施机制多为行政手段,所以基本农田保护任务实现难度大,出现建设用地指标频频突破、规划方案修改频繁等现象。

2.3　激励性保护起步阶段(2004—2011年)

进入21世纪后,快速城镇化背景下土地供需矛盾日益突出,生态环境透支、社会矛盾激化等问题相伴而生,国家战略导向开始调整并转向全面协调可持续发展,耕地保护的内涵得以延伸,保护责任全面拓展,保护手段日趋多元化。2004年,国家全面停止征收农业税,并对《土地管理法》进行修正,进一步明确了土地征收的公共利益要求,树立了新时期农转用的政策导向,耕地补贴政策步入正轨。2004年中央一号文件《关于促进农民增加收入若干政策的意见》指出"农业和农村发展中的突出问题是农民增收困难,城乡居民收入差距仍在不断扩大",并提出"要集中力量支持粮食主产区发展粮食产业,促进种粮农民增加收入"。其中,重要举措之一为增加对粮食主产区的投入,确定一定比例的国有土地出让金用于支持农业土地开发。这标志着面向城乡转型和新型城乡关系建构,针对农民利益保障,国家开始关注耕地保护的经济补偿。2005年中央一号文件《关于进一步加强农村工作提高农业综合生产能力若干政策的意见》提出坚持统筹城乡发展的方略,坚持"多予、少取、放活"方针,稳定、完善和强化各项支农政策,包括取消除烟叶以外的农业特产税,对种粮农民实行直接补贴,对部分地区农民实行良种补贴和农机具购置补贴,对粮食主产县通过转移支付给予奖励和补助,建立粮食主产区与主销区之间的利益协调机制等。同年,原国土资源部、原农业部与国家发展和改革委员会等七部委联合印发《关于进一步做好基本农田保护有关工作的意见》,提出探索建立永久基本农田保护的经济补偿激励机制。自此,我国进入了以减免农业税和实施农业补贴等方式对耕地保护责任主体进行经济补偿的新阶段。之后每年的中央一号文件均多次提到要健全农业支持补贴制度等措施,如各地用于种粮农民直接补贴的资金要达到粮食风险基金的50%以上。2007年第十届全国人民代表大会第五次会议通过的《政府工作报告》指出"一定要守住全国耕地不少于18亿亩这条红线,实现土地资源的集约、节约使用"。尤其是2008年后,面对金融危机和气候灾害,我国在耕地保护方面更加强调"稳粮、增收、强基础、重民生"等托底性作用。值得注意的是,国务院审议通过《全国土地利用总体规划纲要(2006—2020年)》,标志着以土地用途管制为核心的土地利用规划体系逐步成形,我国建立起基本农田和建设用地"双管齐下"的空间管制模式,重视土地开发整理复垦,并构建起完整的政策法规和标准规范体系,特别是提出了基本农田必须落实到地块,严禁地方擅自调整规划、改变基本农田区位等硬性要求。可以说,这一阶段我国以建设新农村、发展现代农业和促进农民增收为导向,开始探索以市场化手段推动农业发展,耕地保护补贴政策逐渐起步,补贴类别开始增多、补贴规模有所扩大。2006—2008年国家农资综合直接补贴从120亿元增加到206亿元[6]。

2.4 多元化保护深化完善阶段(2012 年至今)

党的十八大后,我国宏观经济发展进入新常态,从高速增长转向高质量发展。然而,国内农业生产成本快速攀升,大宗农产品价格普遍高于国际市场,农业发展承受"双重挤压"。同时,我国农业资源短缺,开发过度、污染加重,资源环境硬约束下农业可持续发展能力有待提升。为此,必须统筹城乡发展,加速城乡资源要素自由流动,增强城乡互动联系,实现城乡共同繁荣。以此为导向,每年的中央一号文件连续以水利改革、农业科技创新、现代农业发展和农村体制改革为主题,出台系列更具针对性的惠农政策。2015 年 3 月,财政部和农业部联合发布《关于调整完善农业三项补贴政策的指导意见》,将粮食直接补贴、良种补贴、农资综合补贴统一合并为"农业支持保护补贴",包括耕地地力保护补贴和粮食适度规模经营两种补贴形式。前者补贴对象是所有拥有耕地承包权的种地农民,补贴金额与当地统计的耕地面积挂钩,不同省份采用不同的计算方法和补贴标准;后者补贴对象是种粮大户、家庭农场、农民合作社和农业社会化服务组织等新型经营主体与服务主体,补贴方式有贷款贴息、重大技术推广和服务补助,不鼓励现金直补[6]。党的十九大以来,中国特色社会主义进入新时代,我国经济由高速增长阶段转向高质量发展阶段,并践行新发展理念,实施乡村振兴战略,决胜脱贫攻坚和全面建成小康社会,开启全面建设社会主义现代化国家的新征程。相应的,我国的耕地保护机制也不断具体化和系统化,体现出了统筹协调的治理理念。2017 年中央出台的《关于加强耕地保护和改进占补平衡的意见》提出"要加强对耕地保护责任主体的补偿激励,提高基层组织和群众的耕地保护积极性"。2018 年国务院办公厅出台《跨省域补充耕地国家统筹管理办法和城乡建设用地增减挂钩节余指标跨省域调剂管理办法》,针对耕地资源分布不均衡的国情,提出"保护优先、严控占用;明确范围、确定规模;补足补优、严守红线;加强统筹、调节收益"等原则。2019 年中央一号文件提出"建设高标准农田,是巩固和提高粮食生产能力、保障国家粮食安全的关键举措"。2019 年《土地管理法》修正案以保护农民利益为导向,补充完善征地、集体经营性建设用地、宅基地管理等制度,对土地征收的公共利益范围进行明确界定,明确征收补偿原则,改革土地征收程序。2020 年中央印发《关于调整完善土地出让收入使用范围优先支持乡村振兴的意见》,从财政分配上秉承"取之于农、主要用之于农"的原则,拓宽乡村振兴战略实施的资金来源。同年,提出坚决防止耕地"非农化""非粮化"。2021 年 6 月财政部等 4 个部门发布《关于将国有土地使用权出让收入、矿产资源专项收入、海域使用金、无居民海岛使用金四项政府非税收入划转税务部门征收有关问题的通知》,为国家推进税费改革和加大支出扶农创造了条件。这一阶段,国家首次提出"藏粮于地、藏粮于技"战略,始终强调严守耕地红线,优化粮食产能,并适应农业现代化要求,提高补贴的精准性和实际效用[4],尤其是开始强调中央和地方事权的合理分配,强化地方保护责任,强调央地协同推进、严格管控、共同投入。中央层面开始考虑拓展保护资金来源,如提取一定比例土地出让金或设立耕地保护补偿激励专项资金等形式,统筹安排资金,重点扶持部分经济欠发达地区。

总之,自 2004 年至今,每年的中央一号文件均持续关注"三农"问题,耕地保护成效显著。2000 年以来我国耕地减少量逐年下降,2004 年为 95.6 万公顷,至 2020 年则净增 15.7 万公顷。目前全国已有 28 个省份开展了省级层面的耕地保护补偿相关工作,补偿范围包含耕地、永久基本农田和生态农田等,补偿对象、发放标准与资金来源各地差异较大,但是因为省际经济实力差异,所以实施成效也不一[6],如浙江补贴发放以基层组织为主,江苏以农户为主,重庆则发放给镇街政府和农户;广东补贴范围为永久基本农田,重庆则对耕地和永久基本农田均实行补贴;北京的永久基本农田保护补贴标准为 1 000 元/亩,南京的耕地保护补贴为 300 元/亩,甘肃的耕地保护补贴仅为 0.6 元/亩。经济发达省份的耕地保护机制相对完善,涵盖责任考核、区域协调和资金保障等多个维度,已建立起完善的政策体系。总体来看,国内的耕地保护手段仍以行政约束为主导,相应空间管制和经济补偿机制尚不系统全面,主要表现为:①重"约束",轻"激励"。长期以来,国家对耕地保护多关注数量约束和规模控制,采取严管和强制的政策取向,而"激励性"保护相对不足,使得地方政府和农民对耕地的保护多为被动保护,被保护者得不到合理的经济补偿,而占用者则可以较低成本占用耕地[6]。因此,在短期经济利益驱使下耕地无序占用情况客观存在,尽管近年来国家开始重视耕地质量管理,如借助土地综合整治手段来提升农田发展质量,但基于不同类型农地的用途管制、差异化补偿和跨区域调剂等机制研究尚停留在理论阶段,缺乏政策路径。②重"普惠",轻"差异"。我国大部分地区基本上实施的是普惠性的"补偿",忽视差异性的"绩效激励"。政府财政对耕地的保护补贴经费有限,而耕地保护面积较大,存在"撒芝麻"而实际效果不明显的问题,不能激发农民保护耕地的积极性[5]。③重"直接",轻"间接"。部分省份甚至是发达地区由于直接补贴经费受限,且单一地依赖政府财政资金划拨,缺乏纵向和横向转移支付手段,难以保障耕地保护,在一定程度上会造成耕地"非农化""非粮化"问题。

3 启示与讨论

3.1 南京耕地保护状况及影响原因

南京的地形地貌为低山丘陵、平原岗地、湖荡圩区交织,无形中加大了耕地保护与生态保护、农业发展之间的协调难度。对照国家对"三线"划定不重叠的要求,南京目前的保护方案存在冲突和矛盾,有待协调落地,如生态保护红线范围内的基本农田就有待调出。2020 年南京通过土地整治新增了少量耕地,完成了约 5 万亩的永久基本农田储备区划定工作,然而与中央下达的耕地(343 万亩)和基本农田保护任务相比,即使加上"三调"中"即可恢复"土地,耕地量仍存在缺口(图 2)。在财政补贴方面,2014 年南京市政府发布实施了《关于建立完善长效机制落实最严格耕地保护制度的意见》,提出"建立补偿激励机制,增强耕地保护动力。加大耕地保护建设性补偿力度,积极探索'以补促建''以补代投'等耕地建设措施,建立完善耕地保护经济补偿机制"。坚持"谁保护、谁受益"的原则,鼓励各区根据本地实际出台耕地或基本农田保护经济激励政策,对承担耕地或基本农田保护任务的集体经济组织予以适当补贴,主要用于耕地和基本农田的后续管护等。市财政部门对出台相关激励政策并落实较好的区,按年度给予奖励。随后,南京又出台《南京市耕地保护补贴暂行办法》,具体明确补贴范围、对象、方式、标准和程序等实施细则。自 2015 年以来,南京以每亩每年 300 元的标准向承包耕地的农户发放补贴,截至当前已累计发放补贴 36 亿多元,涉及近 270 万亩耕地,惠及农民 50 余万户。然而,南京市层面年均补贴资金总量维持在 8 亿元左右,其中市财政资金为 2.7 亿多元,其余均为各区财政资金。现行补贴政策对耕地种粮的保障力也有限,且区、镇街政府和农户保护的积极性不高,特别是在农业产业结构调整现实需求下耕地保护压力重重。

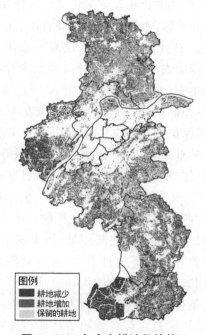

图 2   2020 年南京耕地保护状况

(图片来源:《南京市国土空间总体规划(2019—2035 年)》)

基于"三调"成果,近年来南京耕地总量有所减少,主要归结为以下原因:①"三调"耕地认定规则发生变化,如原"二调"中认定为耕地的临时种植园木、临时种植林木和临时坑塘用地,在"三调"中则被认定为园地、林地和坑塘水面。目前的用地分类中,耕地包括水田、水浇地和旱地,农业设施建设用地包括乡村道路及农作物种植、畜禽养殖、水产养殖等设施建设用地。②将山地、水面、农村宅基地等划入耕地和永久基本农田,造成耕地和永久基本农田"上山下水"等怪象,出现划定不实的问题。③农业结构调整造成过去以种植水稻为主的耕地流转为水产养殖、苗圃林果生产等用地。④农民复建房、道路交通和乡村公共设施等在未遵循农转用指标的情况下违法占用耕地,或者规划过于追求眼前利益而导致空间跳跃式布局,出现项目实施违法现象。

3.2 南京耕地保护补偿的建议

3.2.1 优化空间治理,协调"三线"

落地并制定空间规划分区管控细则南京市国土空间总体规划以乡村全面振兴为目标,以促进现代农业与都市休闲旅游融合发展为导向,构建"一环、两核、三片"的农业农村空间格局(图3)。其中,"一环"为中部都市现代农业发展环,以土地综合整治为抓手,严格保护耕地,打造一批科技型、体验参与型、旅游度假型和特色精品型农业,推进一二三产业融合发展;"两核"为国家农创园、国家农高区,引领带动全市现代农业园区提档升级,发挥农业生产、科技集成、产业融合和改革深化等示范作用;"三片"为北部岗地平原、南部低山与西南两湖特色农业片区,重点建设高标准农田、优质水稻基地、特色蔬菜与精品园艺和特色水产养殖基地。在此结构引导下,南京结合国土空间总体规划编制的契机,重点开展以下工作:一是明确农业农村规划分区和用途管制要求。根据《市县国土空间规划基本分区与用途分类指南(试行)》《市级国土空间总体规划编制指南(试行)》,明确市域生态保护红线区、生态控制区、农田保护区、城镇发展区、乡村发展区和矿产能源发展区等一级分区,其中农田保护区是永久基本农田相对集中的区域,乡村发展区则包括村庄建设、一般农业发展、林业发展、牧业发展、渔业发展等分区。这样能有效落实主体功能区规划要求,将过去总体规划层面细分地块的规划方式转变为规划分区管控,并确定相应分区准入条件和控制要求[9]。二是分类整改违法建设行为。对于不符合"两规"的违法用地及以农业结构调整名义进行非粮生产的基本农田,要进行依法拆除违建、恢复土地原状等方式整改;对于民生设施违法用地、历史遗留问题或项目"过程性"违法用地,可补办农转用、土地征收和审批等管理手续,并补划耕地。在此基础上,对划定不实的耕地、与"三线"冲突的用地和其他农业结构调整地类等,实事求是,予以调出,并予以补划。集中成片耕地具备条件的,应尽量划为永久基本农田,也可有选择地将粮食生产功能区、重要农产品生产保护区及高标准农田等优质耕地纳入永久基本农田,完成上级下达的永久基本农田保护任务。同时,实施土地开发复垦整理,增加耕地数量,提高耕地质量,改善生态环境。新增建设用地尽量不占或少占耕地,并按照"占一补一、占优补优"的要求,严格落实耕地占补平衡制度。此外,积极向上级政府申报,探索易地调剂渠道。三是协调解决矛盾,实现"三线"落地。目前,生态保护红线指标已经由国家批准下发,但永久基本农田和城镇开发边界仍在优化调整。根据《关于在国土空间规划中统筹划定落实三条控制线的指导意见》《城镇开发边界划定指南(试行)》,南京全面梳理和整改永久基本农田划定不实、违法占用、严重污染等问题,确保永久基本农田面积不减、质量提升、布局稳定,避免"三线"交叉重叠。而且,必须落实到地块,纳入详细规划数据库进行严格管理,一方面可建立起功能引导(市级以上总体规划)—用途控制(市县级总体规划)—用地管理(详细规划)的土地细分和规划传导路径,另一方面可通过明确农业农村规划分区和管控要求、各类农地用途管制和转换规则,协调"三线"落地,为差异化保护及进行纵向和横向的资金调配创造条件,有效提升空间治理水平。

图3 南京市域农业农村空间格局

(图片来源:《南京市国土空间总体规划(2019—2035 年)》)

3.2.2 细化差异补贴,明晰中央与地方纵向事权,并建立与之相匹配的经济补偿机制

耕地差异化保护及其经济补偿机制构建不仅是解决耕地保护外部性问题的正确选择和根本途径,还是有序引导各类建设行为的重要手段。一是扩大耕地保护资金的纵向来源渠道。按照各级政府财权与事权相匹配的原则,中央和省级层面要加大对基本农田保护的财政直接补贴,同时与《土地管理法》明确的省级一般"农转用"事权相匹配,省级层面也应加大对一般耕地的保护性投入。按照"谁收益、谁补偿"的原则,国家要加大对粮食主产省市的补偿资金投入,省级也要对省内耕地保护任务重的市县加大补偿力度。二是进一步完善现行分税体制,增加地方政府财政收入比重,以保障地方对一般耕地的保护性投入。三是优化现行城市土地收益分配机制。应该说,土地财政在助力地方经济腾飞上发挥了重要贡献,但是分税制改革后地方城市建设过度依赖土地收益、增量指标和流转指标的方式,也是造成耕地保护不足、城乡发展不平衡的原因之一。目前,国有土地使用权出让收入已划转税务部门征收,仍由地方政府所有和支配,明确为地方财政预算内收入。今后,在城市土地出让收益分配上要向农业农村发展领域倾斜,逐步使相应投入比例不低于 50%,加大基础设施和公共事业投入,调动农民和基层政府的积极性。

3.2.3 强化提质增效,建立市区联动保护与多措并举的新格局

除了耕地基础性补贴,可根据区位、地力、产能和农业结构等因素,结合空间规划分区和农地类型,进行差异化补偿[10]。一是市级层面要强化保护责任,对标农民耕地流转市场化收入水平,与耕地发展权的价值相匹配,提高耕地和永久基本农田的补贴标准,尤其是突出永久基本农田的特殊保护地位,拉大永久基本农田与一般耕地的补贴标准差距,着力防止耕地"非农化"和基本农田"非粮化",否则不得发放补贴资金。二是优化市、区财政投入分配,适当增加区级财政预算内收入比重。市级政府应提取一定比例的年度土地出让收益,设立耕地保护专项基金,通过购买服务、以奖代补、担保补助、贷款贴息和间接性基础设施投入等多种形式补贴耕地保护。同时,强化区级财政对一般耕地补贴的支出责任,而将义务教育、基本医疗等基本公共服务支出责向省市上移,充分调动区和街镇政府对耕地保护的积极性。

3.2.4 深化体制改革,稳定资金来源渠道和健全法制

应对市场经济发展,只有顺应农业现代化、规模化和产业化发展趋势,建立城乡统一的要素供应市场,不断开拓多元化耕地保护资金筹措方式,才能真正实现耕地严格保护和高效利用。一是要摆脱土地财政路径依赖,建立健全城市不动产税制。积极探索不动产保有、流转环节的税收制度,使之成为地方政府获取稳定财政收入的重要来源,以此减少对占用耕地和增量土地收益的冲动。二是打通耕地保护资金横向来源渠道。探索集体经营性用地上市和流转、农民宅基地退出和流转机制,补充完善乡村建设用地基准地价、土地征收补偿、城乡不动产市场动态监测等政策配套,为保护资金来源另辟蹊径。同时,探索跨区协调的耕地保护补偿机制[11],省市共建补偿资金专项管理机构,负责确定补偿标准、制定补偿方案和管理补偿基金,实现城区对郊区、耕地流出区对耕地流入区的补偿资金转移支付。三是加快国家立法,完善耕地保护法律法规体系。新的《土地管理法》将基本农田提升为永久基本农田,更凸显出国家实行最严格的耕地保护制度,确保国家粮食安全的目标导向。目前全国人大正加快制订《国土空间规划法》,需与之相衔接,加快制定《耕地保护法》,明晰各级各类耕地保护主体的权责关系及耕地保护过程中涉及的调查监测、确权登记、规划制定、开发利用、实施监督等关键环节的管理内容和程序要求。

4 结 语

当前我国耕地保护补偿实践尚处于探索阶段,相关支撑理论尚不完善[1,7]。在空间层次上,多以大区域空间为研究对象,缺少省市以下空间层次的中微观分析,且各地标准不一,缺乏整合研究;在制度设计上,多拘泥于就耕地谈耕地,未把耕地保护补偿放到国家行政体制改革和央地事权合理划分的高度上审视,缺乏政策机制、经济手段与实体空间关联的系统化整体设计;在管理内容上,也未贴近国土空间规划改革要求,缺乏面向

"全域全要素全过程"管控的一体化治理流程设计,耕地保护补偿机制和手段创新不足[1-6]。为此,在充分借鉴国外经验和总结各地实践基础上,应积极贯彻落实国家生态文明建设要求,结合行政管理体制、国土空间规划等改革要求,加强耕地保护补偿顶层设计与试点工作,在保护主体和对象、补偿范围和方式、补贴标准、资金与制度保障、用途管制、生态补偿与空间治理创新等方面进一步深化研究。

参考文献

[1] 牛海鹏,杨小爱,张安录,等.国内外耕地保护的经济补偿研究进展述评[J].资源开发与市场,2010(1):24 - 27.

[2] 吴群,郭贯成,刘向南.中国耕地保护的体制与政策研究[M].北京:科学出版社,2011.

[3] 黄艳平.中华人民共和国成立 70 年我国粮食补贴政策演变研究[J].乡村科技,2019(19):12 - 14.

[4] 李鋆,蔡键,林晓珊.农业补贴政策"三补合一"改革:演进轨迹、作用机理与发展策略[J].经济体制改革,2021(3):80 - 85.

[5] 杨志华,杨俊孝,王丽,等.农业补贴政策对农户耕地地力保护行为的响应机制研究[J].东北农业科学,2020,45(2):116 - 120.

[6] 王少杰,王建强.我国耕地保护补偿激励机制建设现状、问题与建议[J].江苏农业科学,2020,48(12):324 - 328.

[7] 崔宁波,张正岩,刘望.国外耕地生态补偿的实践对中国的启示[J].世界农业,2017(4):35 - 40.

[8] 陈颖,李继志.我国粮食生产支持政策的历史演变、现实迷失及政策优化[J].农业经济,2021(5):3 - 5.

[9] 蔡健,陈巍,刘维超,等.市县及以下层级国土空间规划的编制体系与内容探索[J].规划师,2020,36(15):32 - 37.

[10] 陈治胜.关于建立耕地保护补偿机制的思考[J].中国土地科学,2011,25(5):10 - 13.

[11] 邱凯付,陈少杰,罗彦.治理视角下深圳都市圈协同发展探索[J].规划师,2020,36(3):24 - 30.

(本文原载于《规划师》2021 年第 13 期)

国土空间规划编制管理系统研究与设计

杨正清 窦 炜 王耀德 张 玉 李建豪

1 建设背景

2019年5月10日,中共中央、国务院印发的《关于建立国土空间规划体系并监督实施的若干意见》明确提出了要逐步建立"多规合一"的规划编制审批体系、实施监督体系、法规政策体系和技术标准体系,从而组建起完备的国土空间规划体系,最终形成全国国土空间开发保护"一张图"。这是党中央、国务院提出的重大战略部署。随着规划体系的不断变更,提高国土空间规划编制管理能力,加强控制性详细规划符合相应技术规范,构建完善的详细规划编制管理体系已成当务之急。

更为现实的是,随着各机关、事业单位、委托部门等工作不断深入,规划编制项目不断增多、编制项目在各部门之间的流转日益密切,重复、繁重的工作任务不仅消耗大量时间、精力,而且还耽误落实迫在眉睫的成果入库、数据发布等后续工作。导致这些问题产生的直接原因在于现存系统无法使各个部门之间形成一个专门的信息统筹机制,体内流转与体外流转相互交织,导致"管理难""行政效率不高""相关成果质量难以保证"等问题日渐突出。依据国务院办公厅印发的《国家政务信息化项目建设管理办法》中的统筹规划、共建共享、业务协同、安全可靠等原则,从解决规划编制管理工作的角度出发,以业务调整为导向,以提高规划编制信息化管理水平为目标,满足智能化、精细化的规划管理需要,进一步加强详细规划编审管理水平,优化工作流程,促进部门协同,提高办公效率,提升规划编制成果质量,在依托现有南京市规划编制管理系统的基础之上,替换、更新原有系统框架,整合、改造现存规划编制业务流程,搭建全新的"南京市国土空间详细规划编制管理系统"平台。

2 建设需求

2.1 业务现状分析

当前,城市规划管理部门的主要职责在于对城市规划的编制、成果和实施方案进行审查和管理,涵盖了规划、建管、监察等相关审查和管理业务。其业务核心在于对审批建设项目当中的"一书两证"进行规划审查,从而确保建设项目合法、合规,使相关土地利用符合城市规划。这一系列的审批、管理业务流程之间具有严密的前后顺序性和相互关联性,这不仅体现在业务的办理顺序上,还体现在业务之间的成果支撑上。例如,在控制性详细规划管理流程中会议审查阶段产生的会议纪要是之后数据完备性检查、数据标准性检查的重要依据。因此,这种相互之间的紧密联系,就要求系统必须对业务线条进行统一的组织与部署,既要确保各个环节之间的相对独立性,又要确保各环节之间的有效衔接与联系,从而使得相关工作在全流程、全周期当中的顺畅流转以及确保数据在相关权限人手中能够共享、查询、操作、处理。

南京市规划和自然资源局在国内率先开展了规划编制管理的信息化工作,率先建立起功能较为完备的控规管理系统,系统为控规项目过程跟踪、过程资料记录查询,控规成果的质检、建库、更新及应用,规划编制单位信息查询、管理等提供了统一的应用系统。通过规划编制管理系统详规管理模块实现了详规的立项、质检、技术审查、报审报批、动态维护等应用,但是随着机构改革对详规编审管理业务的重新调整以及面向国土空间规划的新需求,现行系统由技术设计缺陷导致的技术审查流程关联度不高,规划编制系统对详细规划管理的针对性不足等问题阻碍了日常业务的办理进程,因此需要重新梳理、调整、细化相关业务流程在系统中的逻辑关系。

2.2　系统现状分析

当前控规管理系统主要存在系统使用与系统本身两个层面的问题。其中系统本身存在的问题和需求主要表现在:(1)系统功能存在缺失,如图形系统中数据的关联查询和展现功能缺失;(2)办会中缺乏会议的提醒和跟踪等;(3)系统部分功能不稳定,如多处的查询结果不一致,统计结果不一致等。系统使用方面存在的问题主要表现在:(1)部分数据分散存储、分散管理,如规划编制成果数据可能散放在市局、分局以及个人电脑上,不便于使用;(2)数据内容有缺失,不能有效指导使用,如部分编制成果数据由于录入信息不完整,导致应用价值不高;(3)数据使用规则不统一,部分数据现势性不强,如历史文化名城处的文物紫线由于更新不同步导致不敢用;(4)数据之间缺乏联系,表现形式单一,如不能方便快捷地查看一个地块的现状、信息、审批等信息;(5)数据提取不方便,系统中的数据可以使用但是无法导出,如控详数据不能快速导出 dwg 格式使用。

2.3　平台建设需求

基于上述详细分析易知,控规管理需求主要存在于业务和系统两个层面。老的国土空间详细规划编制管理系统中的控规模块缺乏上会管理、验收归档等相关环节,导致部分环节体外流转。因此依据新的业务扩展和关联整合需要,我们重构了相关业务流程,将立案、专家论证、会议审查、方案公示、征求部门意见、报审、报批/技术深化、验收归档等环节纳入系统全流程管理(图1)。

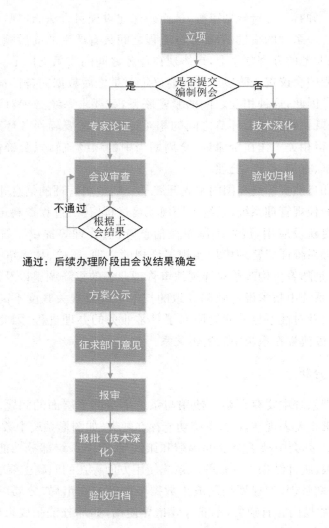

图1 系统主要工作流程

根据项目的类型及相关情况所经历环节会略有不同,但总体以如上八个环节为主。因此,系统的所有功能和设定都应围绕这些环节展开实施。此外,本系统还通过构建项目阶段树模块以及一些实用功能等方式,强化业务审批之间前后的关联性,提升业务审批的效率。

在系统技术层面,新系统将从技术架构、平台配置、系统质量与性能等多个层面进行整体升级,重构流程定制、表单定制、列表配置、场景配置、权限管理、操作管理、组织机构、菜单管理等平台,打造"微服务架构"的技术框架,满足规划和自然资源局全面深入的信息化建设需要,为国土空间规划编制管理提供长期稳定的技术支撑(图2)。

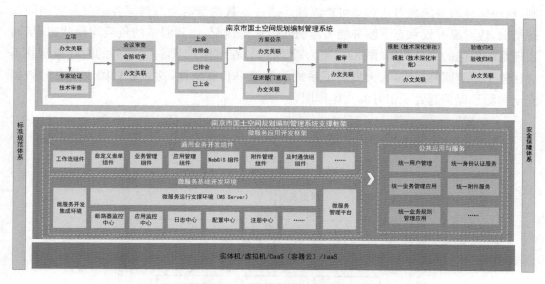

图 2　南京市国土空间规划编制管理体系架构

2.4　建设目标

南京市国土空间详细规划编制管理系统旨在满足智能化、精细化、协同化管理的需要,依托现有南京市控规一张图、现状一张图及南京市规划编制管理系统,面向国土空间规划编审和监督实施新要求,升级数据库,建立数据关联,并且在升级系统框架的基础上,建成稳定、高效、可扩展、人性化的南京市国土空间规划编制管理系统,提升国土空间规划业务管理和技术管理的规范化水平,提高国土空间规划报审、报批、质检、建库等工作效率,为国土空间规划一张图先行先试,打好基础。

3　系统结构设计

3.1　总体架构

老的编制管理系统平台是由. NET＋UCML 框架组成,存在稳定性差、效率性低、用户体验不佳以及平台难以继续扩展等问题。随着信息化总体建设需求的不断深化,现存的编制管理系统已经不符合现有信息化总体建设要求,因此需要对系统框架进行调整。

全新的南京市国土空间详细规划编审管理系统采用"微服务＋协同工作流"的整体架构模式,该模式支持前后端分离式开发,实现了模块间解耦,提高了代码的复用率,为应用开发提供统一的支持。该架构模式还具有逻辑清晰、部署便利、可扩展性强、高度的可靠性、技术异构以及组合灵活等特点,可兼容局内、各机关单位及下属机构各系统应用。

"微服务"系统架构相较于传统的架构模式,可以实现服务的动态伸缩与注册发现机制,从而保证服务的高可用和高可扩展性。通过负载均衡器动态调配各个服务实例的荷载情况,应对高并发状态下服务能力与访问需求的错配,达到服务的负载均衡状态,从而实现系统效能的充分利用(图3)。更为重要的是,在该模式下,一个服务的内存泄漏并不会让整个系统面临风险,大大提高了系统的容错率和安全性,这对规划国土信息的数据安全和隐私保护起到了很好的支撑作用。

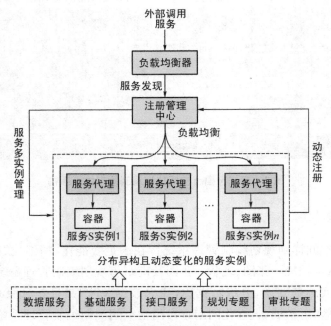

图3　负载均衡下的注册发现机制

"协同工作流"可以提供基于浏览器的在线表单配置和流程配置能力以及基于流程、环节、角色的表单控件精细化权限配置能力和数据展示权限配置能力。尤其是在规划编制系统中,增、删、改、查类业务和流程类业务占到应用总功能的70%～80%左右,这些业务可以通过协同工作流模式提供的业务化配置功能在线配置开发完成。并且该模式大大提高了系统的可扩展性,可以使系统中的复杂功能逐步积累成相关技术组件或业务组件(图4)。

3.2　建设思路

面向国土空间规划业务与技术管理新需求,开展原有系统重构,打破系统之间的壁垒,如公文系统与本系统、控规数据更新与专项规划数据更新等,建立系统内部环节之间的关联,简化操作步骤、提升效能,全面支撑服务我局七大类业务(图5)。

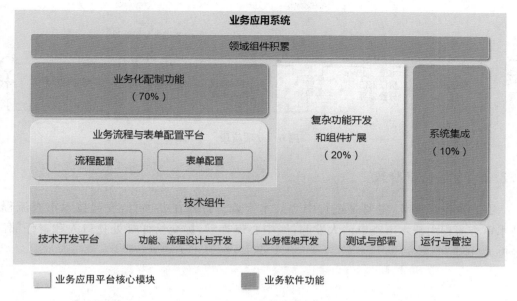

图 4　工作流架构

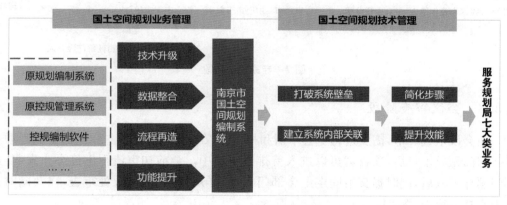

图 5　国土空间规划建设

3.3　详细阶段划分

3.3.1　立项阶段

立项流程根据表单中"是否提交编制例会审查"有所不同：若"是否提交编制例会审查"值为"是"，则责任部门领导审批后，流程结束；若"是否提交编制例会审查"值为"否"，则需要再经过详规处审查，再由详规处判断是否需要提交市政处审查，再将意见汇总给详规处。

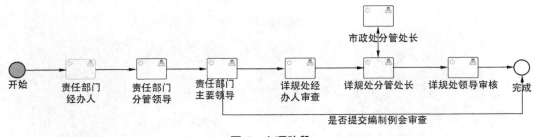

图 6 立项阶段

3.3.2 专家论证阶段

在专家论证环节,主要是进行中心技术审查。打开在办项目,发起技术审查流程。技术审查流程由技术审查申请人发起,经中心审查后,提交给详规处扎口人和责任部门经办人。

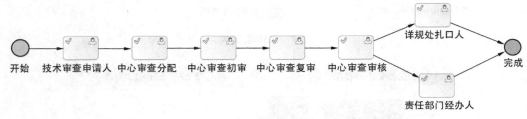

图 7 专家论证阶段

3.3.3 会议审查阶段

在会议审查环节,需要进行上会申请和相关会议公文内容关联。会前初审流程通过责任部门领导审批后,项目就可以进入待排会项目中。会前初审流程由经办人发起,经部门领导审核后,同时提交给固定上会部门审查、详规处审查、市政处审查,以及同时发起中心技术审查(图8)。

3.3.4 报审阶段

方案公示、征求部门意见不需进行流程发起,只需要添加公文系统中的相关公文。在报审环节,需要进行报审申请和相关报审办文内容关联。报审流程由经办人发起,经部门领导审核后,同时提交给固定上会部门审查、详规处审查、市政处审查,以及同时发起中心技术审查、数据预检(图9)。

3.3.5 报批(技术深化)阶段

在报批(技术深化)环节,需要进行报批申请和相关报批办文内容关联。报批流程由经办人发起,经部门领导审核后,同时提交给固定上会部门审查、详规处审查,以及同时发起数据核检子流程(图10)。

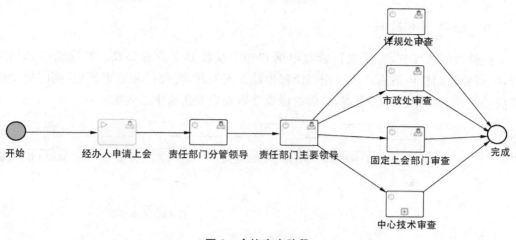

图 8 会议审查阶段

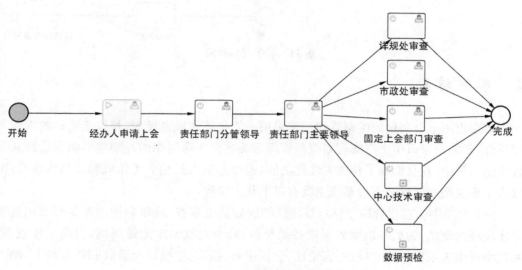

图 9 报审阶段

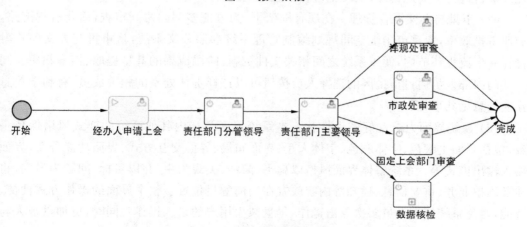

图 10 报批(技术深化)阶段

3.3.6　验收归档阶段

在验收归档环节,需要进行验收申请和相关验收办文内容关联。发起验收归档流程,填写验收归档申请表。验收归档流程由经办人发起,经部门领导审核后,同时提交给详规处经办人和相关部门审查,最后由详规处审查后发送给中心入库。

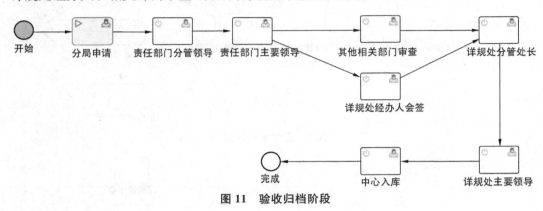

图 11　验收归档阶段

4　系统特色

南京市国土空间规划编制管理系统采用一体化整体风格界面,相较于现存的编制管理系统,新的南京市国土空间规划编制管理系统将全生命周期的详细规划编制管理业务流程纳入其中,并且集成了相关人性化功能、辅助办案人员相关工作流程。具体来看,南京市国土空间规划编制管理系统主要有以下几大优势:

(1)全周期信息化管理。针对目前详细规划例会审查、成果归档入库等环节仍处于纸质流转的现状,为更好地服务保障各级单位,减少控规编审流转周期,提高工作效率,系统将详细规划项目的立项、专家论证、会议审查、报审、报批以及验收归档等环节,纳入统一平台进行全周期管理,实现全过程信息化流转。

(2)审批与办文混合管理。在现有框架下,为方便多部门协同审查,简化流程链路,加速审批效率,南京市国土空间规划编制管理系统参照公文系统,将审批与办文模式融合在一个流程环节内,便于系统之间相关文件资料、阶段成果的共享提取、档案归集。同一部门内部人员通过审批区的选择人员按钮可以选择责任处室的相关成员,有利于信息互通与意见共享(图 12)。

(3)系统界面力求友好和人性化。本系统界面与局内其他系统的样式风格保持一致,包括界面主颜色、字体颜色、字体大小、界面布局、界面交互方式、界面功能分布、界面输入输出模式等。系统整体界面风格以扁平、简洁、美观为主,并以目标、问题为导向,将涉及用户业务、重要信息、通知等内容放置在当前醒目位置。整个界面的操作方式便捷、智能,避免系统使用人员多次点击操作,尽量减少用户的录入操作。同时,更加重视人与人、人与机的交流,包括布局、颜色、提醒等。

图12　审批与办文混合

（4）引导式操作。系统与详细规划编审各环节工作实际紧密结合，从方便经办人使用角度出发，对各节点实现引导式操作，如可以通过"下一步"按钮由系统自动定位到下一步需要操作的位置，并提示操作说明。系统按功能分为基本表单区、附件材料区、阶段过程区、事项办理区，并以清晰易读、操作简便的原则进行合理布局（图13）。

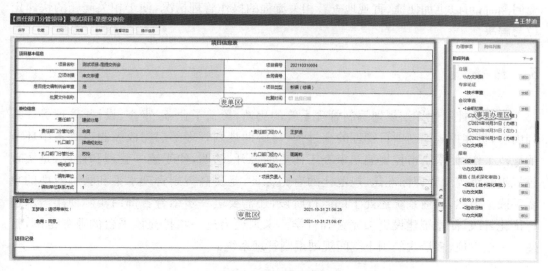

图13　表单样式布局

（5）刚弹性结合，便捷化办理。系统在流程设计上充分考虑刚弹结合，在项目流转过程中，各部门根据业务需要，采用多路分支的便捷化办理模式，各部门、各子环节可以进行同步办理、并行开展，进一步降低办理周期，提升工作效能。

（6）关键节点提醒机制。对于需要关注的工作节点，南京市国土空间规划编制管理系统还设置了消息推送功能，可以提醒相关人员对案件进行处理，避免因为遗漏而耽误案件办理进程（图14）。

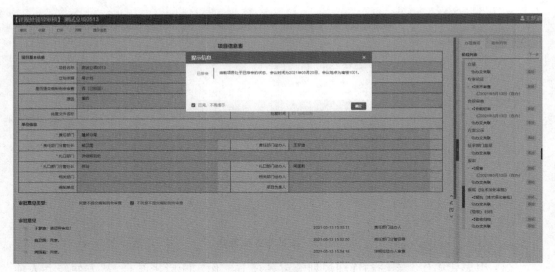

图 14　已排会提醒机制

(7)业务溯源机制。所有业务都需要进行线上审批或办理证据的上传或关联操作,确保所有业务环节都可在系统中留痕查看,便于项目整体的信息化管理。并且当案件需要回溯时,可以更加便捷、直观地查看相关流程的操作管理情况,便于相关问题的快速定位与解决。

5　结　语

南京市控制性详细规划编制管理系统的更新,覆盖了业务、审查、设计、管理等一系列内容,贯穿控规编制项目管理的全过程,可协助规划管理部门完成编制审查各个环节的规范工作,使南京市控规编制审查工作更加公开、透明,便于统一管理和监控,是实现控规编制审查和管理标准化、规范化的有力保证,是提高规划管理水平和管理效率的重要手段。当然,目前系统还处于试运行阶段,还需要进一步结合各部门实际使用需求进行优化升级,使系统建设更加完善和科学。未来还会进一步扩充该平台的业务范围,打造一个全方位、多层次的国土空间规划编制管理系统。

(本文原载于《北京测绘》2020 年第 11 期)

规划成果新旧用地标准转换中的问题与思考

林小虎　杨　勇　陶承洁

摘　要：新国标《城市用地分类与规划建设用地标准》(GB 50137—2011)于2012年初实施以来,各地根据实际情况,制定了与新国标相适应的地方用地分类标准,并在规划设计与管理实践中推行。以新国标为基础新编的各类规划成果,与既有规划成果在一定时间段内共存,给规划管理、规划成果整合工作带来了一定的矛盾和问题。如何尽快将既有的基于旧国标用地分类标准(GBJ 137—1990)的规划成果"翻译"转换为符合新国标用地分类标准的成果,并且进一步与新编规划成果相整合,是当前规划编制和规划管理工作中的一个难题。本文从南京市控规"一张图"整合工作实际出发,列举了既有规划成果在进行新用地标准转换过程中遇到的难点和问题,分类分别进行分析,提出实际工作中可行的处理方法。

关键词：用地分类;用地标准;新国标;用地标准转换;规划成果整合;南京

1　背景

1.1　新用地标准研读

新国标《城市用地分类与规划建设用地标准》(GB 50137—2011)(以下简称"新用地标准")已于2012年1月1日起实施。新用地标准相对于《城市用地分类与规划建设用地标准》(GBJ 137—1990)(以下简称"旧用地标准"),增加了城乡用地分类体系,调整了城市建设用地分类,修改了规划建设用地控制标准,加强了与新颁布的《城乡规划法》及现阶段土地利用规划管理工作的衔接。

在城市建设用地分类的调整方面,新旧用地标准间的主要不同点在于:一是在旧用地标准中C类公共设施用地在新用地标准中被拆分为A公共管理与公共服务设施用地和B商业服务业设施用地,依据服务受众、社会公益性质和供地方式等条件区分了旧标准中分类过于笼统的公共设施用地。二是简化归并了部分用地大类,如将旧用地标准的T类对外交通用地并入新用地标准的S道路与交通设施用地;取消原D类特殊用地;将E类水域和其他用地划入非城市建设用地中等。三是调整了部分中小类用地的归属,如将中小学用地从旧用地标准的Re类幼托中小学用地中分离出来,归入新用地标准A3教育科研用地;将旧用地标准中S22游憩集会广场用地归入新用地标准G3广场用地。

新用地标准对城市建设用地分类的调整,加强了土地用途划分与规划控制的衔接,更加适合现阶段的规划编制和规划管理工作的需要。

1.2　新用地地方标准的制定与施行

随着新用地标准的启用,各省、市地方建设主管部门也制订了相应配套的地方用地分类标准。江苏省住房与城乡建设厅、南京市规划局于2012年内分别颁布施行了《江苏省控制性详细规划编制导则》(2012年修订版)和《南京市城市用地分类和代码标准(2012)》,针对地方实际情况和规划编制管理工作中的实际问题,对新用地标准进行了完善和补充,主要体现在中小类用地类型的完善上。

南京市规划局发文于2013年1月1日起,施行《南京市城市用地分类和代码标准(2012)》,新编规划项目应严格执行新标准,新申报的规划审批事项,也必须按新标准确定用地性质。

1.3　对既有规划成果的用地标准转换需求

新用地标准实施后,既有的基于旧用地标准编制的各类规划成果在实际规划管理工作中,已难以衔接使用。首先,以基于旧用地标准的法定规划成果为依据,审批办理规划案件时,在确定待办理地块的用地性质时容易产生矛盾;其次,基于旧用地标准的既有规划成果与相邻规划片区基于新用地标准的新编规划难以无缝衔接;最后,同一规划片区的新老规划成果难以进行比较。

由于基于旧用地标准的既有规划成果存量巨大,在一段时间内,新旧用地标准体系将会在一定范围内共存,给规划编制单位和规划管理部门带来不少困扰和问题。其解决之道,一是加快规划成果的新陈代谢,推进对既有规划的新编修编;二是在过渡时期内同时熟悉新旧两套用地分类标准,并轨使用;三是对一部分既有规划成果进行"翻译"转换,将规划成果的全部或一部分核心内容(如土地利用规划图),转换为符合新用地标准的成果格式。

2　对既有控制性详细规划成果的用地分类标准转换工作案例

2.1　待转换对象的选定和转换后成果要求

控制性详细规划(以下简称控规)作为法定规划和规划审批依据,对规划管理工作具有重要意义。在人力财力有限,只允许挑选部分既有规划成果进行新旧用地标准转换工作的情况下,可优先针对控规成果进行转换。

南京市规划局于2012年梳理了已批复、已报批及成果已基本完善稳定的既有控规成果116项,对其展开了新旧用地标准转换和"一张图"整合工作。每项控规成果中,仅转换处理土地利用规划图,转换后的各片区土地利用规划图将符合《南京市城市用地分类和代码标准(2012)》的要求,并整合拼接为"一张图"成果,纳入规划成果数据库,供调阅处理和实时更新。

2.2　用地分类标准转换的方法和流程

2.2.1　新旧用地分类标准间的转换对应关系

既有控规成果中的每一处规划地块,在进行用地类型的新旧标准间转换时,存在一定的对应关系。如原成果中的地块已按旧用地标准分类到了小类层级,则在转换至新用地标准时,大致存在以下三种对应关系。

(1)"一对一"的转换对应关系。旧用地标准中的某一小类,可对应且仅对应一种新用地标准中的小类。如表1中旧标准"R14宅间绿地",在新标准中被归为"R11住宅用地",且不会被归为新标准中的其他任何用地类型。这种对应关系相对简单,在新旧用地标准转换对应关系中占大多数,实际对控规成果进行转换时,由于该"一对一"转换关系的简单唯一性,因此可采取辅助软件自动转换的方式进行处理。

表1　新旧用地分类标准间"一对一"转换对应关系类型一例

旧南京市城市用地分类标准				新南京市城市用地分类标准			
大类	中类	小类	说明	大类	中类	小类	说明
R	R1		居住用地	R	R1		居住用地
			一类居住				一类居住
		R11	住宅用地			R11	住宅用地
		R12	公共服务			R12	服务设施
		R13	道路用地			R11	住宅用地
		R14	宅间绿地			R11	住宅用地

(2)"多对一"的转换对应关系。旧用地标准中的多个小类,在新用地标准中被归并为一类。如表2中旧用地标准中"E21菜地、E22灌溉水田、E29其他耕地",在新用地标准中被简化,统一表达为"E2a各类耕地"。这种对应关系在进行用地分类转换操作时也相对简单,便于处理。

表2　新旧用地分类标准间"多对一"转换对应关系类型一例

旧南京市城市用地分类标准			新南京市城市用地分类标准	
中类	小类	说明	小类	说明
E2		耕地	E2a	各类耕地
	E21	菜地		
	E22	灌溉水田		
	E29	其他耕地		

(3)"一对多"的转换对应关系。旧用地标准中的一个小类,根据地块实际情况,在新

用地标准中可能对应多种用地小类,甚至对应至不同的大类中。如表3中旧用地标准中的"C24服务业用地",需根据地块的实际业态,细分对应新用地标准的"B11零售商业用地"或"B13餐饮用地";而旧用地标准中的"C36游乐用地",在新用地标准中,需依据具体地块用途,判断其公益性的有无、土地提供方式等,细分对应至新用地标准中的"A22文化活动用地"或"B31娱乐用地"。这类对应关系在进行用地分类转换操作时,需根据地块实际现状或规划用途具体逐一地判断。

表3 新旧用地分类标准间"一对多"转换对应关系类型一例

旧南京市城市用地分类标准		新南京市城市用地分类标准	
小类	说明	小类	说明
C24	服务业用地	B11	零售商业用地
		B13	餐饮用地
C36	游乐用地	A22	文化活动用地
		B31	娱乐用地

2.2.2 自动和人工相结合的逐地块转换流程

在对既有控规成果进行转换时,大多数地块转换前后的新旧用地标准间为相对简单的"一对一"或"多对一"的关系,因此可借助辅助工具进行自动转换。图1为某待转换控规成果的土地利用规划图,在转换时,先对具有"一对一"或"多对一"关系的地块进行自动转换,转换完成的地块归入新标准图层并自动消隐,剩下的具有"一对多"关系的地块继续存在于旧标准图层中,如图2,留待下一阶段进行人工判断处理。

图1 待转换片区

图2 经自动转换后片区

在人工判断处理阶段,需根据地块的实际情况,必要时查找相关原始资料、咨询相关人员,逐一判断地块的新用地类型归属。如图3,该地块按旧用地标准为C65科研用地,在新用地标准中,如为事业单位,则应归入"A35 科研事业单位"类型;如为企业,则应归入"B29 其他商务"类型。

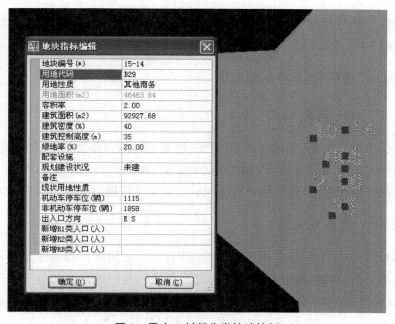

图3 需人工判断分类的地块例

3　用地分类标准转换中的问题与思考

3.1　对地块用地分类转换时进行人工判断的依据

"多对一"对应关系的地块是转换工作的重点和难点。对地块具体信息和规划意图的把握,是进行人工判断的依据。具体来说,可依据的地块具体信息有:

3.1.1　用地现状

如原 C1 办公用地,对应新用地标准 A1 行政办公用地或 B29 其他商务用地,现场调研发现用地现状为某派出所,判断转为 A1 行政办公用地。

3.1.2　地形图信息

不便进行现场调研时,可根据地形图资料判断地块现状用途。

3.1.3　规划意图信息

如原 C36 游乐用地,对应新用地标准 A22 文化活动用地或 B31 娱乐用地,现状未建,经咨询原规划方案设计人员,得知该地块拟建街道级文化活动中心,判断转为 A22 文化活动用地。

3.1.4　规划片区基本属性

如原 C65 科研设计用地,对应新用地标准 A35 科研事业单位用地或 B29 其他商务用地,而该规划片区为某创意产业园片区,均为出让地块,判断转为 B29 其他商务用地。

3.2　"多对一"地块转换的典型问题

3.2.1　原 C1 办公用地

旧用地标准中 C1 办公用地含国企(电信、电力、石油等)办公用地,新用地标准中 A1 行政办公用地仅指党政机构及事业单位办公用地。国企办公用地需归入 B29 其他商务用地中。实际转换操作中,常因地块具体现状信息不足或规划意图不确定,难以判断。

3.2.2　原 C24 服务业用地

旧用地标准中 C24 服务业用地所覆盖范围较广,面向居民提供生活服务的经营用地,如早点、小卖店、理发、修理等皆可归入此类用地。新用地标准细分至 B11 零售业用地、B13 餐饮业用地,实际情况下,一块生活配套用地会细分为若干店铺,经营范围从零售到餐饮到服务五花八门,新用地标准的分类难以适应。建议转换操作时,将此类用地归入上一级中类 B1 商业用地。

3.2.3　原 C26 市场用地

新用地标准将此类用地细分为 B11 零售业用地和 B12 批发用地。实际情况下,大部分市场兼营批发零售,难以界定。建议转换操作时,将此类用地归入上一级中类 B1 商业用地。

3.2.4　原 C36 游乐用地

新用地标准中按公益性质的有无细分为 A22 文化活动用地(如文化馆、少年宫等)和 B31 娱乐用地(如电影院、舞厅等)。实际操作中因原用地信息不足或存在混合现象,难以细分。同时,由于在新用地标准下跨大类,难以采取归并至中类的转换方法。

3.2.5　原 C41 体育场馆用地

新用地标准中按其公益性质的有无细分为 A41 体育场馆用地(如体育馆、体校等)和 B32 康体用地(如溜冰场、健身房等)。实际操作中因原用地信息不足或存在混合现象,难以细分。同时,由于在新用地标准下跨大类,难以采取归并至中类的转换方法。

3.2.6　原 C63 成人教育用地

新用地标准中细分为 A31 高等院校用地、A32 中专用地、B9 其他服务用地。需要根据原用地单位的等级、公益性等综合判断。实际操作中,对未建设用地难以界定。

3.2.7　原 C65 科研设计用地

新用地标准中按是否为事业单位、是否为划拨用地细分为 A35 科研事业单位用地和 B29 其他商务用地。实际操作中因原用地信息不足或存在混合现象,难以细分。同时,由于在新用地标准下跨大类,难以采取归并至中类的转换方法。

3.2.8　原 T1 铁路用地

旧用地标准中铁路客货运站房与铁路线路属于同一类用地。新用地标准中分为 S3 交通枢纽用地和 H21 铁路用地。实际操作中,因难以确定铁路客运场站的边界,用地难以剥离。

4　结论

在新用地标准颁布伊始,不可避免地存在新旧用地标准共存、衔接的种种问题。对于重要的、常用的既有规划成果,进行用地分类标准的新旧转换工作有时必不可少。由于新旧用地标准之间并非简单的一一对应关系,因此在转换工作过程中,需要具体问题具体分析,充分了解原规划成果的思路,充分理解现状和限制条件,认真仔细,才能准确完成转换工作。

参考文献

[1] 住房和城乡建设部. 城市用地分类与规划建设用地标准(GB 50137—2011) [R]. 2011.

[2] 江苏省住房与城乡建设厅. 江苏省控制性详细规划编制导则(2012 年修订版) [R]. 2012.

[3] 南京市规划局. 南京市城市用地分类和代码标准(2012)[R]. 2012.

[4] 南京市规划局. 南京市控制性详细规划计算机制图规范及成果归档数据标准 [R]. 2012.

[5] 南京市规划局. 南京市城市用地分类和代码标准转换对照表[R]. 2012.

(本文原载于《城市规划信息化》2015 年 8 月)

南京市秦淮区面向实施的城市更新再思索

陈　阳

摘　要:南京市秦淮区自 2006 年开展城市更新工作,积累了有益经验,取得了阶段性工作成效。同时,秦淮区是南京市老城区之一,城市更新类型多样、面临问题较为集中,作为城市更新实施的研究对象具有一定典型性。城市更新是落实国土空间规划的主要内容,随着社会经济发展,其内涵和理念也在不断发生演变。文章面向新时代新要求,对城市更新内涵进行再认识,结合南京市秦淮区实践经验,全面总结其在工作机制、更新模式和实施机制等方面进行的创新举措,深入分析目前影响存量更新实施的主要问题和困难,并对未来城市更新可持续实施提出建议。

关键词:南京;城市更新;规划实施

1　引言

自 2020 年《中共中央关于制定国民经济和社会发展第十四个五年规划和二○三五年远景目标的建议》明确提出实施城市更新行动以来,城市更新的重要性被提升到前所未有的高度,相关政策进入密集出台期。国家住房和城乡建设部和自然资源部出台了一系列有关城市更新的重磅文件,对城市更新提出了顶层要求。在此背景下,南京也进入了城市更新的高质量发展阶段。2021 年 11 月,南京市入选住房和城乡建设部第一批城市更新试点名单,其中,南京市秦淮区小西湖(大油坊巷历史风貌区)微更新在 2022 年被自然资源部列为城市更新案例。秦淮区以"小西湖"、石榴新村、国创园等一批项目为代表,成为城市更新的标杆。

南京市秦淮区作为主城核心区之一,被誉为"特而精、最南京":既有历经沧桑的老城,又有蓄势待发的新城;既有成熟完备的城市功能,又有亟待改善的痛点难点;既有大拆大建的深刻教训,又有全域更新的先行经验。因此,秦淮区城市更新类型多样、面临问题较为集中,作为城市更新实施的研究对象具有一定典型性。

2　城市更新再认识

城市更新并不是新鲜事物。在 2008 年颁布实施的《城乡规划法》中提出,"第三十一条旧城区的改建,应当保护历史文化遗产和传统风貌,合理确定拆迁和建设规模,有计划地对危房集中、基础设施落后等地段进行改建",其本质就是城市更新。随着社会经济的发展,其内涵和理念也在不断发生演变。党的十八大之后,面对新时代新要求,城市更新不再局限于物质空间环境的改善,而是更好地兼顾土地利用集约与增效、城市功能置换与提升、历史文化传承与活化利用、城市发展转型与创新驱动、城市品质提升与协同治理等多元维度发展目标(图1)。在更新对象上,从旧区和建成区转向所有需要提质增效的区域;在价值导向上,从经济导向转向经济、社会、文化综合效益;在更新重点上,从物质环境改造转向民生、就业、经济重振、区域再生与复兴;在更新手段上,从大拆大建转向"小规模、渐进式"微更新;在更新主体上,从政府主导转向多元共治。

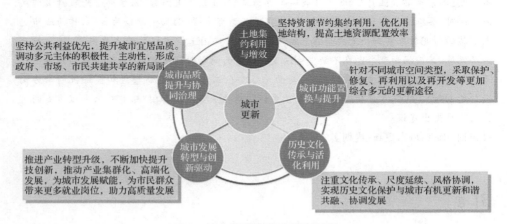

图 1 城市更新多维度发展目标

城市更新也不应该是运动式的。2011年我国城镇化率突破50%,2019年城镇化率达到60.6%,已进入以质量提升为导向的转型发展新阶段。当前,包括南京等城市在内的长三角、珠三角等地区已进入存量更新与增量开发并重的新发展阶段,面对环境、资源、社会等方面的压力,城市既有增长方式难以为继,城市发展亟须向"存量空间"要"增量价值"。因此,城市更新是城市进入存量发展阶段规划实施的主要方式和重要手段。城市更新要在总结多类型实践经验的基础上,试点先行、以点带面、项目化推进,探索新模式、新路径、新机制,形成可复制可推广的经验,实现存量规划的可持续实施。

3 秦淮区城市更新现状概况

南京市秦淮区早在2006年即开展城市更新工作,积极探索更新模式,在推动人居环境改善、历史文化保护传承和创新产业发展上持续发力,积累了有益经验,取得了阶段性工作成效。特别是强调"以人民为中心"的发展思想指引打造共建共治共享社会治理新格局,在总结小西湖等"一起商量着办"模式的基础上,将"共同缔造"理念深入到社区营造和基层精细化治理的各个环节中,实现"城市管理"向"城市治理"的转变,打造有温度的城市更新范例样本。

3.1 建立健全城市更新工作机制

秦淮区是南京市最早实现城市更新区级层面统筹管理的行政区,实行"1+1+N"一体化协调推进机制,即成立由各街道书记以及区财政局、司法局、投促局、文旅局等众多部门组成的城市更新领导小组和城市更新办公室,在城市更新领导小组的指导和城市更新办公室的协调下,编制《秦淮"十四五"城市更新项目规划方案》,制定《秦淮"十四五"城市更新行动计划》,落实部门和属地责任,明确考核和奖励机制,部门协同调度,加强宣传总结引导,每个项目实行属地街道、国资平台和多元产权主体联合运作模式,使城市更新工作在区级层面能高效开展(图2)。

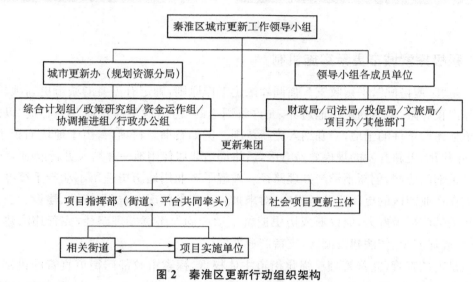

图2 秦淮区更新行动组织架构

3.2 积极探索城市有机更新模式

一是"留改拆"结合,留住记忆。探索居住类地段的城市更新方式,坚持"留改拆"更新模式,"留"字放在首位,即以改善民生、延续本地生活和历史风貌保护为目标。在小西湖城市更新项目中,采用"小规模、渐进式"的微更新方式,摈弃了数十年惯用的"大拆大建""推倒重建"粗放式改造方式,也优化了"留下要保护的、拆掉没价值的、搬走原有居民"的镶牙式更新方式,通过以点带面,按照尺度层级定义保护与更新策略,突出土地、产权关系全生命周期管理机制建设,实现各类资源价值提质增效,衍生多元价值,塑造城市特色。

二是"退二进三",激发活力。积极探索以闲置厂房为主的产业用地集约利用方式,例如南京第二机床厂(图3)和广电越界产业园城市更新项目中,利用存量用地和建筑,建设新型研发机构、科技公共服务平台,加快聚合以科技文化服务功能为重点的高端功能,强化老城科技文化服务功能,通过设施嵌入、功能融入、文化代入等举措,不断提升园区空间品质和文化魅力,融入新业态、带动新消费,激发老城区活力。

图3 南京第二机床厂

3.3 积极探索城市更新实施机制

一是"肥瘦搭配",平衡收支。强调片区化工作原则,确定有需要的城市更新项目,结合实际产权界限,灵活划定用地边界,允许将周边的"边角地""插花地""夹心地"以及不具备单独建设条件的土地,一并纳入更新范围。例如石榴新村项目,由于地块面积小、不规则、碎片化,更新开发的规模效益有限,后将周边非居住用地一并纳入更新范围。

二是部门协同,创新不动产办理路径。破解了产业用地历史遗留不动产手续办理难题。如在产业园区的更新改造过程中,对未批先改建的情况,市规划资源、建设、文物、消防等相关部门群策群力,商议形成历史遗留不动产确权手续办理路径,完善违法建设处罚程序,确保安全、依法建设园区,支持产业发展。

三是街道直管,完善管理。强化街道主体权责,探索市政部门街道直管的机制。如在消防方面,设立消防小微站点交由街道托管,由消防大队发基本工资,街道发绩效;环卫保洁方面,区级保洁经费交由街道管理,街道在此基础上增加补贴,扩大保洁员数量,采用奖惩机制,提高管理效率;物业管理方面,引进物业公司对老旧小区进行统一管理等。这些措施为城市更新后续管理工作起到了重要的推动作用。

四是初步探索多元参与。充分发挥基层党组织作用,提高群众参与积极性。街道积极引导公众参与,公开透明运营管理,公正合理进行收益分配,统筹前期意见征询、方案设计及组织施工、确权登记、运营管理各环节。在街道推进城市更新工作过程中,多次召开居民座谈会,宣传城市更新理念,有效推动了城市更新工作。

4 面临的问题与困难

尽管目前秦淮区在城市更新方面已取得阶段性成绩,但我们需要清醒地意识到,在政府财政紧缩、人民群众参与意愿强烈、城市高质量发展诉求的背景下,如何可持续推动城市更新是今后面临的一大问题。总体来看,秦淮区城市更新面临的困难主要体现在以下五个方面:

4.1 用地功能类型复杂

秦淮区更新对象复杂多样，包括老旧小区、棚户区、旧工业仓储用地、老旧楼区，其中还有包含大量历史资源的混杂地段。在城市更新中需要对不同地段提出差异化的管控要求，统筹土地储备规划、低效用地再开发规划、土地征收成片开发方案等，以宗地为单位，结合权属单位发展意向及居民意愿进行开发潜力分析，合理确定保留用地、更新用地、开发用地，统筹利用畸零宗地，优化用地布局。相比以往推倒式重建的旧城改造，存量用地的微更新需要更加细致的组织工作。

4.2 产权利益主体多元

城市更新地区用地功能类型的复杂性决定了其产权主体多元、涉及的利益主体复杂的基本特征。现状待更新用地（特别是居住类地段）多分散在各土地使用权人手中，待更新建筑的物业权利人复杂多样甚至缺乏权利主体，权利关系较为复杂，甚至还包括很多难以处理的历史遗留问题，导致城市更新诉求多样，给更新工作的实施带来了很大的困难。产权的责权利关系是影响微更新实施推进的关键，亟须研究制定出台有关无证房确权登记、委托实施主体办理前期手续、迁移户产证注销、保留户产证变更、变更后重新确权分配等产权制度。

4.3 保护开发矛盾突出

秦淮区城市更新地区存在大量具有历史文化价值或保护价值的地段和建筑，在城市更新工作中应当细心呵护，避免大拆大建，进行渐进式有机更新，但这通常与市场需求、经济效益回报等存在较大的矛盾。同时，历史地段和建筑的保护与活化利用，涉及规划、文物等多个部门的审批管理，技术要求高、管控限制多、资金量大、更新周期长，加大了城市更新的阻力，这导致了居民自我更新的内在动力不足。（图4）

图4 南京荷花塘历史文化街区

4.4 标准政策不够健全

在标准方面，针对城市更新的相关技术标准缺失。现行技术标准规范多针对城市新建地区，对于旧区尚未进行全面而深入的研究，在城市更新中难以执行和实施，亟须建立健全针对存量用地和既有建筑更新改造的日照、安全、间距、消防、节能、地下管线等技术标准体系。在政策方面，现有的法规政策基本可以解决新区建设、棚户区改造等以征收拆迁为代表的、产权重构型旧城改造问题。但在产权不发生转移或少量转移时，有关产权认定、不动产登记、成本分担、困难群众的认定标准及救济等细化政策都有所缺失,直接影响了城市更新的实施。

4.5 融资渠道相对单一

目前保护更新项目资金来源以政府投资和国有企业集团融资为主,缺乏吸引各类资金参与保护更新的政策和机制。由于更新项目经营性物业的确权程序复杂,影响到产权交易和产权分割,增加了国资平台再融资难度,导致总体资金投入不足,与保护更新的实际需求存在较大缺口。从长远看缺少社会资金的参与,"渐进式"微更新很难持续推行下去。

5 对策建议

5.1 健全城市更新技术标准体系

在政府、市场、社会、规划师等多元主体推动下的城市更新改造中,需要存量规划技术方法的创新,突破现有建筑间距退让、道路建设、公园绿地兼容、消防技术等标准,有效指导城市更新项目建设。例如,为消除安全隐患、完善建筑功能,可允许旧建筑通过加装电梯、连廊、楼梯、停车设施等附属设施,适当增加建筑面积;允许居住建筑加建厨房、卫生间等基本生活设施,增加相应比例的建筑面积;允许工业、仓库及市场用房根据改建后使用层高要求在现状建筑高度内隔层改造,增加相应建筑面积;允许旧建筑通过改建、翻建提供公共服务设施、公共空间,增加相应奖励建筑面积。

5.2 完善城市更新政策法规体系

一是加快研究更新过程中的土地管理、规划技术标准、公众意见参与采信、信贷政策、税收政策、不动产登记等关键问题,总结基层实践的经验教训,出台上位法律法规。二是通过试点先行、逐步推广的做法,创新不动产登记、安置补偿、成本承担等方面的政策,允许暂不执行相关存在冲突的规定,探索可施行的政策方案。如历史风貌区和历史建筑保护、老工业遗产保护、棚户区或危旧房改造等情况,允许由国资平台或者市场主体进行一、二级联动开发;可结合实际情况,灵活划定用地边界、简化控详调整程序,在保障公共利益和安全的前提下,适度放松用地性质、建筑高度和建筑容量等管控,有条件突破技术规范要求、放宽控制指标。

5.3 完善共同缔造机制

首先,完善民主协商沟通机制,充分征求居民意见,让广大居民参与城市更新的全过程,包括房屋调查、居民意见征询、实施方案、签约搬迁、选房安置等环节,增强居民主人翁意识,从"要我改"转向"我要改"。其次,推广社区规划师制度,以规划工作坊为载体,搭建政府、专业人士与公众的互动桥梁,实现多方协商,共建共治,建立起联系规划与基层的桥梁。再次,强化街道主体权责,加强街道与其他各级各部门的联动合作,承担对第三方规划、实施机构的协调、监管责任,例如协调做好更新方案的对接和意见征询工作、划定工程实施和物业管理主体的准入门槛、探索"党建＋物业"管理模式等。最后,激发市场投资的积极性,允许财政补助形成的资产由城市更新合作组织持有和管护,鼓励社会资本以特许经营、参股控股等多种形式参与具有一定收益的重大城市更新工程建设。

5.4　完善投融资机制

一是创新投融资运作机制。稳定城市更新承包关系,放活城市更新经营权,鼓励城市更新项目经营依法流转,降低流转成本。探索制度化与常态化的土地发展权转移与交易机制,构建土地发展权交易市场。

二是拓宽融资渠道,引导商业金融提供差异化融资服务。利用债券融资、资产融资、贷款融资和创新保险资金等方式,为政府、国资平台和居民提供多样化的金融支持。设立城市更新基金,聚集并协同拥有土地、开发、金融资源的国企,与金融机构共建城市更新基金提供平台和合作资源,更好统筹利用和提升土地价值,吸引其他社会资本参与。

参考文献

[1] 南京市规划和自然资源局,南京市城市规划编制研究中心. 南京城市更新规划建设实践探索[M]. 北京:中国建筑工业出版社,2022.

[2] 童本勤,沈俊超. 保护中求发展,发展中求保护:谈南京老城的保护与更新[J]. 城市建筑,2005(1):6-8.

[3] 童本勤. 走向整体的老城保护与更新规划:介绍南京老城保护与更新规划[J]. 南京社会科学,2004(S1):147-149.

[4] 秦虹,苏鑫. 城市更新[M]. 北京:中信出版集团股份有限公司,2018.

[5] 王冬雪. 旧城保护与城市更新:以南京城南历史城区的保护为例[J]. 城市建筑,2016(8):345-346.

[6] 唐燕,杨东,祝贺. 城市更新制度建设:广州、深圳、上海的比较[M]. 北京:清华大学出版社,2019.

[7] 李江. 转型期深圳城市更新规划探索与实践[M]. 2版. 南京:东南大学出版社,2020.

(本文原载于《城市周刊》2022年第50期)